Een dag in ons brein

뇌의 하루

Een dag in ons brein: Begrijp je hersenen en die van de mensen om je heen
© 2025, Lannoo Publishers. For the original edition.
Translated from the Dutch language
www.lannoo.com

No part of this book may be used or reproduced in any manner whatever without written permission, except in the case of brief quotations embodied in critical articles or reviews.

© 2025, ECO-LIVRES Publishing Co. For the Korean edition Published by arrangement with Lannoo Publishers, through BC Agency, Seoul.

이 책의 한국어판 저작권은 BC 에이전시를 통해 저작권자와 독점 계약한 에코리브르에 있습니다. 저작권법에 의해 한국 내에서 보호를 받는 저작물이므로 무단 전재와 복제를 금합니다.

뇌의 하루
공감의 뇌과학

초판 1쇄 인쇄일 2025년 9월 18일   초판 1쇄 발행일 2025년 9월 25일

지은이 에벨리너 크로너 | 옮긴이 곽지원
펴낸이 박재환 | 편집 유은재·신기원 | 마케팅 박용민 | 관리 조영란
펴낸곳 에코리브르 | 주소 서울시 마포구 동교로15길 34 3층(04003) | 전화 702-2530 | 팩스 702-2532
이메일 ecolivres@hanmail.net | 블로그 http://blog.naver.com/ecolivres | 인스타그램 @ecolivres_official
출판등록 2001년 5월 7일 제2001-000092호
종이 세종페이퍼 | 인쇄·제본 상지사 P&B

ISBN 978-89-6263-321-4 03400

책값은 뒤표지에 있습니다.   잘못된 책은 구입한 곳에서 바꿔드립니다.

뇌의 하루

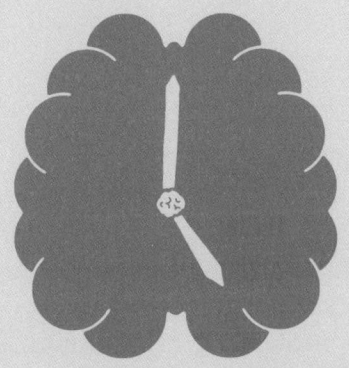

공감의 뇌과학

에벨리너 크로너 지음 | 곽지원 옮김

에코
리브르

차례

　　머리말　　　　　　　　　　　　　　　　　　　　　009
　　시간 여행　뇌 연구의 역사　　　　　　　　　　　017

01　운동과 휴식　뇌도 운동이 필요하다　　　　　　021
　　6시 – 부트캠프

02　뇌의 형성　하나의 경이를 들여다보다　　　　　035
　　7시 – 아홉 달

03　낮과 밤　뇌의 24시간　　　　　　　　　　　　051
　　8시 – 정신없는 아침

04　스트레스　적정선은 어디인가　　　　　　　　　067
　　9시 – 라디오 인터뷰

05　아기의 뇌에서 유아의 뇌까지　거대한 변화의 여정　081
　　10시 – 베이비TV

06　신뢰　당신 뇌 속의 친구 혹은 적　　　　　　　095
　　11시 – 비밀번호

07 배우는 뇌 집중력을 갖춰가는 초강력 스펀지 107
   12시―3단 구구단표

08 사회적 통증 거절과 소외의 감각 119
   13시―점심시간

09 우울증 삶이 너무 무겁게 느껴질 때 131
   14시―이불 속에서

10 청소년의 뇌 한계 넘기 147
   15시―아시아행 비행기표

11 어머니의 뇌 사자 같은 본능과 무장 해제된 감성 사이에서 159
   16시―잊어버린 바게트

12 멀티태스킹은 존재하지 않는다 하지만 능숙해질 수 있다 171
   17시―할 일 목록

13 함께한다는 것 왜 우리는 서로 돕고 싶어 하는가 183
   18시―디스코볼스트라트 축제

14 식욕 배고픔은 뇌에서 시작된다   193
    19시—비밀 재료

15 어른이 되는 것과 이상주의 청년들이 열정적인 이유   205
    20시—과외 선생님

16 우정 그것은 착각이 아니다   217
    21시—치즈스틱 한 접시

17 치매 혼란스러워진 뇌   227
    22시—형제

18 사랑과 성 뇌 안에 깃든 욕망   237
    23시—뱃속의 나비

19 약물과 알코올 우리는 왜 그것을 원할까   247
    0시—한 잔만 더

20 노인의 뇌 나는 괜찮습니다   259
    1시—정원에서 마시는 차

21 **반사회적 공격 행동** 나쁜 습관에서 범죄까지 267
2시─경찰서에서

22 **폐경기** 여성의 뇌에 찾아오는 거친 시기 279
3시─갑작스러운 열감

23 **수면** 그리고 꿈의 기능 293
4시─라라는 날고 있다

24 **행복** 과연 무엇일까 305
5시─다시 새로운 하루

감사의 글 315
참고문헌 319

머리말

뇌는 정말로 신비롭다. 우주처럼 끝없이 놀랍고 복잡하며, 항상 새롭게 탐험할 뭔가가 존재한다. 우리의 행동에 관한 수많은 질문―어떤 사람에게 끌리는 이유는 뭔지, 왜 우리는 때때로 누군가를 돕고 싶어지는지, 왜 어떤 사람은 중독되기 쉬운 반면 다른 사람은 그렇지 않은지―의 해답은 대부분 뇌 속에 있다. 나는 주로 청소년과 젊은 세대를 연구해왔고, 《청소년의 뇌(Het puberende brein)》라는 책으로 나를 아는 이들도 있을 것이다. 나는 나이를 불문하고 사람들의 정서, 생각, 행동이 뇌의 발달과 어떻게 연결되는지를 탐구하는 일을 사랑한다. 그리고 그 연구 결과를 가능한 한 많은 사람과 나누는 데서 깊은 보람을 느낀다. 강의실이나 과학 축제, 청소년 단체에서 나를 더 자주 마주칠지도 모른다. 누구와 내 연구 이야기를 나눌 기회만 있다면 나는 기꺼이 마이크를 든다. 물론 대부분의 시간은 실험실에서 보내며 진지한 연구에 몰두하지만, 나는 일찍이 이런 사실을 깨달았다. 과학은 실험실을 벗어날 때 더 깊어지며 살아 숨 쉰다. 교사, 경찰관, 간병인처럼 현장에 있는 사람들이 보여주는 다른 관점은 내가 놓친 질문을 일깨워준다.

우리는 생각보다 훨씬 서로를 닮았다

뇌를 더 이해하기

2008년 《청소년의 뇌》 초판을 출간할 때 나의 목적은 하나였다. 과학적 발견을 대중에게 제대로 설명하고 싶다는 것. 이후 2018년에 개정판을 내면서 나는 또 하나의 사실을 확신하게 되었다. 세상의 다양한 시선은 내 연구를 더 정교하게 만든다. 나는 언제나 사회에 두 발을 딛고 선 과학자이고 싶었다. 물론 연구 질문 자체는 오랜 학문적 탐구에서 출발한다. 하지만 그 결과를 올바르게 해석하고 있는지 확인하려면 언제나 사회의 목소리에 귀를 기울여야 한다. 이런 마음으로 나는 동료들과 함께 청소년을 위한 사이트(kijkinjebrein.nl)를 만들었고, 온라인 플랫폼(youngxperts.nl)을 통해 청소년의 의견을 직접 듣고 있다.

작년에는 《자신감 세대(Generatie Zelfvertrouwen)》이라는 책을 펴냈다. 급변하는 사회 속에서 자신과 타인을 이해하는 일이 점점 어려워지는 지금, 청소년이 어떻게 건강한 자아상을 형성할 수 있을지를 고민한 책이다. 기술의 발달은 세대 간의 간극을 키웠고, 우리는 각자의 고치 속에서 서로에게 점점 무관심해지고 있다. 하지만 뇌는 원래 타인을 이해하고 함께 살아가기 위해 진화한 기관이다. 우리는 생각보다 훨씬 서로를 닮았다. 이 책은 그런 지점에서 출발했다. 뇌를 알면 자신을 더 잘 이해할 수 있고, 동시에 내 곁의 사람도 새롭게 보이기 시작한다. 《뇌의 하루》는 세대와 나이를 불문하고 인간의 행동을 더 깊이 이해할 수 있도록 돕는 안내서가 될 것이다.

뇌를 사랑하게 된 순간

내가 뇌에 매혹된 순간은 1998년, 미국 피츠버그 대학교에서였다. 나는 스물두 살의 교환 학생으로서 딕 제닝스(Dick Jennings) 교수의 정신생리학 실험실에서 연구하고 있었다. 호흡, 땀, 심장 박동 등을 측정해 인간의 생리적 반응을 연구하는 곳이었다. 내 연구 주제는 아이들이 컴퓨터 게임을 할 때 보상에 따라 심장 박동이 어떻게 달라지는지였다. 그러다가 실험실이 있는 건물 7층에서 아주 흥미로운 연구가 진행 중이라는 이야기를 들었다. 그곳에서는 건강한 아동과 성인의 뇌 활동 자체를 관찰하고 있던 것이다. 당시만 해도 살아 있는 사람의 뇌가 활동하는 모습을 들여다보는 것은 거의 불가능한 일로 여겨졌다. 믿을 수 없었다. 직접 봐야 했다. 그 연구는 비제이 케이시(BJ Casey) 교수의 지도 아래서 기능적 자기 공명 영상(fMRI) 기술을 활용해 이뤄지고 있었다. fMRI는 누군가 문제를 풀거나 기억 게임을 하는 동안 산소가 풍부한 혈액이 뇌의 어떤 영역으로 흐르는지를 보여주는 기술이다. 이 기술 덕에 사상 처음으로 참가자들이 알아차리지 못하는 사이에 뇌의 성장을 직접 연구할 수 있었다. 나는 이들의 연구 모임에 참석하기 시작했고 결국 공동 연구를 하게 됐다. 뇌에 대한 나의 사랑은 그때 시작됐다.

나는 이 책을 통해 내가 사랑해 마지않는 뇌에 대해 그동안 쌓은 지식을 여러분과 나누고자 한다. 지난 수십 년간 우리는 갓난아기부터 노인에 이르기까지 인간의 뇌가 어떻게 발달하는지 경이로운 사실을 수없이 밝혀왔다. 지금 우리에게 그 지식이 필요한 이유가 단순히 과학적 호기심만은 아니다. 뇌에 대한 이해는 우리 자신과 타인을 더 깊이 이해하는 길이기 때문이다. 왜 할아버지는 여유로워 보일까? 왜 아이를 처음 어린이집에 맡긴 이웃 아주머니는 눈물을 참지 못할까? 왜 십대들은 지각을 반복할까? 왜 나는 남들의 시선에 그토록 신경을 쓸까? 이 모든 "왜"에 뇌과학은 생각보다 구체적인 해답을 내놓는다. 우리는 뇌를 통해 인간의 행동을 이해하고, 이런 이해는 일상 속 인간관계에서 시작해 사회 전체를 보는 시선까지도 바꿀 수 있다. 세상이 점점 더 빠르게 변하고 있는 지금, 우리는 서로를 이해하기 위해 보다 큰 노력을 기울여야 하는지도 모른다.

당신의 뇌는 몸과 연결돼 있다

이 책에서는 '뇌'라는 개념을 좀더 넓게 정의하고자 한다. 뇌는 단지 머릿속에 들어 있는 기관 하나가 아니다. 몸 전체와 유기적으로 연결돼 있다. 뇌 안의 신경 전달 물질은 온몸을 돌면서 신호를 주고받으며, 심지어 장기와 감정 사이에도 영향을 미친다. 고대 철학자들은 이미 알고 있었다. 우리의 뇌와 몸은 결코 분리될 수 없다는 사실을. 이 책에서는 세 가지 관점에서 뇌에 관한 이야기를 풀어간다.

- 뇌의 구조: 뉴런이라는 기본 단위로 구성되며, 우리의 삶에 따라 유연하게 변한다.
- 뇌의 기능: 특정한 자극이나 경험에 뇌의 어느 영역이 반응하는지를 가리킨다. 자기 공명 영상(MRI)을 통해 관찰할 수 있다.

- 신경 전달 물질과 호르몬: 뇌와 나머지 신체를 오가며 정보를 교환하는 화학적 전달자들이다.

각 장에서 이런 세 요소가 우리의 생각과 행동에 어떤 영향을 미치는지를 풀어낸다. 하루라는 시간 동안 우리의 뇌가 어떻게 변화하고 적응하고 도전과 마주하는지를 탐험할 것이다.

볼스트라트의 하루

이 책은 학교, 직장, 여가 등 다양한 세대의 일상생활로 우리를 안내한다. 우리는 하루 동안 볼스트라트 주민들을 따라가며 이들의 어려운 딜레마와 순수한 즐거움을 살펴볼 것이다. 9번지에는 마우트와 아들 율리안, 아기 벤이 살고 있다. 그 윗집에는 애슈윈과 소피 부부가 열세 살 딸, 열일곱 살 아들과 함께 산다. 케네스 할아버지도 이 거리의 주민이다. 그는 이웃집 여성에게 살짝 호감을 품고 있다. 이들은 불안, 거절, 노화, 사춘기, 과도한 걱정, 멀티태스킹 속에서 흔들린다. 그리고 우정을 나누고, 멋진 계획을 세우고, 사랑에 빠지고, 함께 일하고, 맛있는 음식과 모험을 즐긴다. 일상의 도전에도 불구하고 이들은 매번 서로를 지킨다. 모두가 힘을 모으는 거리 축제에서처럼. 그러면서 이들은—그리고 우리 역시—풍요로운 삶에 무엇이 중요한지를 깨닫는다. 또한 우리는 이들이 왜 그렇게 느끼고 생각하고 반응하는지, 이들의 뇌 속에서 어떤 일이 일어나는지를 알 수 있다.

이 이야기는 저널리스트 에바 뮈닉(Eva Munnik)과 내가 함께 만들었다. 우리는 뇌과학이라는 복잡한 주제를 더 쉽고 친근하게 전달하기 위해 협업했고, 그 결과물이 바로 이 책이다. 볼스트라트의 이웃들은 어느덧 우리의 친구처럼 느껴진다. 이 책을 읽는 여러분 역시 이들을 좋아하게 되길 바란다. 그리고 이들의 이야기를 통해 뇌에 대한 새로운 이해와 사랑이 시작되길 소망한다. 이 얼마나 경이로운 기관인가. 우리 모두가 이렇게 아름다운 뇌를 하나씩 갖고 있다는 것은 얼마나 큰 행운인가!

에벨리너 크로너

시간 여행

뇌 연구의 역사

이 책의 '연구와 실험' 부분에서는 우리가 현재 알고 있는 사실이 어떤 실험과 연구를 통해 밝혀졌는지를 소개한다. 1990년대 말까지 뇌의 해부학적 구조에 관한 연구는 대부분 의학을 중심으로 이뤄졌다. 내가 1998년 미국 피츠버그 대학교에 교환 학생으로 있을 때만 해도, 이 분야는 내 관심사와는 다소 거리가 멀었다. 당시 나는 심리학을 공부하면서 주로 인간의 생각·감정·행동에 흥미를 느꼈다. 하지만 인간이 뇌에 대해 품는 궁금증과 경외감은 사실 수천 년 전 고대 철학자들에게까지 거슬러 올라간다. 그들은 마음과 뇌, 심장의 역할에 대해 사유하며 지금 우리가 하듯 뇌 안을 실제로 들여다볼 수 있기를 바랐을 것이다.

수학 혹

뇌가 어떻게 작동하는지에 대한 연구는 수많은 시행착오를 거쳤다. 예를 들어 1800년경 유행한 골상학에서는 사람의 성격이 두개골의 형태에서 드러난다고 믿었다. 당시 정신과 의사들은 자신의 책상 위에 작은 머리 모형을 두고, 환자의 머리를 만져보며 그의 성향과 성격을 추정하려 했다. 모형에는 언어, 희망, 영성은 물론 범죄 같은 영역까지 표시돼 있었다. 지금 보면 현실과는 거리가 먼 이론이었다. 그럼에도 불구하고 지금도 흔히 쓰는 '수학 혹(wiskundeknobbel)'이나 '언어 혹(talenknobbel)'(각각 수학적·언어적 재능을 뜻한다—옮긴이) 같은 표현은 이 시대에서 유래한 것이다. 말하자면 골상학은 여전히 우리의 언어 속에 살아 있다.

IQ 검사

1800년대와 1900년대 사이 뇌 연구는 큰 발전을 이뤘다. 특히 측정 방법이 정교해지고, 지식이 더 널리 공유되기 시작했다. 1906년 에스파냐의 과학자 산티아고 라몬 이 카할(Santiago Ramón y Cajal)은 신경세포, 즉 뉴런을 아름답게 그려낸 공로로 노벨생리의학상을 수상했다. 뉴런은 뇌가 작동하고 서로 정보를 주고받는 데 있어 기본적인 단위다. 혹시 마드리드를 방문할 일이 있다면 그의 작업물을 전시하는 박물관에 꼭 들러보길 추천한다. 라몬 이 카할은 우리가 오늘날 뇌를 이해하는 방식에 큰 영향을 줬고, 그의 세밀한 그림들은 지금도 교과서에 실린다. 그는 질산은과 현미경을 이용해 뉴런과 주변 물질을 구분하며 신경계의 구조를 정밀하게 그려냈다. 다만 이 시기의 연구는 모두 사망한 사람의 뇌를 기반으로 한 것이었고, 이런 방식은 한동안 계속될 수밖에 없었다.

뇌의 작동 원리를 탐구하는 여정은 20세기에 들어서며 또 한 단계 진보한다. 과학자들은 사람의 행동을 점점 더 정밀하게 측정할 수 있었고, IQ 검사 같은 표준화 검사도 개발됐다. 덕분에 특정한 행동과 뇌 기능을 일관적으로 연결할 수 있는 기초가 마련됐다. 예를 들어 두 차례의 세계대전 동안 뇌가 손상되는 부상을 입고 본국으로 돌아온 군인들의 언어 기능이나 어휘력에 문제가 생긴 경우가 많았다. 이들은 면밀하게 검사받았고 사후에는 생전에 동의한 경우에 한해 손상된 뇌 영역을 분석했다. 이 과정을 통해 연구자들은 특정한 기능과 뇌 영역의 연관성을 더 정확히 파악할 수 있었다. 이는 뇌 손상 환자에 대한 기존의 관찰 연구를 보완하는 중요한 자료가 됐다.

진짜 혁명

하지만 우리가 진정 알고 싶은 것은 살아 있는 동안 뇌가 어떻게 작동하고 변화하는지다. 건강한 사람의 뇌를 연구할 수 있게 된 것은 실로 획기적인 돌파구였다. 서문에서 언급한, 피츠버그 대학교 7층에서 (그리고 세계의 여러 최첨단 연구소에서 동시에) 시작된 연구가 그 예다. 나는 그 중요한 시기에 중요한 장소에서 교환 학생 프로그램에 참여하는 큰 행운을 누렸다. fMRI는 신체에 해가 없는 비침습적 방식으로, 방사성이거나 유해한 물질을 쓰지 않는다. 이 기술은 자기장의 작용에 따른 적혈구의 회전을 시각화해 뇌의 활동을 간접적으로 보여준다. 이는 뇌라는 가장 신비로운 기관을 이해하는 데 있어 진정한 혁명이었다. 그로부터 25년이 지난 오늘날, fMRI는 세계 곳곳에서 일상적 연구 도구가 됐고, 우리는 아기에서 노인에 이르기까지 뇌가 어떻게 형성되고 변화하는지를 믿을 수 없을 만큼 많이 알게 됐다. 이 책의 24개 장에서 그 놀라운 통찰을 하나씩 나누려 한다.

01

운동과 휴식
뇌도 운동이 필요하다

6시 — 부트캠프

톡, 톡, 톡. 상큼한 봄 아침. 자동차 지붕과 정원 벤치 그리고 인도에 놓인 어린이용 스쿠터 위로 떨어지는 빗소리뿐. 볼스트라트는 고요하기만 하다. 위층과 아래층으로 나뉜 단정한 주택들. 이 거리에 사는 이들은 아직 꿈나라에 있을까? 아니다. 9번지 2층 창문 너머 흰 블라인드 틈새로 은은한 불빛이 새어 나온다. 이곳에 사는 애시윈은 벌써 하루를 시작했다. 50세가 눈앞으로 다가오자 그는 결심했다. 매일 아침 부트캠프(단체로 하는 고강도 야외 운동—옮긴이)를 하겠다고. 1년 뒤 건강하고 탄탄한 몸으로 '오십'을 맞이하기 위해서. 비 내리는 날엔 몸을 일으키는 게 쉽지 않지만, 운동을 마친 뒤 느끼는 상쾌함은 그 수고로움을 보상해준다.

한편 소피는 팔을 머리 위로 길게 뻗으며 숨을 들이쉰다. 남편과 아이들이 깨어나기 전, 온전히 자신만의 시간을 갖기 위해 일부러 알람을 맞춰뒀다. 그는 보통 해가 뜨기 전 요가로 하루를 시작한다. 같은 시간 남편 애시원은 공원에서 비를 맞으며 부트캠프 중이다. 요가도 결코 만만한 운동은 아니지만, 비 오는 아침의 부트캠프는 그야말로 정신력 싸움이라고, 자신은 남편처럼 못한다고 소피는 생각한다. 그래서일까? 현관에 놓인 운동 가방은 몇 달째 제자리를 지키고 있다. "오늘 저녁엔 꼭 스피닝 가야지"라고 다짐하지만, 대부분의 저녁은 거실 소파와의 재회로 끝나고 만다. 저녁엔 유독 의지가 느슨해진다. 그럼에도 불구하고 소피는 오늘도 해 뜨기 전 태양 경배 자세로 하루를 시작한다. 이제 그에게 필요한 것은 진짜 태양이 떠올라주는 일일지도 모르겠다.

운동은 뇌에도 좋다

운동이 체력에 좋다는 건 누구나 알고 있다. 그런데 운동이 뇌 건강에도 좋다는 사실을 아는가? 어떤 운동이든 뇌로 가는 혈류를 증가시키고 산소 공급을 원활하게 해준다. 동시에 뇌를 자극하는 여러 물질이 분비된다. 그중 가장 중요한 것이 바로 뇌유래신경영양인자(BDNF)라는 단백질로 뇌세포의 건강을 유지한다. 다시 말해 운동을 하면 BDNF가 활성화해 뇌세포의 유연성과 회복력이 높아진다(신경 가소성). 그뿐만 아니라 BDNF는 노폐물 제거에도 중요한 역할을 한다. 즉 뇌를 건강하게 유지하려면 몸부터 움직여야 한다.

뇌 안의 작은 사람

'몸은 근육으로 움직이는 거잖아? 그럼 뇌는 왜 중요하지?'라고 생각할 수 있다. 하지만 뇌는 모든 움직임을 생각보다 훨씬 깊이 통제한다. 이런 통제는 대뇌 피질(대뇌겉질) 윗부분에 넓게 자리 잡은 **운동 피질**(운동겉질)이라는 영역을 통해 이뤄진다. 운동 피질과 인접한 **체성 감각 피질**(몸감각겉질)은 근육의 위치에 따라 몸의 감각 정보를 받아들이는 역할을 한다. 그리고 운동 피질은 움직임을 통제하기 위해 척수에 있는 신경 세포로 정보를 전달한다. 이 두 영역의 특별한 점은 매우 정교하게 전문화돼 있다는 것이다. 이를 설명할 때 자주 등장하는 개념이 바로 뇌 속의 작은 사람, '호문쿨루스(homunculus)'다. 실제로 사람 모양이 있는 건 아니고, 운동 피질에서 '표현하는' 몸의 모든 부위를 지칭한다. 말하자면 팔, 다리, 손, 머리 등 우리 몸의 각 부위가 뇌 안에서 차지하는 각자의 공간을 시각적으로 표현한 지도라고 할 수 있다. 이 특수한 영역에는 뇌세포가 밀집해 있고, 이 세포들은 척수를 통해 근육으로 신호를 보냄으로써 움직임을 유도한다. 이 신호로 인해 실제 동작이 일어난다. 그리고 이 모든 움직임의 계획과 조절에 핵심 역할을 하는 영역이 또 하나 있다. 바로 전전두 피질(이마엽앞겉질)로 뇌에서 행동을 계획하고 조절하는 '컨트롤 타워' 역할을 하는 곳이다. 앞으로 이 책에 전전두 피질이라는 단어가 자주 등장할 텐데, 그만큼 우리의 행동에 큰 영향을 미치는 중요한 영역이다. 예를 들어 '팔을 들어야지'라고 결정하는 것은 전전두 피질의 역할이고, 그 명령을 뇌세포로 전달해 실제로 팔을 들게 하는 것은 운동 피질의 역할이다.

뇌는 바뀔 수 있다

그림을 보면 손을 담당하는 뇌 영역이 발가락을 담당하는 영역보다

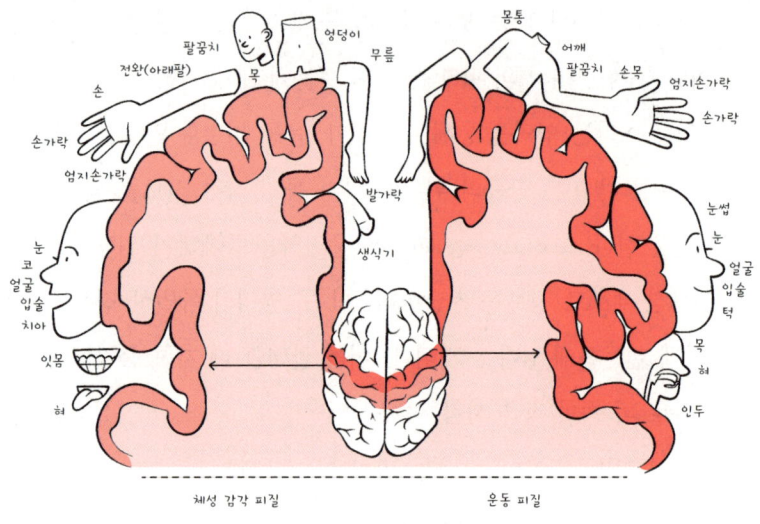

체성 감각 피질   운동 피질

훨씬 넓다. 왜 그럴까? 손은 글을 쓰고 세탁물을 개고 피망을 자르는 등 매우 정교한 동작을 반복적으로 수행하는 부위이기 때문이다. 이런 활동을 제대로 해내려면 그만큼 더 많은 뇌의 자원이 손에 집중돼야 한다. 이처럼 정밀한 운동 능력을 요구하는 동작을 자주 하면 운동 피질에서 손을 담당하는 영역의 활동이 점점 더 전문화된다. 실제로 한 실험에서는 참가자들이 하루 30분씩 6주 동안 저글링 연습을 했다. 그 결과 운동 피질 중 손을 담당하는 영역에 회색질이 더 많이 생겨나고, 활동도 눈에 띄게 증가했다. 뇌는 회색질과 백색질이라는 두 주요 조직으로 구성된다. 회색질은 대부분 신경 세포로 이뤄지며 뇌에서 정보를 처리하는 작업실 역할을 한다. 회색질이라는 이름은 뉴런과 혈관이 모인 조직이 회갈색을 띠기 때문에 붙었다. 반면 백색질은 신경 세포 간의 연결로 구성되며 정보가 빠르게 전달되도록 돕는 역할을 한다. 백색질이 흰색으로 보이는 이유는 정보의 전도에 핵심 역할을 하는 지방질의 절연층인 수초(말이집) 덕이다. 다시 저글링 실험으로 돌아가면, 참가자들의 운동 피질에서 손과 관련된 영역의 회색질과 활동량이 모두 증가했다. 이런 결과는 우리의 뇌가 변화할 수 있다는 사실, 즉 뇌의 가소성을 보여준다. 예를 들어 피아니스트의 뇌는 마라토너의 뇌와 다르고, 페인트공의 뇌는 전차 운전사의 뇌와 다를 것이다.

뇌 상식—좌우 반전

우리 뇌는 좌우가 교차하는 방식으로 작동하는 걸 알고 있는가? 왼쪽 대뇌 피질은 오른쪽 신체를, 오른쪽 대뇌 피질은 왼쪽 신체를 조절한다. 이걸 교차 신경 지배라고 한다. 그래서 오른쪽 뇌에 손상이 생기면 왼쪽 몸에 마비 증상이 나타나는 것이다.

운동을 하면 기분이 좋아진다

우리의 뇌는 운동 능력을 향상시키는 데 중요한 역할을 하지만, 그보다 훨씬 더 많은 일을 한다. 운동을 하면 정신 건강과 기분에 영향을 미치는 다양한 화학 물질이 분비된다. 그중에서도 가장 잘 알려진 물질이 바로 엔도르핀이다. 엔도르핀은 격렬한 유산소 운동을 할 때 분비되며, 흔히 말하는 기분을 좋아지게 하는 물질이다. 몸속에서 쾌감을 유발해 이른바 러너스 하이(runner's high)라는 효과로도 유명하다. 이는 마라톤 같은 장거리 달리기를 할 때 느끼는 황홀한 고양감으로, 이 느낌에 중독되는 사람들도 있다. 엔도르핀은 뇌 속, 그중에서도 특히 뇌하수체에서 나오는 물질이다. 이 물질은 자연스럽게 기분을 끌어올리고 통증을 억제하며 정신적 안녕감을 높이는 역할을 한다. 볼스트라트에 사는 애시원이 비 오는 날 고된 부트캠프 후 상쾌한 기분을 느끼는 건 결코 우연이 아니다. 운동으로 그의 뇌에서 분비된 엔도르핀이 좋은 기분을 만들어낸 것이다.

이런 물질은 어떻게 작용할까? 우리의 신경 세포(뉴런)들은 신경 전달 물질로 소통한다. 신경 전달 물질은 뇌 속에서 세포들을 소통하게 해주는 중개자라고 생각하면 된다. 하나의 세포는 세포핵, 정보를 전달하는 축삭, 축삭 끝에 달린 수상 돌기(가지 돌기)로 구성된다. 작은 나뭇가지처럼 뻗은 수상 돌기는 정보를 받아들이는 역할을 하고, 반대로 축삭은 정보를 보내는 통로로 작용한다. 세포 간의 소통은 이런 구조를 기반으로 이뤄진다. 즉 수상 돌기를 통해 전해진 전기 신호가 다음 세포로 이어지는 과정에서 신경 전달 물질이 오가는 것이다. 여기엔 중요한 점이 있다. 신경 전달 물질은 아무 세포에나 들어갈 수 없다는 것인데, 각 세포에 있는 수용체라는 구조가 특정한 물질에만 반응하는 작은 자물쇠처럼 작동한다. 그래서 아무리 많은 신경 전달 물질이 뇌 안을 떠다닌다 해도, 모든 뇌 영역이 동시에 영향을 받지는 않는다. 어떤 영역은 특정 물질에 민감하게 반응하지만, 다른 영역은 그렇지 않기 때문이다. 이처럼 신경 전달 물질은 뇌 안에서 다양한 방식으로 작용한다. 참 경이롭지 않은가? 엔도르핀도 마찬가지다. 맞는 자물

쇠가 있는 세포에서만 반응이 일어난다. 엔도르핀은 쾌감을 담당하는 뇌 영역에 작용해 긍정적인 기분을 만들어낸다. 운동하는 중에는 엔도르핀 외에도 다양한 물질이 함께 분비되는데, 반대로 분비가 억제되는 물질도 있다. 예를 들어 운동은 스트레스 호르몬인 코르티솔의 수치를 낮춰 스트레스 완충재 역할을 한다. 요가나 태극권 같은 운동은 스트레스 호르몬 분비를 억제해 몸과 마음을 이완하는 데 도움을 준다. 이런 즉각적 효과 외에도 운동은 장기적으로 우리 뇌에 긍정적 변화를 일으킨다. 대표적으로 세로토닌, 도파민, 노르에피네프린 같은 신경 전달 물질의 분비가 증가한다. 이런 물질은 인지 능력, 즉 새로운 정보를 학습하는 능력을 높이는 데 도움을 줄 뿐만 아니라 운동이 끝난 후에도 기분을 긍정적으로 유지하는 데 중요한 역할을 한다.

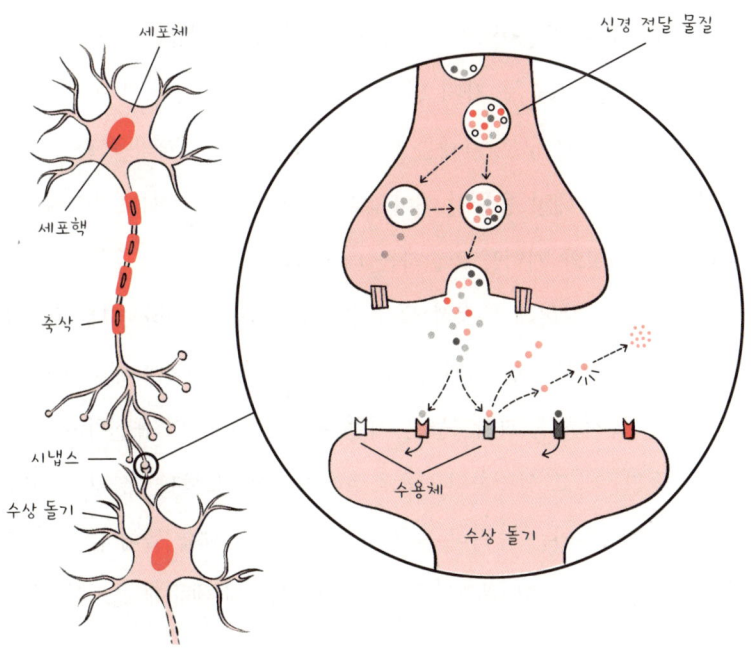

뇌 상식 — 팬텀 페인

신체 일부를 절단으로 잃은 사람이 사라진 부위에 감각을 느낄 수 있다는 사실을 아는가? 이런 현상을 팬텀 페인(phantom pain), 즉 환지통이라 부른다. 이 감각은 실재하지 않는 신체 부위가 아니라 뇌에서 발생하는 것이다. 팬텀 페인은 운동 피질과 체성 감각 피질에 있는 호문쿨루스 영역의 활동으로 생긴다.

정신 건강에 대한 운동의 효과

규칙적으로 운동하는 사람은 우울증 같은 정신 건강 문제를 겪을 가능성이 더 낮다. 운동이 기분을 좋게 만들어주는 이유는 신체 활동으로 뇌에서 일어나는 두 가지 변화와 관련이 있다. 첫째, 운동은 전전두 피질과 해마의 구조 자체를 변화시킨다. 해마는 기억을 관장하는 핵심 영역으로, 해양 동물인 해마(海馬) 모양의 뇌 구조이고 전전두 피질과 함께 사고와 기억을 조절하는 데 핵심 역할을 한다. 운동은 이런 영역의 기능을 강화해 부정적 생각이나 두려움을 억제하는 데 도움이 될 수 있다. 둘째, 운동은 뇌 안의 신경 전달 경로를 강화해주는 물질의 생성을 촉진한다. 과학자들은 이런 변화가 뇌를 '더 유연하고 적응력 있게' 만든다고 설명한다. 즉 스트레스같이 변화하는 상황에 보다 쉽게 대처할 수 있는 능력이 높아진다는 뜻이다. 예를 들어 금액이 큰 청구서를 갑자기 받고 해결책을 신속하게 떠올려 행동에 옮겨야 하는 때를 생각해보자. 뇌가 이런 상황에 잘 적응할수록 정신적 안녕감에도 긍정적 영향을 준다. 이렇게 뇌에 직접 영향을 미치는 변화 외에, 운동은 간접적으로도 우리의 정신 건강을 개선한다. 예를 들어 뭔가를 해냈다는 성취감, 내 몸이 건강해지고 있다는 만족감은 자신에 대한 긍정적 감정으로 이어진다. 그래서 자신감이 자연스럽게 높아진다. 앉아 있는 시간이 긴 노년층의 정신 건강에도 운동은 긍정적 영향을 준다. 게다가 팀 단위로 운동하는 경우가 많아 사회적 지지나 소속감을 느끼게 해준다. 이런 요소는 외로워하거나 대인관계에 두려움이 있는 사람에게 특히 도움이 된다. 마지막으로 운동은 숙면을 돕는다. 3장에서 보겠지만, 질 좋은 수면은 정신 건강의 핵심 요소다.

 연구와 실험

규칙적으로 운동하는 사람들이 정신 건강 문제를 덜 겪는다는 사실은 어떻게 알았을까? 이는 49편 이상의 연구 결과를 종합한 대규모 메타분석을 통해 밝혀졌다. 다만 운동과 정신 건강이 정확히 어떤 메커니즘으로 연결돼 있는지는 복잡한 문제다. 왜냐하면 둘 사이에서 수많은 요인이 서로 얽혀 영향을 주고받기 때문이다. 예를 들어 낙관적인 사람일수록 운동을 시작하는 데 거부감이 적을 수 있다. 이 경우 운동과 정신 건강 사이에 연관성은 있어 보일지 몰라도, 운동이 정신 건강을 개선하는 직접적 원인이라고 보기는 어렵다. 정신 건강이 더 낫다고 느끼는 것이 정말로 운동의 결과인지 검증하기 위해 '개입' 연구가 진행됐다.

이 실험에서는 참가자들을 여러 집단으로 나눠 일부 집단은 운동을, 다른 집단은 신체적인 것과 무관한 활동을 하도록 배정했다. 이런 연구에서 전반적으로 긍정적 결과가 나타나긴 했지만, 그 효과는 사람마다 달랐다. 누군가에게는 효과적인 방법이 다른 사람에게는 그렇지 않을지도 모른다는 의미다. 이 결과가 뜻하는 바는 뭘까? 운동에 기적 같은 효과가 있을 거라는 기대는 하지 말되, 치료나 건강한 생활 습관과 함께한다면 올바른 방향으로 나아가게 해주는 자극이 될 수 있다는 것이다.

운동은 뇌 건강에도 좋다

운동은 신체 건강에만 좋은 것이 아니라, 우리의 사고와 판단을 담당하는 뇌에도 유익하다. 실제로 매일 운동을 하는 사람들과 그렇지 않은 사람들을 비교한 여러 연구에서 운동이 인지 능력—예를 들어 행동을 조절하거나 학업을 수행하는 능력—뿐만 아니라 팀워크와 같은 심리사회적 기술에도 긍정적 영향을 준다는 사실이 밝혀졌다. 그 영향이 아주 크지는 않더라도 꾸준하게 나타난다는 점에서 의미가 있다. 다시 말해 운동을 하면 일상생활에서 더 유능할 수 있다는 것이다. 한가지 이유는 운동할 때 뇌로 가는 혈류가 증가하기 때문이다. 또한 운동 자체가 우리에게 행동을 훈련시키는 역할을 하기도 한다. 예를 들어 인터벌 트레이닝처럼 짧은 시간 동안 격렬하게 움직이다가 천천히 회복하는 운동을 반복하다 보면, 숨이 차거나 근육이 아픈 불편함을 감내하면서 '건강해지고 싶다'는 목표를 이루는 과정을 몸으로 익히게 된다. 이런 경험을 계속하면 순간적 불편함이나 충동을 억제하고 장기 목표를 향해 나아가는 힘을 기를 수 있다. 이는 우리가 일상에서 마주치는 여러 상황—이를테면 즉각적 만족을 참고 더 나은 결과를 기다려야 하는 순간—에서 매우 유용한 심리적 기술이다. 과학자들에 따르면 유산소 운동은 단지 몸을 단련하는 것에 그치지 않고, 뇌에서 목표 지향적 사고와 자기 조절을 담당하는 전전두 피질 역시 강화해준다. 결국 운동은 몸과 마음을 동시에 단련하며 우리의 '뇌력' 자체를 높여주는 효과적 수단인 셈이다.

 **뇌 상식 — 우리는 너무 오래 앉아 있는다**

유럽에 사는 15~98세의 사람들이 하루 평균 300분, 즉 5시간을 앉아서 보낸다는 사실을 알고 있는가? 이 수치는 32개국에서 총 2만 7637명을 대상으로 면접과 설문 조사를 진행한 대규모 연구에서 밝혀진 결과다. 오래 앉아 있는 습관은 건강 상태가 좋지 않은 사람들에게서 더 자주 나타나는데, 이는 어느 정도 예상할 수 있는 일이다. 흥미로운 사실은 교육 수준이 높은 사람일수록 앉아 있는 시간이 더 길다는 것이다. 이는 회의가 잦은 사무직에 종사할 가능성이 높기 때문이다. 사람들이 얼마나 오래 앉아 있는지는 국가마다도 큰 차이를 보이는데, 예를 들어 북유럽 국가에서는 남유럽이나 동유럽에 비해 앉아 있는 시간이 더 길다. 그중에서도 특히 눈에 띄는 국가는 네덜란드와 그리스로, 여기서는 전체 인구의 35퍼센트 이상이 하루에 7시간 넘게 앉아 있는 것으로 나타났다.

뇌를 이해하고 활용하는 법

동기 부여의 어려움

수많은 연구가 운동을 비롯한 신체 활동이 뇌 건강에 긍정적 영향을 준다는 사실을 입증한다. 운동을 통해 사고력이나 판단력 같은 인지 기능이 향상될 수 있고, 기분을 좋게 해주는 다양한 물질도 분비된다. 그럼에도 불구하고 많은 사람들이 운동을 시작하거나 꾸준히 하는 데 어려움을 겪는다. 헬스장 회원권을 결제해놓고도 몇 달이 지나도록 한 번도 가지 않은 채 후회한 적, 혹시 있지 않은가? 왜 이런 일이 반복될까? 볼스트라트에 사는 소피 역시 저녁이 되면 스피닝 수업에 가기보다 소파에 앉아 있고 싶은 마음이 드는 이유는 뭘까? 진화생물학자들에 따르면 그 해답은 우리의 뇌 안에 있다. 아주 오래전 구석기 시대, 인류는 생존을 위해 사냥을 해야만 했다. 그리고 사냥과 사냥 사이, 몸은 가능한 한 에너지를 아끼기 위해 휴식을 취하는 것이 자연스러운 전략이었다. 언제 닥쳐올지 모를, 행동해야 하는 순간을 위해 에너지를 비축한 것이다. 그런 전략은 오늘날처럼 단순히 칼로리를 태우기 위해 조깅을 하는 습관과는 잘 맞지 않는다. 그러니 운동하기 귀찮다고 속삭이는 마음속 목소리는 어쩌면 본능적인 신호일지도 모른다. 게다가 오늘날에는 '에너지를 아끼라'는 원시적 본능에 쉽게 굴복할 수 있는 환경이 조성돼 있다. 엘리베이터와 에스컬레이터는 어디에나 있고, 자동차도 있으며, 우리는 더 이상 음식을 직접 사냥하거나 채집하지 않아도 되니까.

내게 잘 맞는 방식을 찾기

핵심은 움직임이라는 목표를 삶에서 실현 가능하게 만드는 것이다. 많은 사람들이 좋은 결심을 오래 이어가지 못하는 가장 큰 이유는 처음부터 너무 높은 목표를 설정하기 때문이다. 미국스포츠의학회(American College of Sports Medicine)는 일주일에 150분 정도의 일반적 신체 활동과, 75분 정도의 강도가 약간 더 높은 운동―예를 들면 빠르게 걷기나 자전거 타기―을 권장한다. 이를 하루 단위로 나눠보면 하루에 30분 정도의 활동만으로도 충분하다. 그리고 그 30분의 운동이 반드시 헬스장에서 무거운 기구를 드는 것일 필요는 없다. 다양한 과학적 연구는 운동의 형태가 뭐든, 몸을 움직이기만 하면 뇌와 몸에 긍정적 영향을 준다는 사실을 반복해서 보여준다. 그러니 볼스트라트에 사는 소피가 아침에 가볍게 태양 경배 자세로 하루를 시작하는 것도 이미 훌륭하다고 할 수 있다. 중요한 것은 스스로에게 잘 맞는 방식과, 매일 조금씩 실천하는 것이다.

운동의 종류

운동은 다양한 방식으로 실천할 수 있다. 땀을 흘리는 활동부터 긴장을 풀어주는 동작까지 그 형태는 폭넓다. 유산소 운동은 심박수를 높이는 움직임이다. 대표적으로 달리기, 수영, 자전거 타기 그리고 볼스트라트에 사는 애시윈이 하는 부트캠프 등이 있다. 이런 운동은 체력을 향상시키는 데 효과적이다. 반면 근력 운동은 근육량을 늘리는 데 초점을 맞추며, 근육을 단련하고 체형을 잡는 데 도움이 된다. 그리고 이완 중심의 운동도 있다. 요가나 태극권처럼 자세, 호흡, 균형을 최적화하는 데 초점을 두는 방식이다. 이런 운동에서는 몸의 감각을 자각하고 집중하는 데 비중을 싣는다.

미리 내다보는 힘

운동을 하려고 하면 머릿속에서 "귀찮아, 하기 싫어"라는 목소리가 들려올 때가 있다. 그 목소리는 사실 한참 지난 시대의 흔적이다. 더 이상 우리는 수렵과 생존을 위한 에너지 보존이 삶의 전부인 시대에 살지 않는다. 이제는 운동이 곧 장기적 투자라는 사실을 아는 것에서 동기를 부여받을 수도 있다. 처음엔 몸이 무겁고 근육통이 따르지만 결국 기분이 좋아진다. 운동은 단기적 피로를 감수하고 나서야 느낄 수 있는 보상의 영역에 있다. 다행히 우리의 뇌는 이런 선택을 가능하게 해준다. 선사시대에서 유래한 "운동이 귀찮아"라는 '목소리'만 있는 것이 아니다. 인간의 뇌에는 고도로 진화한 전전두 피질이 있다. 이 전전두 피질 덕분에 미래의 자신을 상상하고, 지금의 선택이 나중에 어떤 영향을 줄지를 예측할 수 있는 능력이 생긴다. 예를 들어 수영을 30분 하고 나면 상쾌함이 느껴지고, 커피가 더 맛있어질 걸 미리 생각할 수 있다. 또는 꾸준히 운동하면 나이가 들어서도 활력 있게 살 수 있다는 상상도 가능하다. 애시원 역시 다가오는 쉰 번째 생일을 앞두고 아침마다 부트캠프를 할 동기를 얻는다.

02

뇌의 형성
하나의 경이를 들여다보다

7시 — 아홉 달

"이 녀석, 벌써 깼네." 소피가 위층에서 태양 경배 자세로 하루를 열 때, 불과 4미터 아래 볼스트라트 9번지 1층에서는 마우트가 막 막내아들 벤의 기저귀를 갈고 있었다. 마우트로서는 오늘 하루가 몇 시간쯤 더 늦게 시작됐으면 좋았겠지만, 그는 이미 잘 알고 있다. 벤이 한번 눈을 뜨면 다시 잠들지 않는다는 걸. 게다가 밤사이 두 번은 꼭 깨서 수유를 해야 했다. 이쯤 되니 왜 아기 키우는 시기를 잠 못 이루는 '열대야'에 빗대어 인생의 열대기라고들 하는지 이해가 간다. 이럴 땐 문득 "오늘은 그냥 좀 누워 있어, 내가 볼게"라고 말해줄 누군가가 있으면 얼마나 좋을까 싶기도 하다. 창밖을 내다보니 이웃집 애시윈이 운동복 차림으로 자전거에 오른다. 부트캠프에 진심이구나. 이번 주만 벌써 세 번째다. 감탄이 절로 나온다.

벤이 조용히 젖을 빨기 시작하자, 마우트는 늘 그렇듯 흔들의자 옆 책장에서 임신 일기를 꺼낸다. 이 자리에 앉아 아기에게 젖을 먹이며 쓰는 일기장이다. 아홉 달 동안 아이는 그의 몸속, 가슴 아래 자리한 자궁 안에 있었다. 첫 장은 초음파 사진이다. "보세요, 아이가 손을 흔들고 있어요." 하얀 형체를 가리키던 산부인과 의사의 말에 자기도 모르게 눈물을 흘렸던 걸 기억한다. 사람이 이렇게나 약해질 수 있다는 걸 엄마가 되고서야 알았다. 아홉 달 동안 그는 체중의 변화, 뱃속에서 느껴지는 작은 움직임 하나하나를 빠짐없이 기록했다. 첫째아이 율리안 때와 마찬가지로. 출산 후 율리안은 탄성을 지르며 외쳤다. "엄마 뱃속에 진짜 아기가 있었구나!" 그래, 진짜였다. 벤은 작디작은 점처럼 자궁 안에 존재하던 그 순간부터 이미 진짜였다. 아무것도 없던 자리에 어느 날 불룩하게 배가 나오고, 결국 새로운 사람이 한 명 태어난다. 이건 정말이지 하나의 경이다.

뇌는 이렇게 만들어진다

온라인 백과사전 위키피디아에 따르면 '기적'이란 '인상적이며 이성적으로 설명할 수 없는 사건'을 뜻한다. 마우트는 임신 일기를 넘기며 단 9개월 만에 완전히 새로운 인간이 형성된다는 사실이 기적이라고 느낀다. 나도 거기에 전적으로 동의한다. 물론 과학적으로 설명이 불가능한 것은 아니다. 이 장에서 설명할 내용이 그 일부이기도 하니까. 하지만 그럼에도 불구하고 이 과정은 너무나 놀랍고 인상적이다. 사실 나는 이 분야를 연구하기 때문에 시선이 다소 편향될 수도 있다. 하지만 인간의 뇌가 형성되는 과정을 보면 감탄하지 않을 수 없다. 인간이 '만들어지는' 수많은 과정 중에서도 가장 마법 같은 시기가 뇌가 생겨나고 발달하는 때다. 두 개의 세포에서 출발한 인간은 9개월도 채 되지 않아 하나의 독립된 존재로 태어난다. 그리고 그 인간은 생각하고 움직이고 먹고 느끼고 잠을 잔다. 열정과 신뢰를 느끼고, 창의력을 발휘하며, 복잡한 문제를 해결하는 능력까지 갖추게 된다. 이 모든 슈퍼파워의 기반이 바로 뇌이며, 뇌의 기초는 임신 중에 자궁 속에서 만들어진다. 뇌는 구조가 엄청나게 복잡하고, 출생 시점에 이미 수십억 개의 신경 세포를 포함하고 있다. 이 신경 세포들은 상상도 할 수 없을 만큼 많은 연결의 가능성을 지니고 있다. 이 연결들은 살아가는 동안 경험을 통해 계속 형성되고 강화되며, 일부는 약화한다. 그렇기에 어떤 뇌도 똑같을 수 없다. 모든 사람의 삶이 다르기 때문에 모든 사람의 뇌도 고유하다.

뇌의 청사진

인간의 수많은 정신적 능력과 가능성, 이른바 슈퍼파워의 기초는 자궁 안에서 형성된다. 뇌의 가장 급격한 성장은 수정 후 첫 20주, 즉 임신 5개월 동안 일어난다. 수정 후 단 3주만 지나면 뇌의 초기 형태가 모습을 드러낸다. 이때 생겨나는 것이 신경판으로 이는 나중에 신경관으로 발전한다. 신경판의 위쪽에서는 뇌가, 아래쪽에서는 척수가 형성된다. 임신 4주 차와 5주 차에는 뇌 안의 방이 될 통로들이 생겨난다. 그리고 6주 차가 되면 더 특별한 변화가 나타난다. 뇌가 좌우 두 반구로 나뉘고, 핵심 요소들이 형성되기 시작한다. 예를 들어 이 시기에 생기는 뇌간(뇌줄기)은 이후 체온, 심장 박동, 호흡, 혈압 등 생존에 필수인 기능을 조절하는 역할을 하게 된다. 송과선(솔방울샘)도 이 시기에 만들어지는데, 이 기관은 훗날 호르몬 체계의 기반이 된다. 이 체계 덕에 우리는 낮과 밤의 일주기 리듬을 유지할 수 있다. 특히 멜라토닌이라는 호르몬의 영향을 많이 받는데 이에 대해서는 뒤에서 자세히 설명할 것이다. 어쨌든 태어난 직후 일주기 리듬이 안정되는 건 아니다. 그러니 아기 벤이 아직 한밤중에 깨고, 아침 일찍 눈을 뜨는 건 이상하지 않다. 보통 아기는 태어난 후 약 1년이 지나야 어른들이 생각하는 '정상적' 하루에 적응한다. 우리의 일주기 리듬에 대해서는 다음 장에서 더 다룬다.

뇌의 주름, 그 시작

자궁 안에서 8주가 되기 전에 이미 뇌의 청사진은 완성된다. 뇌의 발달은 모든 아기에게 거의 동일한 순서로 진행되며, 인간의 뇌가 얼마나 정교하고 복잡한지를 생각해보면 이 시기의 발전은 그야말로 마법과 같다. 임신 9~13주에 아기의 뇌는 뇌량(뇌들보)을 만들어내기 시작한다. 이 구조는 좌우 대뇌 반구를 연결해 양쪽이 서로 정보를 주고받을 수 있는 통로 역할을 한다. 초음파 화면 속에서 벤이 손을 흔드는 듯 보이던 시기, 그의 뇌는 뇌량을 만드느라 분주했다. 마우트의 배가 불러오던 임신 2분기 동안에도 아기의 뇌에서는 눈에 보이지 않는 수많은 변화가 일어나고 있었다. 임신 3개월이 지나면 아기의 뇌에는 처음으로 주름이 생기기 시작한다. 일종의 접힘 구조인 이 주름은 뇌 표면을 훨씬 더 넓게 만들어준다. 덕분에 복잡한 기능을 담당하는 넓은 뇌 영역이—접힌 채라도—두개골이라는 제한된 공간 안에 효율적으로 들어갈 수 있는 것이다. 그 후로도 몇 달 동안 뇌의 주름은 점점

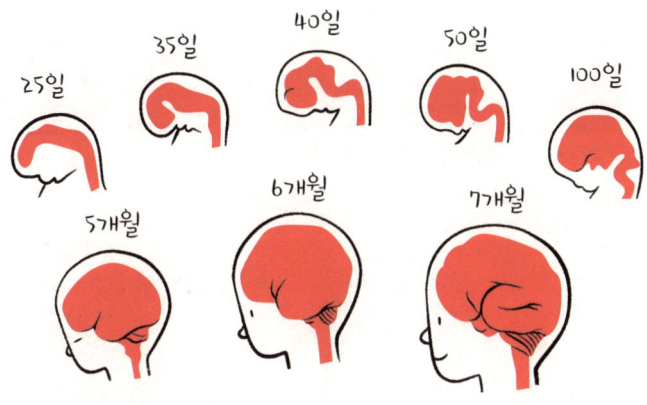

늘어난다. 그중에서도 가장 중요한 주름이 중심구(중심고랑)다. 이 주름은 임신 25주 차에 생기며, 뇌의 앞쪽과 뒤쪽이 빠르게 소통할 수 있는 핵심 경로 역할을 한다. 마치 뇌 속에 깔린 고속도로처럼 기능하는 셈이다. 임신 33주 차에는 뇌 안의 주요 주름 구조가 모두 완성되기에 이른다.

 뇌 상식 — 발차기에 대한 오해

자궁 안의 아기들이 대부분의 시간을 자는 데 쓴다는 사실을 알고 있는가? 그렇다면 아기가 아직 태어나기 전, 엄마 뱃속에 있을 때 뇌를 긍정적으로 자극할 수 있을까? 많은 예비 부모가 이 질문에

관심을 가진다. 실제로 어떤 부모들은 아기를 위해 자궁에 들릴 수 있도록 부드러운 음악을 틀어주기도 한다. 하지만 지금까지의 과학적 연구에 따르면, 이런 시도가 아기의 뇌에 영향을 준다는 명확한 증거는 없다. 아기들은 자궁 속에서 대부분의 시간 동안 잠을 잔다. 그렇다면 부모가 느끼는 태동, 즉 아기의 발차기는 뭘까? 많은 경우 이는 잠든 아기의 무의식적 움직임에 가깝다. 의도적이라기보다 수면 중에 발생하는 비자발적 행동에 해당하는 셈이다. 그렇다고 음악을 틀거나 아기에게 말을 걸지 말라는 뜻은 아니다. 오히려 아이와의 이런 교감이 부모에게 심리적 안정감을 준다면 간접적으로라도 좋을 수 있다. 왜냐하면 엄마가 스트레스를 덜 받는 환경은 태아에게도 긍정적 영향을 준다고 입증됐기 때문이다.

소뇌, 중뇌 그리고 대뇌의 네 엽

아기의 뇌에 주름이 생겨나는 것과 동시에, 자궁 안에서는 뇌의 다양한 구조가 각자의 역할에 따라 분화하기 시작한다. 임신 4개월 무렵부터 소뇌가 발달한다. 소뇌는 버섯처럼 생긴 구조로 중뇌(중간뇌)와 대뇌의 아래쪽에 자리한다. 중뇌는 두 가지의 중요한 구조로 이뤄진다. 하나는 시상, 다른 하나는 시상하부다. 시상은 뇌의 여러 부위가 서로 정보를 주고받을 수 있도록 중계하는 역할을 한다. 반면 시상하부는 생존을 위한 기본 욕구, 예를 들면 수면·배고픔·갈증을 조절하는 역할을 한다. 하지만 중뇌의 기능은 거기서 끝나지 않는다. 여기에는 또 하나의 핵심적 욕구 조절 장치가 숨어 있다. 바로 변연계(둘

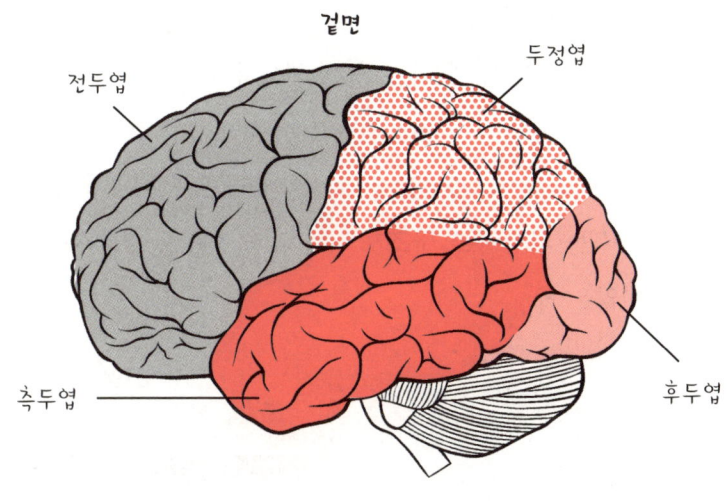

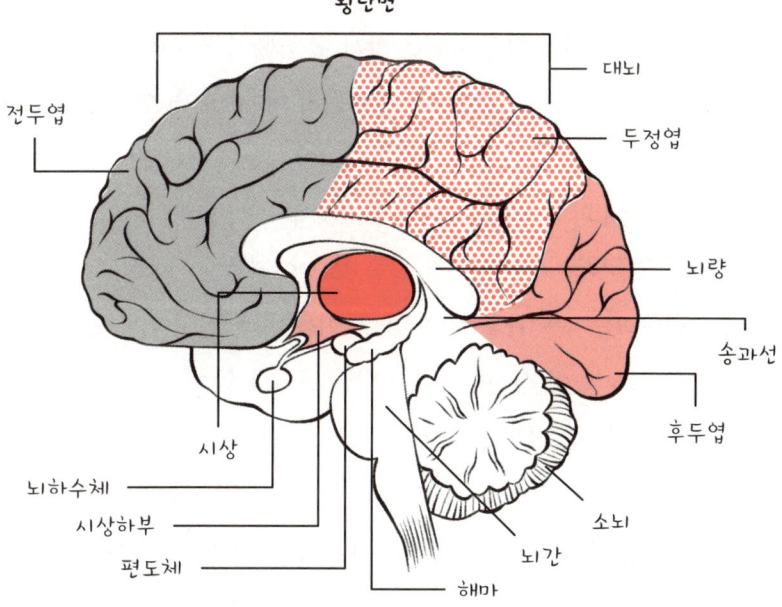

02 뇌의 형성

레계통)다. 정서는 이 변연계에서 비롯한다. 같은 시기 함께 발달하는 대뇌는 중뇌를 감싸듯 덮는 구조이며, 각기 다른 역할을 담당하는 네 개의 엽으로 나뉜다. 이 네 엽은 좌우반구에서 동시에 분화하기 시작한다. 가장 먼저 형성되는 것은 측두엽(관자엽)이고, 다음으로 전두엽(이마엽), 두정엽(마루엽), 후두엽(뒤통수엽)이 뒤따른다. 이렇게 해서 임신 6개월쯤에는 뇌의 주요 구조가 거의 다 형성된다. 생각해보면 정말 놀랍지 않은가?

연구와 실험

우리는 어떻게 뇌의 형성 과정을 알게 됐을까? 이제 과학자들이 어떻게 뇌의 발달 과정을 관찰하고 이해하는지 얘기해보자. 연구자들이 가장 많이 사용하는 방법은 조산아와 만삭아(임신 기간을 충분히 채우고 태어난 아기—옮긴이)의 뇌 기능을 비교하는 것이다. 이렇게 하면 일찍 태어난 아기들과 자궁 속에서 아홉 달을 보낸 아기들의 뇌에서 무엇이 다르게 발달하는지를 관찰할 수 있다. 이를 통해 임신기의 어느 시점에 어떤 뇌 기능이 형성되는지에 대한 단서를 얻는다. 예를 들어 임신 30주쯤 태어난 아기들은 소리에 대한 뇌의 반응 방식이 임신 40주쯤 태어난 만삭아들과는 다르다. 연구에서는 아기들에게 반복되는 소리에 다른 음을 살짝 섞어 들려주고 반응을 관찰했다. 그 결과 조산아는 이런 음의 변화를 감지하는 방식에 차이가 있었다. 하지만 이런 연구에는 분명히 어려움도 있다. 조산아로 태어난 아기들은 우연히 이르게 태어난 것이 아닐 가능성이 크기 때문이다. 예를 들어 유전적 요인, 쌍둥이 이상의 다태 임신으로 인한 자궁 내 공간의 부족 등 특수한 이유로 인해 조기에 출생했을 수도 있다. 이런 출생의 배경 자체가 뇌 발달에 영향을 미칠 수 있으므로 조산아와 만삭아의 차이가 순전히 임신 기간 때문인지 아니면 다른 요인 때문인지를 명확히 구분하기는 쉽지 않다. 요약하면 조산아의 뇌를 만삭아의 뇌와 동일한 기준으로 비교하기는 어렵다.

자궁 속을 들여다보다

뇌가 어떤 순서로, 어떤 시기에 형성되는지를 더 깊이 이해하는 또 다른 방법은 특수 기술을 활용해 자궁 속을 엿보는 것이다. 미국 웨인 주립대학교(Wayne State University)의 과학자 모라이어 토머슨(Moriah Thomason)은 이런 방식으로 혁신적 연구를 하고 있다. 그의 관심사는 출생 이전의 초기 경험이 어떻게 뇌를 형성하는지다. 그래서 그와 연구팀은 아직 태어나지 않은 아기의 뇌 기능을 직접 측정하는 실험을 진행 중이다. 토머슨의 연구가 특별한 이유는 그가 세계 최초로 태어나기 전인 아기의 뇌 활동을 본격적으로 관찰한 과학자라는 것이다. 많은 뇌 장애는 자궁 안에서 발병한다. 토머슨은 이렇게 말한다. 출생 이후에 문제가 생기기를 기다릴 수는 없으며, 영향을 미치는 요인을 알고 싶다면 아기가 자궁에 있을 때부터 살펴봐야 한다고. 그 이유는 명확하다. 자궁 속 9개월이 뇌의 형성에 결정적 시기이기 때문이다. 이런 연구를 위해 토머슨이 사용하는 기술은 fMRI다. 이 방법은 일종의 슈퍼 초음파로 자궁 속 아기의 뇌 안에서 어떤 영역들이 함께 활동하고 있는지를 보여준다. 이 기술을 통해 토머슨은 임신 중 엄마가 받는 스트레스가 아기 뇌의 연결에 영향을 미친다는 사실을 밝혀냈다.

또한 아기의 뇌는 출생 전부터 여러 영역이 협력하며 작동한다는 점도 확인됐다. 다시 말해 우리 뇌의 청사진은 세상 밖으로 나오기 전 이미 그려지기 시작한다.

신경 모세포와 아교 모세포

지금쯤이면 뇌에 대한 복잡한 용어는 웬만큼 살펴봤다고 생각할 수도 있다. 하지만 이제부터는 한층 더 깊이 들어가보자. 초정밀 현미경으로 뇌세포를 들여다보듯 세포 수준으로 확대해보자. 자, 준비됐는가? 출발이다. 우리의 뇌는 이전 장에서 언급한, 신경 전달 물질이라는 특수한 중개자를 통해 정보를 주고받는다. 이 전달 체계는 놀랍도록 정교하게 작동한다. 이런 체계가 갖춰지려면 먼저 신경 세포의 씨앗이 만들어져야 한다. 임신 4~20주에 뇌에서는 뉴런(신경 세포)의 전 단계에 해당하는 신경 모세포가 생성된다. 신경 모세포는 막 분열을 마친 세포로, 미래의 뉴런을 만들어내는 세포 공장이라고 할 수 있다. 그리고 임신 19주, 마우트가 뱃속에서 벤의 첫 움직임을 느꼈던 시점부터는 아교 모세포도 등장하기 시작한다. 이 세포는 뉴런을 돕는 보조 세포, 즉 신경 아교 세포를 만들어낸다. 흥미로운 점은 신경 아교 세포는 태어난 이후에도 계속 생성되지만 신경 모세포는 자궁 안에 있을 때 생성량이 절정을 이룬다는 것이다. 임신 초기 20주 동안 생겨나는 신경 모세포의 수는 엄청나며 출생 이후에도, 성인이 돼서도 이 시기

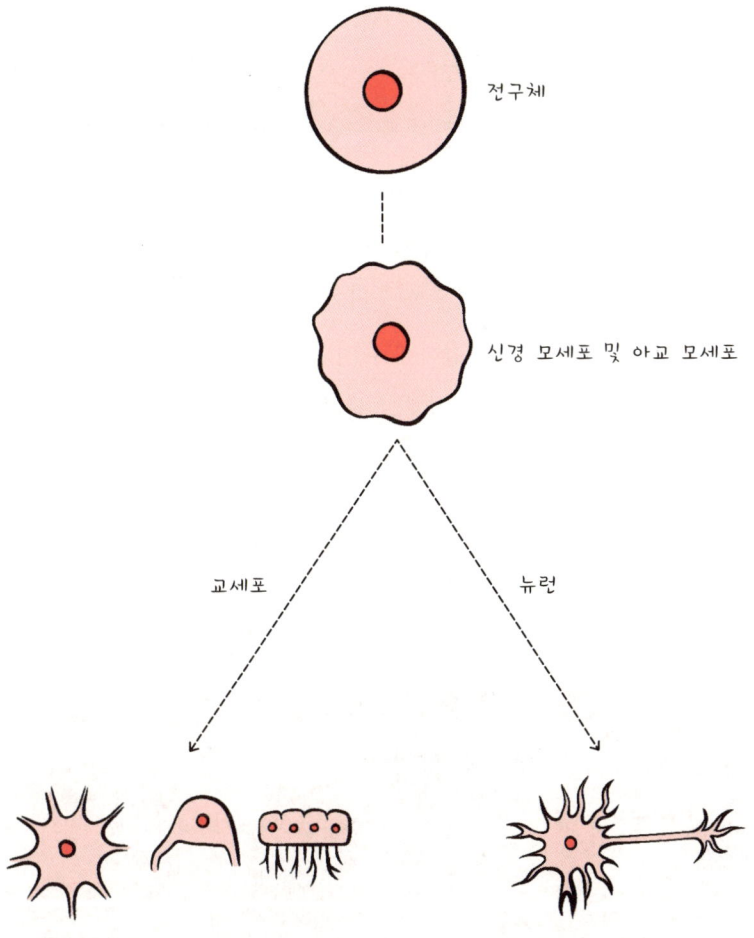

의 생산량을 따라잡지 못한다.

　신경 모세포와 아교 모세포가 제 역할을 마치면 뉴런들은 뇌 안에서 자신이 머물 자리로 이동한다. 그리고 거기에서 다른 뉴런들과 연결을 형성한다. 이 연결은 이전 장에서 살펴본 수상 돌기와 축삭을 통해 이뤄진다. 수상 돌기는 정보를 받아들이는 가지, 축삭은 정보를 내

보내는 관이다. 축삭의 끝에는 시냅스라는 접점이 있으며, 여기서 두 뉴런은 화학적 신호를 주고받는 방식으로 연결된다. 이 과정에서 신경 전달 물질이 오가고, 전기적 흥분(활동 전위)이 발생하며, 하나의 신호가 다음 세포로 전달된다. 뇌의 놀라운 점 중 하나는 초기에는 뇌 전체에 걸쳐 지나치다 싶을 만큼 많은 세포와 수상 돌기가 생성된다는 것이다. 하지만 이 연결은 이후의 사용 여부에 따라 선별된다. 자주 사용되는 연결은 굵고 강하게 유지되며, 잘 사용되지 않는 연결은 정리되거나 사라진다. 결국 각자의 삶에서 어떤 경험을 하는지에 따라 뇌의 연결 구조는 다르게 형성된다. 그래서 모든 사람의 뇌는 서로 다르고, 특별하다.

뇌 상식 — 도널드 헵

신경과학자 도널드 헵(Donald Hebb)이 남긴 유명한 말, "함께 활성화하는 세포는 함께 연결된다(Cells that fire together, wire together)"를 들어본 적 있는가? 신경과학자들은 이 표현을 널리 인용한다.

캐나다 출신의 이 저명한 학자는 1949년 뇌의 가소성 이론을 발표하며 어떤 신경 연결은 강화되고, 어떤 연결은 사라진다는 개념을 처음으로 체계화했다. 이때 필요 없는 연결이 제거되는 현상을 그는 '가지치기'라고 불렀다. 즉 자주 사용하지 않는 뉴런은 뇌가 알아서 잘라내는 방식으로 정리한다는 뜻이다.

슈퍼 가속 장치

우리 뇌에는 수십억 개의 세포가 있고, 각 세포는 수십억 개의 활동 전위를 주고받는다. 어떻게 이 많은 세포가 그렇게 빨리 연결되고 소통할 수 있는 걸까? 이 질문에 대한 답은 아주 똑똑한 전달 시스템에 있다. 그 핵심이 수초라는 지방질 막이다. 이 수초는 정보를 전달하는 축삭을 감싸는, 두껍고 기름진 보호층을 형성하는데 덕분에 신경 신호는 거의 마찰 없이 빠르게 전해진다. 비유하자면 워터파크에서 미끄럼틀의 물줄기를 타고 내려가는 것과 같다. 수초는 뇌 속 정보를 고속으로 흘려보내는 슈퍼 가속 장치인 셈이다. 이렇게 수초가 감싼 신경 회로에서는 신호가 시속 400킬로미터 이상, 초속 120미터에 달하는 속도로 전달된다. 이 속도라면 암스테르담에서 단 30분 만에 브뤼셀에 도착할 수 있다. 수초가 처음 형성되는 시점은 임신 20주 무렵, 즉 신

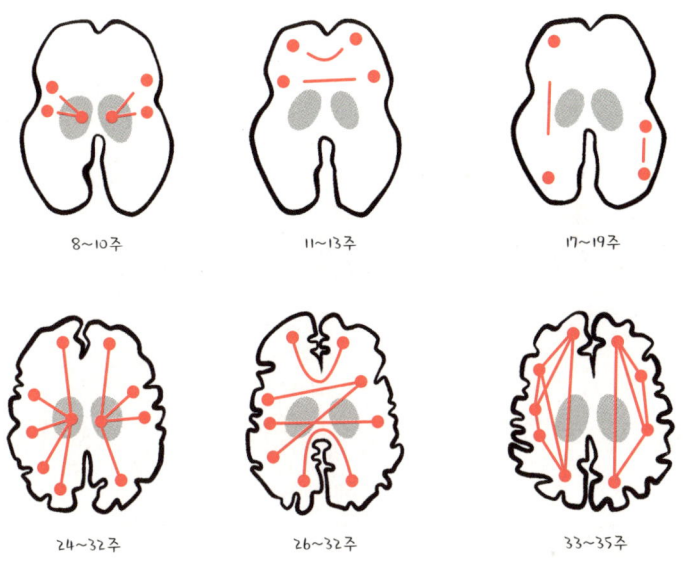

경 세포들이 각자의 목적지에 도달한 후부터다. 이후 수초는 놀라울 만큼 빠른 속도로 생성되며, 그 과정은 출생 이후 2세까지 계속된다. 하지만 이 시스템의 대부분은 태어나기 전 이미 갖춰진다. 아기가 태어나는 시점에는 뇌의 전체 통신망 중 약 60퍼센트가 완성된다.

임신 24주 차쯤부터 아기들은 주변 자극에 반응하기 시작하며 빛, 사람의 목소리를 비롯한 소리 같은 변화에 민감하다. 벤이 마우트의 뱃속에 있을 때 그에게 가장 재미있는 자극은 아마 마우트의 장이 꾸르륵거리거나 심장이 뛰는 소리였을 것이다. 출산이 가까워질수록 아기의 뇌에서는 '긴 연결'이 점점 더 많이 형성된다. 이 긴 연결 덕분에 뇌의 앞쪽과 뒤쪽이 더 잘 협력하고, 뇌의 좌우반구 간 소통도 점점 강화된다.

뇌를 이해하고 활용하는 법 ♡

좋은 소식과 나쁜 소식

뇌의 발달은 대부분 자궁 안에서 시작되지만 출생 후에도 계속된다. 우리 뇌는 오랜 시간에 걸쳐 형성되기 때문에 풍요롭게 만들 기회가 얼마든지 있다. '가지치기'는 사용하지 않는 뉴런을 제거하는 과정이다. 반면 자주 쓰는 뉴런들 사이에는 더 많은 연결이 생겨난다. 이렇게 뇌는 각자에게 필요한 구조로 변해간다. 이처럼 인간의 뇌는 높은 가소성을 갖고 있는데 이는 좋은 소식이다. 뇌의 한쪽에 손상이 생겨도 다른 쪽이 그 기능을 보완해줄 수 있다는 뜻이기 때문이다. 실제로 한쪽 뇌만 가지고 태어났음에도 잘 기능하는 아이들이 있다. 즉 뇌는 어떤 결함도 상당히 잘 보완할 수 있다.

나쁜 소식은 보완은 복구와는 다르다는 것이다. 뇌의 성장 가능성은 기회의 창이 되기도 하지만 동시에 취약성의 창이 되기도 한다. 아직 충분히 발달하지 않은 뇌는 외부 자극에 더 민감하게 반응하기 때문이다. 예를 들어 특정한 약물, 니코틴, 알코올같이 해로운 물질은 발달 중인 아기의 뇌에 악영향을 끼칠 수 있다. 특히 알코올과 약물은 아기의 뇌에 심각한 손상을 남길 수 있으며 이는 수많은 과학 연구에서도 입증됐다. 축적된 손상이 뇌에 너무 큰 해를 미쳐 보완이 불가능해지는 것이다. 태아 알코올 증후군이 그 대표적 예다. 이 증후군은 원래 아무 이상 없이 발달하던 뇌가 임신 중 어머니의 잦은 음주로 인해 돌이킬 수 없는 손상을 입는 것이다. 그 결과는 다양할 수 있지만 대개 성장이 느리고, 학습 및 운동 능력에 문제가 생기고, 행동 문제까지 나타날 수 있다. 그러나 희망적 소식도 있다. 심하게 해로운 물질을 피하고 스트레스를 줄이기만 한다면, 임신부가 큰 실수를 할 일은 거의 없다. 그러니 엄마는 너무 긴장하지 말고 평소처럼 삶을 즐기면 된다. 그렇게만 해도 아기는 아홉 달 후 건강한 뇌를 가진 작은 기적으로 세상에 나올 확률이 아주 높다.

03

낮과 밤
뇌의 24시간

라라   소피   하나와 뮈크   애시윈

8시 – 정신없는 아침

밤새 아기 벤과 씨름한 마우트는 하품을 해대며 임신 일기를 넘기고 있다. 위층에서는 소피가 요가 매트를 다시 말고 있다. 소피는 이 편안한 기분을 조금이라도 오래 유지하고 싶다. 쉽지 않은 일이다. 이제 그에게는 사춘기 딸을 깨우는 고된 임무가 기다리고 있다. 딸 라라는 열세 살. 밤마다 잠자리에 들지 않으려 버틴다. 소피가 잠든 뒤에야 라라는 마지못해 휴대전화를 내려놓곤 한다. 다음 날 아침, 등교해야 하는 라라를 깨우는 건 거의 불가능에 가깝다.

"라라, 벌써 여덟 시야." 소피는 이불을 들추고 딸이 들었는지 확인한다. 아니면 또 평소처럼 이어폰이 모든 소통을 차단했을 수도 있다. 그 순간 푸른 눈이 화가 나서 소피를 향해 번뜩인다. "왜 이래? 첫 수업 취소됐다고!" 소피는 얼른 어린 쌍둥이 방으로 도망친다. 다행히 이 아이들은 벌써 옷을 입고 침대 위에서 풍차 돌리기를 연습 중이다. "엄마, 우리 봐! 잘하죠?" 소피는 생각한다. 이렇게 엄마만 보면 반가워서 웃어주는 일곱 살 딸들이 아직은 참 사랑스럽다고. 언젠가는 이 아이들도 내가 말만 하면 짜증 낼 날이 오겠지. 반 시간쯤 지나 쌍둥이들을 학교에 데려다준 뒤 소피가 자전거에 오르자 마침 애시윈이 부트캠프 운동을 마치고 돌아온다. "오늘 저녁에 봐! 거리 축제 잊지 말고!" 소피가 외친다. 애시윈은 라라의 방문을 지나며 안을 들여다본다. 그의 의붓딸은 여전히 깊은 잠에 빠져 있다. "나가봐야 하는 거 아니니?" "헉!" 라라는 휴대전화 시계를 확인하고는 깜짝 놀란다. "왜 안 깨웠어요? 아빠는 항상 아침도 침대로 가져다주는데. 또 지각하겠어요!" "그럼 일찍 좀 자라니까." 애시윈이 받아친다. 하지만 이내 부드럽게 덧붙인다. "태워줄게. 아직 늦진 않았어." 그 말에 라라는 고맙다는 듯 잽싸게 침대에서 일어난다.

수면-각성 리듬

수면은 우리의 삶에서 아주 많은 시간을 차지한다. 우리는 인생의 약 3분의 1을 잠자는 데 쓰고 있으니 그야말로 엄청난 시간이다. 이처럼 오랜 시간을 꿈속에서 보내는 것이 아깝다고 느낄 수도 있지만, 사실 수면은 결코 낭비가 아니다. 오히려 깨어 있는 시간 동안 원하는 활동을 하기 위해 잠을 자야 한다. 수면은 필수적이며 더 오래 자는 사람이 더 오래 산다는 연구 결과도 있다. 이처럼 중요한 수면을 조절하는 것이 바로 뇌다. 우리는 왜 잠이 들고 아침이 되면 자연스럽게 깨어날까? 우리의 '수면-각성 리듬', 즉 일주기 리듬은 어떻게 만들어질까? 이 모두가 뇌 안에서 이뤄진다. 수면과학 전문가이자 캘리포니아 대학

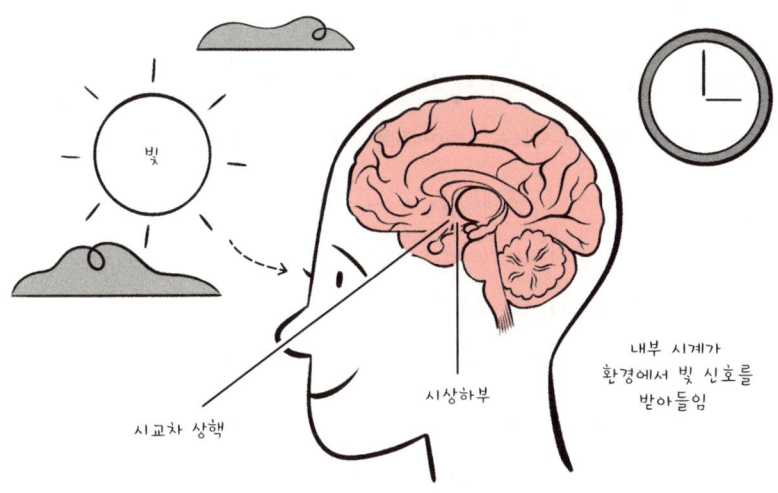

교 버클리 캠퍼스 교수인 매슈 워커(Matthew Walker)는 우리의 수면-각성 주기를 조절하는 뇌의 두 시스템을 소개했다.

- 첫 번째 시스템은 '시교차 상핵'이라 불리는 뇌의 아주 작은 부위다. 핵이라는 단어가 말해주듯 이곳은 생체 시계 또는 생물학적 시계를 조절하는 핵심 영역이다.
- 두 번째 시스템은 '아데노신'이라는 신경 전달 물질이다. 이 물질은 뇌에서 피로감을 유발하고 수면 욕구를 증가시켜 우리가 잠들도록 유도한다.

생체 리듬

시교차 상핵은 우리 몸에 약 24시간 주기의 생체 리듬, 즉 '서카디안 리듬(circadian rhythm)'을 만들어주는 기관이다. 지구상의 거의 모든 생명체는 지구가 자전하면서 생기는 24시간 주기에 맞게 내부 시계를 진화시켜왔다. 사람도 마찬가지다. 우리는 해가 지면 잠들고 해가 뜨면 깨어나는 생활을 한다. 그 이유는 간단하다. 지구는 밤이 되면 어두워지고 서늘해지며, 낮에는 밝아지고 따뜻해진다. 시교차 상핵은 이런 주기에 따라 몸의 리듬을 조절하는 역할을 한다. '서카디안'이라는 단어에 '대략(circa)'과 '하루(dia)'라는 뜻이 있는 데서 알 수 있듯 이 리듬이 정확히 24시간은 아니다. 햇빛도 다른 사람과의 상호 작용도 없이 생활한다고 가정하면 인간의 생체 리듬은 평균 24시간 15분 정도다. 즉 우리의 내부 시계는 하루보다 약간 길다. 하지만 실제로는 매일 아침 햇빛을 받기 때문에 이 미세한 오차는 자연스럽게 조정된다. 해가 지면 우리는 시간을 짐작하고 다시 잠든다. 내부 시계가 15분 오래 작동한다고 해도 우리는 매일 태양의 주기에 따라 리듬을 다시 맞추는 셈이다. 이처럼 인간에게 하루 24시간은 완전히 고정된 것이 아니다. 그리고 흥미롭게도 지구가 자전하는 24시간 자체도 변하고 있다. 최근 연구에 따르면 지구가 태양 주위를 도는 공전 궤도는 하루에 마이크로초 단위로 조금씩 길어지는 중이다. 그 이유는 빙하가 녹으면서 지구의 자전 속도에 영향을 주기 때문이다. 윤년 제도가 도입된 것도 여름과 겨울 같은 계절 주기에서 4년마다 나타나는 오차를 맞추기 위해서였다.

시교차 상핵은 앞서 언급한 시상하부의 일부이자 생존 본능을 조절하는 뇌의 핵심 기관이다. 여기서는 단지 수면과 각성만 조절하는 것이 아니다. 하루 주기로 반복되는 다양한 생리 현상—예를 들면 배고픔, 갈증, 체온 유지—도 이곳에서 조절한다. 시교차 상핵은 뇌의 정

중앙, 두 눈으로부터 시각 정보를 전달하는 시신경 바로 위에 자리하고 있다. 눈으로 들어온 빛 정보가 뇌 뒤쪽 시각 피질로 전해지는 과정에서 시교차 상핵이 신호를 받아들이는 것이니, 낮과 밤의 빛 변화를 감지하기에 매우 적합한 위치라고 할 수 있다.

연구와 실험

우리가 24시간의 생체 리듬, 즉 내부 시계를 가지고 있다는 사실은 어떻게 알게 됐을까? 최초의 발견은 미국의 과학자 너새니얼 클라이트먼(Nathaniel Kleitman)과 그의 조수 브루스 리처드슨(Bruce Richardson)이 했다. 두 사람은 1938년에 켄터키주의 매머드동굴 안으로 들어가 바깥세상의 빛이 전혀 닿지 않는 곳에서 한 달 넘게 지냈다. 이를 통해 인간이 햇빛 없이도 수면-각성 리듬, 즉 하루 주기를 유지할 수 있음을 확인했다. 그런데 이 리듬이 정확히 24시간은 아니었고 앞서 말한 것처럼 15분쯤 더 길다. 클라이트먼과 리처드슨의 동굴 실험 이후 수많은 과학적 연구가 이어졌고, 우리 몸이 약 24시간 주기로 움직인다는 사실은 더 확고히 자리 잡았다.

멜라토닌

그렇다면 수면-각성 주기를 조절하는 첫 번째 시스템인 시교차 상핵은 수면에 어떻게 관여할까? 이 시스템은 정해진 시간에 몸 전체로 특정한 신호를 보내는 역할을 한다. 이 신호를 전달하는 것이 멜라토닌이라는 호르몬이다. 아마 '수면 호르몬'이라는 이름을 들어본 적 있을 것이다. 멜라토닌은 몸에게 "이제 슬슬 잘 시간이야"라고 신호를 보내는 일종의 시작 버튼이다. 저녁이 되면 멜라토닌 수치가 서서히 오르고, 새벽이 가까워지면 다시 내려가면서 우리는 다시 깨어날 준비를 하게 된다. 이렇게 시교차 상핵은 멜라토닌의 분비를 조절함으로써 우리 몸이 자연스럽게 잠들고 깨는 리듬을 형성하도록 돕는 중요한 역할을 한다. 하지만 멜라토닌이 잠들게 하는 호르몬은 아니라는 점이 중요하다. 실제로 잠드는 메커니즘은 또 다른 시스템이 조절한다.

수면 압력

멜라토닌은 많이 알려진 수면 관련 호르몬인데, 덜 알려졌지만 수면에 영향을 주는 또 하나의 중요한 물질이 있다. 바로 아데노신이라는 신경 전달 물질이다. 아데노신은 우리가 잠들었다가 다시 깰 수 있도록 해주는 시스템으로, 우리가 얼마나 오래 깨어 있었는지에 맞춰 작동한다. 아침에 눈뜨는 순간부터 아데노신이 서서히 쌓이기 시작해 약 16시간이 지나면 최고치에 도달한다. 이 시점에 우리는 자연스럽게 '이제 좀 자야겠다' 하며 졸리다고 느낀다. 그리고 잠이 들면 아데노신 수치는 서서히 내려가기 시작해, 8시간 정도의 수면이 끝나면 다시 초기 수준으로 돌아간다. 그러면 이번엔 뇌 속의 생체 시계, 즉 서카디안 리듬이 다시 일어날 시간이라고 신호를 준다.

이처럼 우리의 수면은 두 가지 시스템, 즉 멜라토닌 시스템과 아데노신 시스템이 병렬적으로 작동하면서 조절한다. 다만 이 둘이 항상 완벽하게 협력하는 것은 아니다. 예를 들어 생체 리듬이 지금은 자야 할 시간이라고 알려주고 멜라토닌이 분비되고 있어도, 아데노신이 제대로 작동하지 않으면 잠이 오지 않을 수 있다. 대표적인 예가 카페인 섭취다. 카페인은 아데노신 수용체를 차단해 아데노신이 쌓여 있어도 그 신호가 제대로 전달되지 못하게 만든다. 그래서 "자는 시간인 건 알지만, 졸리지 않아" 하는 사태가 발생하는 것이다. 즉 카페인은 수면 리듬을 상당히 방해할 수 있는 물질이다. 특히 서카디안 리듬이 밤이라고 알려줄 때 커피를 섭취하는 것이 수면의 질에 생각보다 큰 영향을 미칠 수 있다.

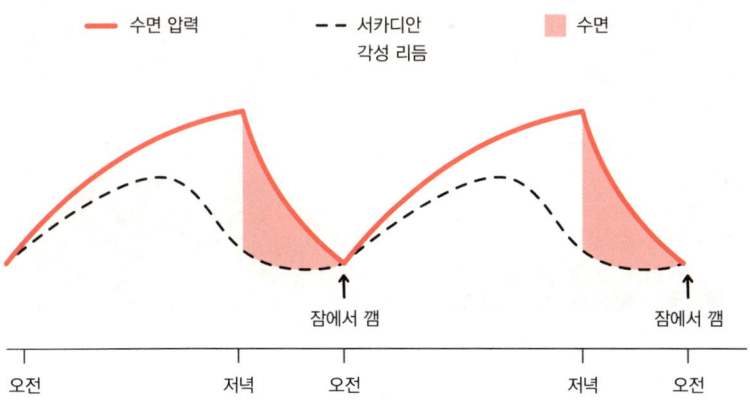

 **뇌 상식 — 아침형 인간 또는 저녁형 인간**

아침형·저녁형 인간이 정말 있다는 사실을 아는가? 모두가 약 24시간 주기의 생체 리듬을 가지고 있지만, 선호하는 수면 및 기상 시간은 사람마다 확연히 다르다. 예를 들어 약 40퍼센트는 타고난 아침형 인간이다. 이들은 해가 뜨는 시점부터 쉽게 눈을 뜨고 활기차게 하루를 시작할 수 있다. 반면 30퍼센트는 저녁형 인간으로, 밤늦게까지 깨어 있는 걸 선호하고 아침에 일어나는 데 시간이 오래 걸리는 편이다. 나머지 30퍼센트는 그 중간쯤 되는 사람들이다. 현대 사회의 일과는 아침형 인간을 기준으로 설계돼 있다. 그래서 저녁형 인간은 아침에 활력 있어 보이지 않는다는 이유로 종종 게으르다는 오해를 받기도 한다. 하지만 사실 이는 생체 리듬의 특성에서 비롯된 것이다. 워커 교수는 저녁형 인간은 일부러 늦게 자는 게 아니라 그런 생체 리듬을 타고난 것이라고 말한다. 이런 경향은 진화론으로도 설명할 수 있다. 인류가 부족 단위로 생활하던 과거에는 항상 누군가 밤에 깨어 있어야 했다. 사람들이 각기 다른 시간에 잠들고 일어나는 것이 집단의 생존에 유리했을 가능성이 크다.

아기의 낮잠과 수면 리듬

아기의 수면 리듬은 십대 청소년과 완전히 다르며, 청년기의 수면 리듬 또한 노년기와는 다르다. 인간의 수면 생체 주기는 일생에 여러 차례 뚜렷이 변하는데, 그중 첫 번째 변화가 아기일 때 나타난다. 갓 태어난 아기에게는 아직 하루를 기준으로 한 생체 리듬, 즉 서카디안 리들이 형성돼 있지 않다. 따라서 볼스트라트의 마우트처럼 갓난아이를 돌보는 젊은 부모들이 만성 피로를 호소하는 것도 놀라운 일이 아니다. 아기들은 하루 평균 14~18시간을 자지만, 부모의 생활 리듬과는 맞지 않는다. 대신 아기들은 하루 중 정해지지 않은 시간에 짧은 수면을 반복하며, 낮인지 밤인지 구분하지도 않는다. 이는 아기의 뇌 속 생체 시계 역할을 하는 시교차 상핵이 아직 완전히 작동하지 않기 때문이다. 그래서 아기들은 불규칙하게 낮잠을 자며, 이 시기의 부모들은 오롯이 이어지던 밤잠을 간절히 그리워한다. 다행히도 대부분의 아기들은 생후 3~4개월이 지나면 낮에는 더 오래 깨어 있고, 밤에는 비교적 길게 자는 리듬을 서서히 갖추기 시작한다. 생후 1년쯤 되면 낮에 활동하고 밤에 자는 기본 리듬은 갖춰지지만, 하루 종일 깨어 있기에는 아직 무리가 있다. 예를 들어 마우트의 두 살배기 아들 율리안은 하루 한 번의 낮잠이 꼭 필요하다. 유아의 수면 주기는 밤에 길게 자고 낮에 짧게 수면을 보충하는 방식으로 이뤄지며 이런 패턴은 대개 만 4세까지 지속된다. 그 후에는 대부분의 아이들이 성인처럼 낮 동안 완전히 깨어 있고 밤에 숙면을 취하는 리듬을 따르게 된다. 다만 수면 시간의 총량은 여전히 다르다. 어린이는 성인보다 훨씬 더 많은 수면이 필요하다.

사춘기 청소년은 잘못이 없다

사춘기에는 생체 리듬이 또 한 번 변화한다. 이 시기에는 다양한 호르몬 시스템이 바뀌고, 뇌 속 시교차 상핵에서도 멜라토닌 분비 시점이 점점 늦어지는 변화가 일어난다. 즉 수면을 유도하는 멜라토닌 호르몬이 전보다 늦은 시간에 분비되기 시작한다. 예를 들어 여덟 살 어린이는 밤 아홉 시쯤이면 자연스럽게 졸음을 느끼지만, 열여섯 살 청소년은 그렇지 않다. 사춘기 청소년은 성인보다 늦은 시각에 잠이 오게 되는데, 이는 생체 시계가 일시적으로 너무 앞당겨져 있기 때문이다. 라라가 밤늦게까지 깨어 있는 것도 그리 이상한 일은 아니다. 라라의 멜라토닌 분비는 일반적 청소년처럼 밤 깊은 시각에야 비로소 활성화하기 시작한다. 워커 교수는 사춘기 청소년이 늦게 자는 데는 진화적 배경이 있을지도 모른다고 설명한다. 사춘기를 겪으면서 부모에게서 독립하고자 하는 심리적 움직임이 수면 리듬에도 반영될 수 있다는 것이다. 원인이 무엇이든 청소년은 수년간 저녁에 잠드는 데 어려움을 겪는다. 하지만 이 시기의 청소년은 여전히 성인보다 많은 수면이 필요하고, 학교 수업 때문에 아침 일찍 일어나야 한다. 이런 수면 패턴은 현실과 충돌하기 쉽다. 하지만 이십대 초반이 되면 시교차 상핵은 멜라토닌 분비 시점을 다시 저녁 시간으로 조금 앞당긴다. 이 리듬은 성인기 내내 비교적 안정적으로 유지된다.

하지만 사춘기 동안에는 수면 신호는 늦게 오고 필요한 수면 시간은 긴 탓에 어려움이 생긴다. 부모가 생각하는 적절한 취침 시각이나 사회가 청소년에게 기대하는 수면 패턴은 이들의 생체 리듬과 어긋나는 경우가 많다. 학교에서는 보통 아침 8시 30분에 수업을 시작하고, 지각생에게는 다음 날 더 일찍 등교하라고 벌을 주기도 한다. 이는 청소년이 일부러 늦게 자는 것이라는 전제에서 비롯한 조치다. 아빠 애시원 역시 라라가 늦잠을 자면 '좀더 일찍 자지 그랬어'라고 생각하곤 한다. 그러나 라라가 밤늦게까지 잠들지 못하는 것도, 아침에 쉽게 일어나지 못하는 것도 실은 그의 생체 리듬 탓이다. 그러니 이 글을 읽고 있을 청소년과 그 부모들에게 전하고 싶은 말은, 밤에 잠들고 아침에 일어나기 힘들어도 여러분의 잘못이 아니라는 것이다. 청소년의 몸이 다른 생체 리듬을 따르고 있을 뿐이다.

기분의 변화가 심한 이유

청소년의 자연스러운 생체 리듬과 사회가 요구하는 일정의 간극은 단순히 불편한 것 이상이다. 이 차이는 종종 수면 부족으로 이어지며, 과학적 연구에서는 수면이 부족할 때 새로운 정보를 기억하는 능력이 저하한다는 사실을 반복해서 보여준다. 또 피로한 상태에서는 감정 조절이 어려워지고, 쉽게 짜증을 내거나 예민하게 반응한다. 성인을 대상으로 한 뇌과학 연구에 따르면 수면이 부족한 경우 정서를 담당하는 뇌 부위와 우리 뇌의 조절 중추인 전전두 피질 사이의 연결이 약해지는 것으로 나타났다. 이 기능이 약해지면 감정의 기복이 커지고 충동적 반응이 나타날 수 있다. 그러니 사춘기의 십대들이 감정적이거나 예민하거나 갑작스레 폭발하는 모습을 보인다고 해도 놀랄 일은 아니다. 밤엔 잠이 오지 않고 아침엔 억지로 일어나야 하니 만성 수면 부족에 시달리기 때문이다. 그리고 이는 청소년에게 국한되는 얘기가 아니다. 어른들이 잠을 설친 다음 날 기분이 뒤숭숭하거나 날카로워지는 것도 같은 원리로 설명할 수 있다.

연구와 실험

수면 부족이 기억력, 자극에 반응하는 속도, 정서적 자제력에 영향을 준다는 사실을 어떻게 알았을까? 이에 대한 답은 실험을 통해 밝혀졌다. 참가자들을 두 집단으로 나눠 한 집단은 8시간 동안 숙면을 취하게 하고, 다른 집단은 4시간만 자게 한 뒤 깨웠다. 그런 다음 두 집단 모두 MRI 촬영을 포함한 실험에 참여했다. 참가자들은 중립적 이미지와 함께 감정을 자극하는 이미지, 예컨대 싸움이나 장례식 장면을 봤다. 뇌의 중심부에는 정서를 처리하는 핵심 기관인 편도체가 있으며, 이곳은 강한 감정 자극에 반응해 활성화한다. 실험 결과 정서적 이미지를 본 모든 참가자에게서 편도체의 활동이 확인됐지만, 두 집단의 반응에는 차이가 있었다. 수면 시간이 짧은 집단의 반응이 훨씬 더 강했던 것이다. 이어서 연구진은 감정 중추인 편도체와 감정 조절을 담당하는 전전두 피질 간의 연결을 살펴봤다. 충분히 잔 집단에서는 두 영역의 정상적 상호 작용이 나타났지만, 수면 부족인 경우 거의 나타나지 않았다. 다시 말해 수면이 부족하면 뇌의 정서 조절 시스템이 제대로 작동하지 않아 정서를 통제하기 어려워진다.

   수면은 뇌의 기능뿐만 아니라 일상생활에도 영향을 준다. 기분에도 영향을 미치는데, 하루만 잠이 부족해도 불안감이 높아질 수 있다. 이런 현상은 특히 여성에게서 두드러진다. 게다가 수면이 부족하면 열량이 높은 음식을 평소보다 더 찾는 경향도 있다. 수면 부족은 정신적 안정뿐만 아니라 신체적 건강에도 영향을 미치는 것이다.

노년기의 수면

성인이 된 후에는 자연스러운 수면 리듬이 꽤 오랫동안 일정하게 유지된다. 하지만 70세를 넘기고 노년기에 접어들면 생체 리듬은 다시 한번 변화를 겪는다. 이 시기에는 하루 주기의 리듬이 저녁 시간대로 당겨지면서 더 이른 시간에 졸음이 밀려오는 경우가 많아진다. 그래서 노인들이 저녁에 텔레비전을 보다가 깜빡 잠들거나, 공연 중에 꾸벅꾸벅 조는 일도 종종 생긴다. 늦은 시간에 열리는 모임이나 문화 활동이 힘겹게 느껴지는 것도 이 때문이다. 간혹 노인은 잠이 덜 필요하다는 말을 듣기도 하지만 이는 사실이 아니다. 또한 생리적 변화로 인해 깊이 잠든 상태를 충분히 유지하는 데 어려움이 생긴다. 예를 들어 노년기에는 방광 기능이 약해져 밤중에 화장실에 가려고 자주 깨기 때문에 수면이 자꾸 끊긴다. 이처럼 밤에 계속 깨면 낮에 졸음이 밀려올 수 있고, 이는 기억력에도 영향을 미친다.

뇌를 이해하고 활용하는 법

스마트폰과 수면

이 장에서 우리는 햇빛이 생체 리듬에 주는 영향을 살펴봤다. 그런데 이 생체 리듬은 밤에도 영향을 받을 수 있다. 스마트폰 화면에서 나오는 빛 때문이다. 다만 과학자들에 따르면 스마트폰의 광도는 비교적 약한 편이기 때문에 이 빛 자체가 리듬에 미치는 영향은 그리 크지 않다. 진짜 문제는 빛보다 그 안에 담긴 정보다. 도착한 메시지에 답변하거나 흥미로운 뉴스 기사를 열어보고 싶은 충동이 우리의 뇌를 '깨어 있음'의 상태로 전환시킨다. 이처럼 스마트폰이 주는 정신적 자극은 숙면을 방해할 수 있다. 그렇기에 잠자리에 들기 전에는 가급적 스마트폰을 침실에 두지 않는 것이 바람직하다.

수면을 보충할 수 있을까

또 하나의 잘못된 믿음을 짚고 넘어가야 한다. 우리는 종종 나중에 몰아서 자면 수면 부족이 해결된다고 생각한다. 하지만 연구에 따르면 현실은 그렇지 않다. 잠을 제대로 자지 못한 여파는 다음 날 하루로 끝나지 않는다. 생체 리듬이 흐트러지고 사고력과 정서 조절 능력 역시 저하된다. 실제로 수면 부족 상태에서 교통사고 발생률이 급증하며, 다음 날뿐만 아니라 그 며칠 후까지도 위험이 이어진다. 장거리 비행 후에 겪는 시차 적응, 이른바 시차증 역시 하루 푹 잔다고 해결되지 않는다. 여러 날에 걸쳐 회복해야 한다.

무엇이 유익할까

쾌적한 수면에 효과적인 방법은 예나 지금이나 같다. 바로 규칙적인 생활이다. 그러나 현실은 이상과 다르다. 삶은 종종 바쁘고 예측할 수 없다. 겨울 또한 생체 리듬을 어지럽히는 요인이다. 해가 짧고 어두운 날이 이어지면 어떤 사람들은 '겨울 우울증'을 겪기도 한다. 이런 경우 체내의 생체 시계가 교란되어 몸이 멜라토닌을 계속 분비한다. 그래서 하루 종일 피곤함이 가시지 않는다. 이런 계절성 우울증이 의심스러운 경우 전문가와의 상담을 통해 광선 요법을 시도해볼 수 있다. 특정한 파장의 빛을 눈에 비추는 전용 안경 등의 장비를 활용하는 방식이다.

피로의 원인이 무엇이든 한 가지는 분명하다. 수면 부족 상태에서 운전 등 위험한 활동을 해서는 안 된다는 것이다. 다음 날 직장에서도 최상의 성과를 기대하긴 어렵다. 중요한 발표나 시험을 앞두고 있다면 그 전날 밤에는 카페인과 알코올 섭취를 가급적 피하는 것이 좋다. 마지막으로 취침 전에는 스트레스를 최소화하는 것이 숙면에 도움이 된다. 잠자리에 들기 전 소파에서 조용히 몸과 마음을 가라앉히는 것만으로도 수면의 질이 눈에 띄게 달라질 수 있다.

04

스트레스
적정선은 어디인가

9시 – 라디오 인터뷰

소피는 비에 젖지 않으려 후드를 턱 밑까지 꽉 조이고 자전거 페달을 힘껏 밟는다. 사무실에 늦게 도착하지 않으려면 서둘러야 한다. 조용한 볼스트라트를 지나 분주한 시내 중심가에 들어서자 신호등 앞에서 멈추는 일이 잦아진다. 소피는 그 틈을 이용해 곧 있을 생방송 인터뷰를 소리 내 연습한다. 오늘은 자신이 참여한 캠페인을 라디오에서 소개하게 돼 있다. 너무 재밌고 설레는 일인데 동시에 몹시 떨린다. 이런 경험은 처음이다. 생방송이라니. 실수해도 되돌릴 기회는 없다. 말 한마디 잘못하면 수천 명, 어쩌면 수만 명이 들을 수도 있다. 신호등 앞에서 그가 몇 차례나 대답을 연습하는 모습을 보고 자전거를 탄 옆 사람이 이상한 눈으로 쳐다본다. 소피는 이상한 사람이 아니고 그저 혼잣말을 중얼거리고 있었을 뿐이라고 변명하려다 신호가 바뀐 걸 보고 다시 페달을 밟는다.

방송 작가의 당부가 떠오른다. "문장을 너무 길게 말하지 마세요." 분명 좋은 조언이었지만 지금은 그 말이 자꾸 마음에 걸린다. 혹시 장황하게 말하는 건 아닌지, 지루하게 들리진 않을지 걱정된다. 그에 비해 일곱 살 된 쌍둥이 딸 하나와 뮈크는 '공연'을 아무렇지 않게, 끝없이 이어갈 수 있다. 소피가 하품을 하든 말든 아이들은 신나게 '공연'을 계속한다. 그 당당한 모습이 부럽다. 소피는 지금 이마에 땀이 흐르는 게 자전거를 타서만은 아니라는 걸 안다. 좋아, 숨 들이쉬고, 내쉬고. 괜찮아, 잘할 수 있어. 오늘은 즐거운 날이 될 거야. 그 순간 교회 종이 울린다. 벌써 시간이 이렇게 됐다고? 이러다 라디오 인터뷰를 놓치게 생겼다. 소피는 직장의 자전거 보관소를 향해 전력 질주한다.

스트레스의 장점과 단점

스트레스를 전혀 경험하지 않는 사람은 없다. 어느 정도의 스트레스는 지극히 자연스러운 것이다. 하지만 너무 강하거나 너무 오래 지속되는 스트레스는 분명 건강에 해롭다. 오랫동안 스트레스에 노출되거나 스트레스를 유발하는 사건을 반복적으로 겪으면 신체 건강에 영향을 미칠 수 있다. 예를 들면 고혈압이 발생할 수 있고, 컨디션이 전반적으로 저하하거나 불안감 또는 수면 장애로 이어지기도 한다. 그렇다면 스트레스란 정확히 뭘까? 어느 정도가 괜찮은 수준이며, 어느 선부터 과도하다고 할 수 있을까? 그리고 스트레스는 전적으로 나쁜 것일까?

스트레스 호르몬

스트레스를 경험하면 우리 몸에서는 다양한 호르몬이 분비된다. 그중 가장 먼저 나타나는 것은 아드레날린과 노르아드레날린이다. 이 두 호르몬은 빠르게 작용해 이른바 투쟁 혹은 도피 반응을 활성화한다. 이 반응은 신체가 위험을 감지했을 때 싸우거나 도망치려고 준비하는, 아주 오래된 진화적 메커니즘이다. 그 과정에서 심장 박동은 빨라지고 몸은 위험 신호를 감지한다. 심장이 쿵쾅거리거나 식은땀이 흐르는 반응은 상상이 아니라 스트레스에 대한 신체의 실제 반응이다. 소피의 이마에 맺힌 땀도 라디오 생방송 출연에 따르는 긴장감 때문일 수 있다.

이런 스트레스 상황에서 핵심 역할을 하는 호르몬은 코르티솔이다. 코르티솔은 아드레날린 및 노르아드레날린과 마찬가지로 부신 피질(신장 위에 자리하는 부신의 겉질)에서 생성되며, 중추 신경계를 통해 뇌와 몸 전체에 직접 영향을 미친다. 코르티솔은 스트레스 상황이 닥친 뒤에 작용하며, 몸이 그 상황에서 회복하도록 돕는 역할을 한다. 다행히 어느 정도의 스트레스는 오히려 도움이 된다. 적당히 긴장하면 집중력을 높이는 데 유리할 수 있다. 어쩌면 소피도 그 덕분에 라디오 인터뷰에서 좀더 또렷하게 말할 수 있을지도 모른다. 이런 점에서 코르티솔은 일종의 도움 호르몬이다. 그리고 이 호르몬은 단지 스트레스 상황에만 작동하는 것이 아니다.

코르티솔은 우리의 일상적 리듬에도 큰 영향을 미친다. 이 호르몬은 아침에 눈을 뜰 때 역시 도움을 준다. 이른바 코르티솔 각성 반응(cortisol awakening response)이라는 생리 작용이다. 코르티솔은 24시간

주기의 리듬을 따르는 호르몬으로 인체 내부의 시계와 밀접하게 연관된다. 코르티솔 수치는 자정 무렵부터 서서히 상승하기 시작해 오전 9시경 최고조에 이른다. 이후 점차 감소해 하루 종일 조금씩 낮아지며, 저녁과 밤에 가장 낮은 수치를 기록한다. 이런 흐름이 아데노신과 멜라토닌이 활동할 여지를 만든다. 아데노신은 뇌에서 '수면 압력'을 증가시키는 신경 전달 물질이며, 멜라토닌은 잠들 시간임을 몸에 알리는 '수면 호르몬'이다. 이 호르몬들은 서로를 보완하는, 음양 같은 관계다. 아데노신과 멜라토닌은 수면을 유도하고, 코르티솔은 아침에 몸을 깨우고 낮 동안 각성 상태를 유지하도록 돕는다. 하지만 저녁에 스트레스를 받으면 이 자연스러운 흐름에 방해가 될 수 있다. 스트레스로 인해 코르티솔 수치가 계속 높게 유지되면 몸은 피곤한데도 잠들기 어려워진다. 이런 코르티솔 각성 반응은 적절한 수준일 때 가장 효과적으로 작동한다. 지나치게 높아도, 지나치게 낮아도 문제가 생긴다. 일반적으로 업무 스트레스가 과도한 사람들은 매우 높은 코르티솔 각성 반응을 보인다고 알려져 있다. 하지만 반대의 경우도 문제가 될 수 있다. 극심한 탈진이나 번아웃 증상을 겪는 사람들은 오히려 코르티솔 반응이 비정상적으로 낮은 경우가 많다. 이처럼 너무 높거나 낮은 각성 반응 모두 생체 리듬에 부담을 주며, 일상적 기능에도 영향을 끼친다.

성과를 높이는 스트레스

코르티솔은 하루 24시간의 생체 리듬에 따라 점차 줄어들지만, 동시에 같은 시간 동안 겪는 스트레스에도 반응한다. 이와 관련해 과학자들은 또 하나의 흥미로운, 최적의 균형을 발견했다. 스트레스가 너무 많지도 너무 적지도 않을 때 오히려 수행 능력이 높아진다는 것이다. 예를 들어 적당한 수준의 스트레스를 짧게 받으면 집중력이 향상되어 업무의 능률이 오를 수 있다. 하지만 스트레스가 과도하고 지속적인 경우, 예컨대 과제가 지나치게 어렵거나 제한된 시간 안에 퍼즐을 맞춰야 하는 상황에서는 스트레스가 집중을 방해한다. 이를 확인하기 위해 연구자들은 실험 참가자들로 하여금 간섭 과제를 수행하게 했다. 이 과제는 '빨강'이라는 단어가 녹색 글씨로 인쇄되어 있을 때 글자의 색깔을 말해야 하는 식으로, 언어와 시각 정보가 충돌하는 복잡한 작업이다. 결과는 분명했다. 적당한 스트레스는 참가자들의 각성과 집중을 높여 더 좋은 수행을 이끌어냈다. 반면 스트레스가 지나치게 높아지면 수행 능력이 현저히 떨어졌다.

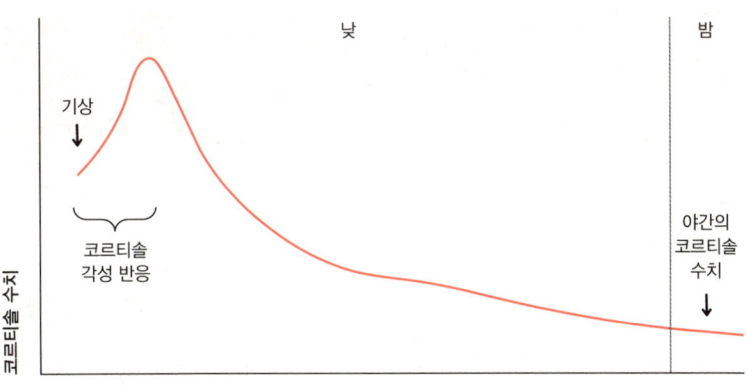

뇌 상식 — 청년기에 스트레스가 가장 많다

사람은 청년기에 스트레스를 가장 많이 경험한다는 연구 결과가 있다. 25~90세의 사람들을 대상으로 한 연구에 따르면 25세의 청년들은 이틀에 한 번꼴로 스트레스 상황을 겪지만, 고령층은 평균 나흘에 한 번 정도다. 청년층이 스트레스를 느끼는 상황은 대체로 직장에서 업무량이 과도하거나, 지인과 갈등이 생기거나, 친구나 집안일 등으로 시간적 압박을 받을 때다. 이처럼 스트레스를 더 많이 경험하는 것을 넘어 청년기에는 그 영향력도 더 크다. 어떤 연구에서는 스트레스에 따르는 불쾌감·초조함·무기력감 같은 정서 반응이 얼마나 강한지를 측정했는데 경험한 스트레스의 강도가 높을수록 정서 반응도 더 강하게 나타났다. 이런 스트레스 반응은 대략 55세 전후로 서서히 안정되지만, 스트레스원은 그보다 앞서 점점 줄어든다. 즉 나이가 들어도 스트레스에 대한 반응 자체는 비슷하지만, 스트레스를 유발하는 상황이 적어지는 것이다. 이런 결과는 우리 몸에 반응의 '하한선'이 있다는 사실을 시사한다. 스트레스원이 적어져도 몸은 여전히 예전만큼 강한 반응을 보일 수 있는 것이다.

조절 능력

스트레스는 뇌의 기능에 상당한 영향을 준다. 스트레스가 많을 때는 전전두 피질, 특히 작업 기억과 같은 복합 인지 기능이 일시적으로 저하된다. 작업 기억은 많은 일을 동시에 처리할 수 있게 도와주는 단기 기억 시스템인데, 스트레스를 받으면 이런 기능이 뇌의 우선순위에서

밀린다. 하지만 뇌는 스트레스 상황에도 몸의 긴장을 조절하는 정교한 메커니즘을 갖추고 있다. 그 중심에는 대뇌 반구를 연결하는 뇌량 근처에 위치한 대상 피질이 있다. 그중에서도 앞쪽 영역인 전방 대상 피질(앞띠다발겉질)은 스트레스를 조절하는 데 중요한 역할을 한다. 이 영역은 우리 몸의 호르몬 분비를 조절하는 중추인 시상하부와 밀접하게 연결된다. 전방 대상 피질은 시상하부의 반응을 억제하고 진정시키는 기능을 담당한다. 일상생활에서 대부분의 사람들이 스트레스에 적절히 대처할 수 있는 것도 전방 대상 피질 덕분이다. 이 영역이 잘 작동할수록 우리는 더 쉽게 균형을 유지할 수 있다.

누군가는 스트레스에 잘 대처하는데 다른 사람은 그렇지 못한 이유는 뭘까? 어떤 사람들은 놀라울 정도로 스트레스에 강한 반면 어떤 사람들은 '스트레스에 약한 사람'이라는 평을 듣는다. 특히 새로운 스트레스 상황에 유독 취약한 사람들은 과거에 가난이나 트라우마 같은 중대한 스트레스 사건을 경험한 경우가 많다. 이는 부정적 사고방식과 관련할 수도 있지만, 뇌 구조의 차이를 불러올 수도 있다. 실제로 아동 학대처럼 심각한 트라우마를 경험한 사람들을 대상으로 한 연구에서 이들의 전방 대상 피질은 구조가 일반인과 다르게 발달한 것으로 나타났다. 뿐만 아니라 그보다 더 넓은 영역인 내측 전전두 피질(안쪽이마엽앞겉질) 또한 비정형으로 형성된 경우가 많았다. 말하자면 이런 트라우마는 뇌에 '흉터'처럼 남아 이후 스트레스 상황을 견디는 능력을 약화시키기도 한다. 이로 인해 일상 속 스트레스에 대응하기가 더 까다로워질 수 있다.

연구와 실험

우리의 뇌는 스트레스를 아주 정교하게 조절하는 기능을 지니고 있다. 그렇다면 뇌가 그런 역할을 수행하는 것을 어떻게 알 수 있을까? 독일의 연구자들은 이 질문에 답하기 위해 실험을 진행했다. 성인 참가자들을 두 집단으로 나누어 MRI 스캐너 안에서 스트레스 테스트를 한 것이다. 참가자들은 상당히 어려운 수학 문제를 풀어야 했는데, 문제의 난도 때문에 오답률이 60~70퍼센트에 육박했다. 이 테스트는 두 상황에서 각각 진행됐다.

- 첫 번째 조건에서는 문제를 푸는 동안 카운트다운을 하는 타이머를 작동시켜 시간적 압박을 가했고, 실험자는 점수가 아직 부족하다는 피드백을 중간중간 줌으로써 스트레스를 유도했다.
- 두 번째 조건에서는 타이머가 없었고 참가자들은 충분히 생각해 답할 수 있었다. 실험자 역시 아무 피드백도 주지 않았다.

그 결과 첫 번째, 즉 높은 스트레스를 받는 조건에서 전방 대상 피질과 시상하부가 모두 활성화했다. 앞서 설명했듯 이 두 영역은 스트레스에 민감하게 반응하는 것으로 알려져 있다. 이때 교감 신경계도 함께 활성화되면서 호흡이 빨라지고, 땀이 나고, 심박수가 올라가고, 근육이 긴장하는 등의 변화가 일어난다. 하지만 개개인의 반응에는 차이가 있었다. 아침에 코르티솔 수치가 높은 사람들, 즉 코르티솔 각성 반응이 큰 사람들은 수학 문제를 푸는 동안 전방 대상 피질의 활성도가 낮았고, 이 영역과 시상하부의 연결성도 떨어졌다. 다시 말해 시상하부를 침착하게 유지시켜주는 핵심 뇌 영역인 전방 대상 피질의 작동이 약해지면 스트레스에 더 취약해진다는 사실이 확인된 셈이다.

이 연구에서는 코르티솔 각성 반응이 낮은 사람들에 대해 명확한 결론을 내리지 않았지만, 다른 연구에서 이들이 스트레스 상황과 그렇지 않은 상황을 명확히 구분하지 못하는 경향이 있음이 밝혀졌다.

발표 스트레스

주변 환경이 스트레스를 쉽게 유발할 수 있다. 많은 사람이 공감할 수 있는 사례가 집에서 혼자 발표를 연습할 때는 괜찮다가도, 청중 앞에 서면 갑자기 긴장하거나 말이 막히는 것이다. 이는 타인의 시선이 코르티솔 분비에 강한 영향을 미치기 때문이다. 예를 들어 소피가 집에서 거울을 앞에 두고 라디오 인터뷰 연습을 할 때는 전혀 문제가 없다가도, 수천 명이 듣고 있다고 생각하면 긴장이 급격히 높아질 수 있다. 집에서는 텔레비전 퀴즈쇼에 나온 문제를 쉽게 맞히는데 스튜디오에 가면 틀리는 것도 이런 맥락에서 이해할 수 있다. 이 현상을 증명하기 위해 과학자들은 사람들이 발표를 하기 전후로 코르티솔 수치를 측정했다. 집에서 혼자 연습할 때는 코르티솔 수치에 별 변화가 없었지만, 다른 사람들 앞에서 발표할 때는 눈에 띄게 상승했다. 이 반응은 흥미롭게도 사춘기 이후에 더 뚜렷이 나타난다. 어린아이들은 반친구들이 지루해하든 말든 아랑곳없이 반려동물에 대한 장황한 이야기를 이어간다. 어른이라면 지루해하는 표정을 보고 쉽게 위축되겠지만 아이들은 그렇지 않다. 이들은 타인의 시선에 반응하는 코르티솔 시스템이 아직 충분히 민감하지 않기 때문이다. 그래서 일곱 살의 하나와 뮈크가 부모 앞에서 끝없는 쇼를 선보이면서도 전혀 개의치 않는 것이다. 하지만 사춘기에 접어든 청소년들은 사회적 감수성이 점차 높아지고, 부정적으로 평가받는 데 대한 두려움이 생긴다. 이때부터 발표나 연설처럼 타인의 주목을 받는 상황에서 코르티솔 수치가 크게 올라가며, 이런 생리적 반응은 성인이 된 후에도 유지된다. 다만 성인은 다양한 경험을 통해 스트레스를 조절하는 전략을 갖추므로 어린 시절보다 더 효과적으로 긴장을 다스릴 수 있다.

뇌 상식—팬데믹 스트레스

코로나 팬데믹 기간에 부모의 스트레스가 자녀에게 가장 큰 영향을 미친 시점은 집에서 수업을 하던 때였다. 학교가 문을 닫자 갑작스럽게 많은 부모가 자녀의 학습을 돕는 동시에 재택근무까지 병행해야 했다. 이런 복합적 역할을 수행하는 것은 부모들에게 큰 부담을 줬고, 연구 결과에 따르면 이때 부모가 겪은 스트레스가 자녀의 안녕감에 직접 영향을 미쳤다. 흥미로운 점은 아이들에게 영향을 준 것이 스트레스원의 객관적 수나 강도가 아니라, 부모가 주관적으로 느낀 스트레스였다는 것이다. 과학자들은 이를 '지각된 스트레스'라고 부른다. 지각된 스트레스는 개인이 상황을 얼마나 통제할 수 있다고 느끼는지에 따라 달라진다. 다시 말해 통제감을 덜 느낄수록 스트레스는 더 크게 인식된다. 이런 결과는 우리에게 중요한 사실을 알려준다. 바로 어떤 상황이나 경험 자체보다 어떻게 받아들이는지가 더 중요하다는 것이다.

뇌를 이해하고 활용하는 법

마음 챙김과 명상

약간의 스트레스는 오히려 에너지를 북돋고 집중력을 높이는 데 도움이 된다. 하지만 과도한 스트레스는 누구나 피하고 싶어 한다. 문제는 낯설고 어려운 상황에서 '그냥 침착하자'고 다짐하는 것이 생각보다 쉽지 않다는 점이다. 그래도 마음을 가라앉히는 데 도움이 되는 방법은 분명 있다. 그중 하나가 호흡 연습이다. 이는 부교감 신경계를 자극해 몸의 긴장을 완화한다. 부교감 신경계가 활성화하면 심박수가 느려지고 근육의 긴장도 서서히 풀린다. 흥미로운 점은 스트레스를 유발하는 교감 신경계보다 부교감 신경계를 더 쉽게 조절할 수 있다는 것이다. 예를 들어 짧게 들이쉬고 길게 내쉬는 방식의 호흡은 부교감 신경계의 작용을 도와 몸을 이완 상태로 이끈다.

연구에 따르면 이런 이완 훈련은 체내 코르티솔 수치를 낮추는 데 효과적이다. 스트레스를 느낄 때 "숨을 들이마시고 내쉬자"고 자신에게 말하는 소피의 행동은 꽤 괜찮은 대처다. 나아가서 스트레스를 유발하는 부정적 생각 자체를 조절하는 것이 도움이 된다. 상황을 통제할 수 있다고 느끼면 스트레스를 훨씬 더 잘 다룰 수 있기 때문이다. 실제로 긍정적 생각은 코르티솔 수치를 낮추고 지각된 스트레스도 줄여준다. 소피가 자신에게 '넌 잘할 수 있어'라고 말할 때처럼. 그 한마디는 정말로 효과가 있다. 어떤 사람들은 마음 챙김이나 명상을 통해 스트레스 반응을 조절하고 마음을 진정시킨다. 이 두 방법은 긴장을 풀어줄 뿐만 아니라 부정적 사고의 순환을 끊는 데도 효과적이다. 다른 이들과 대화를 나누는 것 역시 많은 사람들이 스트레스를 해소하는 방식이다. 어떤 방법이 효과적인지는 각자의 성향에 달려 있다. 단 삶에서 크고 작은 스트레스 사건을 많이 겪은 사람일수록 새로운 스트레스 상황에 대처하기가 더 어렵다. 앞서 말했듯 트라우마는 뇌에 실제 흔적을 남기기도 한다. 이런 경우 마음 챙김이나 이완 훈련만으로는 부족할 수 있다. 만약 이 설명이 자신에게 해당한다고 느낀다면, 스트레스를 관리하기 위해 전문가의 도움을 받을 수 있다.

트라우마는 뇌에 실제 흔적을 남기기도 한다.

연습의 힘

연설이나 발표를 앞두고 느끼는 스트레스에는 누구나 공감할 수 있다. 이런 상황에서는 코르티솔 수치가 나이가 들어도 높게 나타난다. 다행히 우리는 이 스트레스를 조절하는 법을 배울 수 있다. 긴장을 줄이는 데 도움이 되는 전략으로 부정적 생각을 논리적으로 반박하거나, 호흡 연습을 통해 몸의 반응을 진정시키는 것이 있다. 그리고 또 하나의 효과적인 방법은 자주 해보는 것이다. 발표나 연설을 반복해서 경험한 사람들은 혼자 거울 앞에서 연습할 때보다 실제 청중 앞에서 수행이 더 뛰어나다. 이들의 코르티솔 반응이 과하지도 부족하지도 않은 이상적 수준으로 조절되기 때문이다. 이처럼 연습은 진정한 실력을 만든다.

05

아기의 뇌에서 유아의 뇌까지
거대한 변화의 여정

10시 — 베이비TV

"잘했어, 엄마." 두 살배기 율리안이 퍼즐 조각을 건네받아 엄숙한 표정으로 미피의 귀 윗부분을 맞춰 넣는다. 그의 말에 마우트는 웃음을 참지 못한다. 3개월 된 아기 벤은 옆에 엎드린 채 넋을 잃고 형의 행동을 바라본다. "칭찬 고마워, 율리안." 마우트는 답하며 자리에서 일어난다. "엄마는 이제 샤워 좀 하고 올게. 벤이랑 텔레비전 좀 보고 있을래?" 교육적으로 완벽한 선택은 아닐 수 있지만, 혼자 아이를 키우는 부모에게 화면이란 그야말로 세기의 발명이다. 덕분에 아이들은 최소 10분은 집중할 테고, 그사이 마우트는 번개같이 샤워하고 옷을 갈아입을 수 있다(엄마가 된 후 눈에 띄게 빨라졌다). "금방 올게," 그는 벤을 아기 침대에 눕히며 말한다. 아직 태어난 지 세 달밖에 되지 않았지만 벤은 마치 이해한 듯 그를 바라본다. 마우트는 욕실로 가서 샤워기를 튼다. 그리고 거실에서 무슨 일이 일어나는지 들으려고 귀를 곤두세운다. 혹시 율리안이 부르진 않을까? 그

때 거실에서 소리가 들린다. "퍼피 구조대 출동!" 율리안이 TV를 따라 외치는 소리였다. 같은 시각, 조금 떨어진 길거리에서는 케네스가 볼스트라트 19번지의 문을 닫고 나선다. 비가 좀 잦아든 틈을 타 동네 바비큐 축제에서 쓸 장을 보러 가는 길이다. 이웃들은 역할을 각자 분담했고, 케네스는 특제 닭다리 요리를 준비할 예정이다. 4번지 앞에 이르자 그는 어깨를 한껏 펴고 자세를 가다듬는다. 이 집엔 안스라는 매혹적인 여성이 살고 있는데, 혹시 창가에 있을지도 모른다는 생각이 들어서다.

일흔둘인 지금도 케네스는 아름다운 여인에게 시선이 가곤 한다. '오늘 저녁 안스도 축제에 오면 좋을 텐데.' 그는 혼잣말로 중얼거린다. "미소가 아름다워(Hesta un bunita sonrisa)." 그 순간 어린 시절의 기억과 함께 파피아멘토어가 그의 입에서 자연스럽게 흘러나온다. 여전히 가장 마음 편한 언어다.

아기에서 유아로: 뇌의 성장 나무

출생 이후 뇌에서는 어떤 일이 벌어질까? 그 변화는 상상 이상으로 크다. 생애 초기의 몇 년 동안 뇌가 어떻게 발달하는지를 보면 감탄하게 된다. 2장에서 설명했듯 우리는 태어날 때 이미 아름답게 설계된 뇌의 청사진을 지니고 있다. 하지만 그 후 벌어지는 변화는 실로 경이롭다. 생후 5년 동안 우리의 뇌는 무려 네 배 가까이 커진다. 태어날 때의 뇌 크기는 성인과 비교하면 4분의 1 정도다. 그러나 생후 1년 사이에 뇌는 급격히 성장하며, 뇌세포와 시냅스 연결이 폭발적으로 증가한다. 아기 벤의 작은 머릿속에서는 지금 엄청난 변화가 일어나고 있다. 두 살, 즉 벤의 형 율리안의 나이가 되면 뇌의 크기는 성인의 80퍼센트에 도달한다. 이후 몇 년 동안에도 뇌는 자라지만 세포 수의 극적인 증가는 주로 생후 2년에 집중된다. 말 그대로 두 돌이 되기 전에 뇌가 거대한 **나무**처럼 뻗어나가는 것이다.

일부 과학자들은 인간의 아기가 다른 동물들에 비해 너무 일찍 태어난다고 주장한다. 그 근거는 인간의 뇌가 출생 이후에도 엄청난 속도로 자라는 것이다. 하지만 이런 생각은 사실과 다르다. 인간의 뇌에서 벌어지는 발달 과정은 자궁 안에서만 일어날 수 있는 것이 아니기 때문이다. 아기의 뇌는 주변 사람들에 의해 형성된다. 아기는 태어날 때 이미 뇌의 기본 설계도를 갖고 있지만, 많은 연결은 이후에 만들어지며 환경의 영향을 받는다. 예컨대 가족은 아이의 뇌 발달에 큰 영향

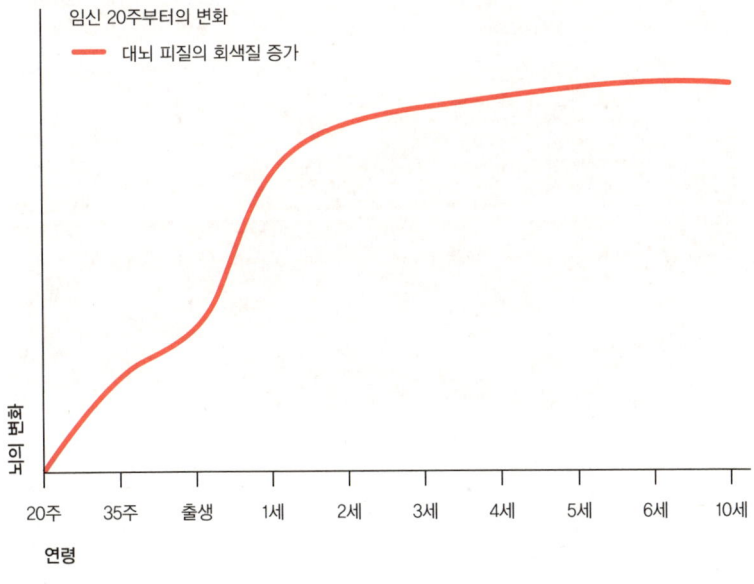

을 미친다. 아이가 얼마나 안전하다고 느끼며 안정적 애착을 형성했는지는 모두 뇌 발달과 깊은 관련이 있다. 결국 인간의 뇌는 경험을 통해 형성되는 셈이다.

뇌 상식 — 민감기

인간의 뇌에는 유연하고 잘 바뀌는 특성, 즉 가소성이 있어 평생 학습이 가능하다. 하지만 학습이 더 수월하게 이뤄지는 시기는 따로 있다. 과학자들은 특정한 능력을 배울 수 있는 최적의 시기를 '민감기'라고 부른다. 그중에서도 대표적인 것이 언어를 인식하는 능력이다. 걱정할 필요는 없다. 대부분의 능력은 나중에도 충분히 익힐 수 있다. 배우는 데 더 많은 시간과 노력이 필요할 뿐이다. 하지만 언어의 모든 소리를 구별하는 능력만큼은 예외다. 이 능력은 오직 아기일 때, 생후 1년 안에만 습득할 수 있다. 이 시기에 특정 언어의 소리를 듣지 못하면, 나중에는 그 소리를 완전히 구별하기가 불가능하다. 물론 생후 1년이 지난 뒤에도 얼마든지 새로운 언어를 배우고 유창하게 말할 수 있다. 하지만 그 언어의 소리에서 미묘한 차이까지 인식하는 건 아기 때만 가능한 일이다. 흥미롭게도 그 시기에 아기는 막 옹알이를 시작할 뿐이다.

아기들은 초음속 언어 머신이다

인생 초기에 우리의 머릿속에서는 생각보다 훨씬 많은 일이 벌어진다. 그중에서도 가장 중요한 소통 수단인 언어와 관련한 뇌 활동은 놀랍다. 아기들은 생후 1년쯤 되면 처음으로 단어를 말하기 시작한다. 3개월 된 벤은 아직 "오" "아" "유" 같은 소리밖에 내지 않지만(마우트는 '유'가 아마 형인 율리안을 부르는 소리일 거라고 생각한다), 그렇다고 그전에 벤의 뇌 안에서 아무 일도 없는 건 아니다. 오히려 정반대다. 아기의 뇌는 언어를 습득하려고 초음속 기계처럼 정교하게 작동하고 있다. 미국의 언어학 교수인 퍼트리셔 쿨(Patricia Kuhl)은 왜 어린 시절에 제2외국어를 더 쉽게 배울 수 있는지를 오랫동안 연구했다. 그의 결론은 명확하다. 아기들은 언어 습득의 작은 천재들이라는 것이다. 비록 아직 완전한 단어나 문장을 말하지는 못하지만, 사실 나이가 더 많은 사람들보다 언어를 더 잘 처리한다. 성인은 구분하지 못하는 소리를 아기들은 분명히 구분할 수 있다. 이들은 듣는 능력이 매우 탁월하다. 예를 들어 영어의 다양한 '알(r)'과 '엘(l)' 소리, 혹은 일본어에서 'r'과 'l' 사이에 있는 미묘한 발음을 생각해보자. 아기들은 이런 미세한 발음을 모두 구별해낸다. 하지만 나이가 들면서 이런 능력은 서서히 줄어든다. 생후 6~12개월에는 이 능력이 눈에 띄게 약화한다. 이렇게 보면 케네스가 아직도 파피아멘토어로 혼잣말을 하며 즐거워하는 것도 당연하다. 이 언어는 그의 어린 시절을 구성하는 소리이며, 태어난 직후 아루바의 요람 속에서 가장 먼저 들은 말이기 때문이다. 아기들은 그런 말을 스펀지처럼 흡수한다.

연구와 실험

아기들이 언어 천재라는 사실은 어떻게 알 수 있을까? 쿨 교수는 워싱턴 대학교에서 진행한 연구를 통해 이를 과학적으로 증명했다. 그는 생후 6~12개월의 아기들에게 중국어(보통화)를 들려주는 실험을 했다. 연구실에서 낯선 언어로 책을 읽어주는 '중국인 이모' 역할의 성인이 총 열두 차례에 걸쳐 아기들에게 이야기를 들려줬다. 이 상황은 외국에서 온 친척이 아기에게 자기 모국어로 책을 읽어주는 것과 유사하다. 이후 쿨 교수와 동료들은 아기들에게 다양한 음성 자극을 들려주는 실험을 했다. 그 결과는 매우 흥미로웠다. 성인이 되면 거의 구분할 수 없는 외국어의 소리 차이를 아기들이 정확히 감지한 것이다. 단 12회의 듣기 연습만으로 말이다. 또한 실험을 통해 생후 6개월인 아기들이 생후 1년 된 아기들보다 외국어의 소리를 더 잘 구분하는 것도 알아냈다. 이를 통해 연구진은 인간의 뇌는 태어난 뒤 첫해 동안 자신이 자랄 문화의 언어와 소리를 배우는 데 최적화됐다는 결론을 내렸다.

아기 청취자들

아기들은 정말 탁월한 청취자다. 마우트가 말을 걸 때 3개월 된 벤이 집중해서 듣는 듯한 모습은 상상이 아니다. 자세히 살펴보면 아기들이 주변 사람들의 말을 얼마나 열심히 듣는지를 분명히 알 수 있다. 그리고 단지 듣기만 하는 것이 아니다. 아기들은 들은 것을 실제로 처리하고 반응한다. 같은 소리를 반복해서 들으면 그 소리는 아기의 머릿속에 말 그대로 각인된다. 과학자들은 언어를 배우는 아기들의 뇌가 어떻게 설계됐는지 연구해왔다. 초기 연구에서는 아기들에게 자주 듣는 언어의 소리(예: 영어의 '바(ba)'와 '파(pa)')와 익숙하지 않은 언어의 소리(예: 중국어의 특정한 소리)를 들려줬다. 실험은 아기들이 뇌자도(MEG) 스캐너에 누운 상태로 진행됐다. 이는 뇌 활동을 정밀하게 추적할 수 있는 자기장 기반의 대형 장비로, 아기 뇌의 여러 부위가 어떻게 작동하고 활성화하는지를 보여준다. 일반적으로 우리의 뇌는 일관적인 소리 사이에 갑작스러운 변화가 생겼을 때, 즉 '바'가 여러 번 반복되다가 '파'가 나오는 경우에 강하게 반응한다. 실험 결과 아기들의 뇌는

MEG 스캐너는 아기의 뇌가 언어를 어떻게 학습하는지 보여준다.

자신의 모국어일 때 익숙한 소리의 변화에 훨씬 민감하게 반응했다. 반면 다른 언어의 소리에는 그런 반응이 덜했다. 생후 7개월만 돼도 아기들은 모국어에 대한 뚜렷한 선호를 보인다. 이 점은 언어 발달에 매우 긍정적인 신호다. 연구에 따르면 모국어의 음성 차이를 잘 구분해내는 아기일수록 유아기에 접어드는 2년 뒤 더 풍부한 어휘력을 갖춘다고 한다.

엄마의 웃음

최근에 과학자들은 MEG를 이용해 아주 흥미로운 사실을 또 하나 밝혀냈다. 엄마와 아기의 뇌를 동시에 관찰하는 실험을 통해서였다. 이는 두 대의 MEG 스캐너를 마주 보게 놓고 사용하는 '하이퍼스캐닝'이라는 방식으로 이뤄졌다. 이전 연구에서는 엄마와 6~7세 된 아이가 함께 퍼즐을 맞추거나 다른 활동을 할 때, 두 사람의 뇌파가 서로 동기화하는 현상이 나타났다. 뇌파의 상승과 하강이 거의 일치한 것이다. 즉 말 그대로 파장이 같다고 할 수 있다. 연구자들은 하이퍼스캐닝을 통해 같은 현상이 아기와 엄마에게도 일어나는 것을 발견했다. 특히 아기와 엄마가 서로 '이야기하는' 상황에서 이 동기화는 더 분명하게 나타났다. 이런 뇌파의 동기화는 진화적으로 봤을 때 사람의 뇌에서 가장 고도로 발달한 영역인 전두엽 피질(이마엽피질)에서 발생하며, 엄마가 아기에게 웃거나 격려하는 등 긍정적으로 반응할 때 훨씬 강하게 나타난다. 마우트가 벤과 대화를 나누거나 율리안과 퍼즐을 맞추는 시간은 단순히 노는 시간이 아니라, 자녀의 뇌 발달에 긍정적 영향을 미치는 소중한 시간인 셈이다. 한편 이 실험은 다른 사실도 입증했다. 엄마가 스트레스를 많이 받을 때 엄마와 아이의 뇌파 동기화가 눈에 띄게 약해진다는 것이다. 그러니 "엄마, 너무 스트레스 받지 말고 조금만 쉬어요"는 단순한 위로가 아니라 과학적으로도 근거 있는 조언이다. 현실에서는 그렇게 쉬운 일이 아니지만.

중국에서 온 이모

오늘날 아기에게 새로운 언어를 접하게 하려고 굳이 '중국에서 온 이모'를 부를 필요는 없다. 우리는 인터넷 덕분에 전 세계 사람들과 영상으로 쉽게 소통하고 배울 수 있는 시대에 살고 있기 때문이다. 그렇다면 매일 중국어 애니메이션을 보여주기만 하면 아기들이 중국어를 배울 수 있을까? 아쉽게도 그렇지 않다. 아무리 정교하게 제작된 영상이라 해도 실제 사람이 곁에서 상호 작용하며 언어를 가르쳐주는 경험을 완전히 대체하지는 못한다. 이를 입증하기 위해 쿨은 이전과 동일한 중국어 실험을 반복했다. 단 이번엔 사람이 직접 책을 읽어주는 것이 아니라 녹화된 영상을 보여줬다. 실험실에서 녹화된 '중국인 이모'의 책 읽는 모습이 태블릿 화면에 재생됐고 아기들은 이를 시청했다. 그 결과 6~12개월 된 아기들은 실제 사람과 상호 작용할 때만큼 언어와 소리를 잘 배우지 못했다. 이는 아기들이 단순히 보는 것만으로는 언어를 효과적으로 익히지 못한다는 뜻이다. 과학자들은 이 차이를 설명하면서 '순서 바꾸기'라는 개념을 언급한다. 현실에서의 상호 작용은 한 사람이 말하면 다른 사람이 듣고, 이후 역할이 바뀌는 식으로 이뤄진다. 이런 상호 작용의 구조가 학습에 결정적 역할을 한다. 인간의 뇌는 생각보다 훨씬 사회적인 구조로 설계돼 있다. 따라서 베이비

TV 같은 프로그램에서 벤이나 율리안이 얻을 수 있는 학습 효과는 엄마 마우트와 함께 놀거나 뭔가를 하는 경험에 비해 현저히 떨어질 수밖에 없다. 만약 이웃 케네스 할아버지가 매주 집에 들러 파피아멘토어로 벤과 율리안에게 말을 건다면, 아이들은 매일 라디오에서 파피아멘토어를 듣는 것보다 그 언어를 빨리 습득할 가능성이 크다. 그만큼 인간의 뇌, 파피아멘토어로 'cerebro'는 사회적 자극에 민감하다.

그렇다고 화면을 통한 학습이 완전히 무의미하다는 뜻은 아니다. 예를 들어 영상통화는 단순한 영상 시청보다 훨씬 효과가 높다. 영상통화는 서로 반응하는 구조이기 때문이다. 다시 말해 순서 바꾸기가 일어나는 상호 작용이라는 점에서 더 효과적이다. 또 화면을 다른 사람과 함께 시청할 때 더 잘 배운다는 연구도 있다. 2~3세의 유아가 성인과 함께 유아용 프로그램을 볼 때 혼자 시청할 때보다 더 많이 배운다는 것이다. 다만 엄마가 항상 화면을 같이 봐야 한다면, 마우트처럼 혼자 샤워할 시간조차 빠듯한 부모에게는 여전히 고민일 수밖에 없다. 부모의 자기 관리도 중요하기 때문이다.

무반응 실험

아기들이 타인과의 상호 작용을 중요하게 여기는 것은 언어 학습에만 국한되지 않는다. 1970년대에 이미 과학자들은 엄마가 아기에게 반응하지 않으면 아기들이 어떻게 하는지를 실험했다. 이 실험에서는 엄마에게 무슨 일이 있어도 무표정한 얼굴을 유지하도록 요청했다. 아기가 뭘 하든 미소도 짓지 않고 고개도 끄덕이지 않도록 한 것이다. 이를 무반응 실험(still face experiment)이라고 부른다. 처음에 아기들은 당황한 듯 엄마를 바라보다가, 시간이 지나자 점점 불안해하고 울음을 터뜨렸다. 엄마의 반응이 사라진 이유를 이해할 수 없었기 때문이다. 실제로는 이런 상황이 일어나지 않는다고 생각할 수 있지만, 네덜란드 틸뷔르흐 대학교의 마리온 판덴 회벌(Marion van den Heuvel)은 이 반응과 스마트폰 사용의 연관성을 밝혀냈다. 그는 50쌍의 아기와 엄마에게 뇌파 측정(EEG) 전극캡을 착용시키고 뇌파를 하이퍼스캐닝 방식으로 동시에 측정했다. 정상적으로 상호 작용할 때는 엄마와 아기의 뇌파가 동기화했지만, 엄마들이 스마트폰을 들여다보기 시작하자 아기들의 반응이 달라졌다. 아기들은 엄마의 주의를 끌기 위해 다양한 행동을 시도했고, 뇌파의 동기화는 현저히 약해졌다. 결국 아기들은 앞선 무표정 실험에서처럼 정서적으로 불안정해졌다. 엄마가 스마트폰을 내려놓고 아기에게 집중하자 비로소 뇌파 동기화가 회복했다. 일부 아기들은 다시 상호 작용으로 돌아오는 데 시간이 더 걸렸다.

 **뇌 상식 — 아빠도 중요하다**

아기와 그 뇌에 관한 많은 과학 실험이 엄마가 함께 있는 상황에서 진행됐다는 사실을 아는가? 하지만 우리는 오래전부터 아빠 역시 자녀를 양육하는 데 매우 중요한 역할을 한다는 것을 알았다. 다행히 이제 과학계도 그 점을 인식했고, 아버지와 아이의 관계를 중심으로 한 연구도 점점 늘어나고 있다. 예를 들면 흥미롭게도 아빠가 자녀와 함께 놀 때 엄마보다 덜 전형적인 성 역할을 하는 것으로 나타났다. 특히 '남자아이용' 또는 '여자아이용' 장난감을 가지고 놀 때, 아버지는 이런 고정관념에서 더 자유로운 방식으로 자녀와 상호 작용했다.

뇌를 이해하고 활용하는 법

아이와의 상호 작용

부모로서 아이가 언어를 비롯해 다양한 기술을 발달시킬 수 있도록 도와주는 가장 좋은 방법은 자주 대화하고 함께 놀아주는 것이다. 스마트폰은 이제 우리 삶에 없어선 안 될 존재가 되었지만, 그것을 어떻게 사용할지는 우리가 선택할 수 있다. 특히 아이가 어릴수록 부모와 아이 모두의 화면 시간을 줄이는 것이 좋다. 핵심은 상호 작용이다. 마우트가 벤에게 자신이 뭘 할지 말해주고, 율리안과 퍼즐을 맞추며 같이 시간을 보내는 것은 아이들의 발달에 크나큰 가치가 있다.

혹시 당신은 어린 시절에 보호자와의 안정적이고 따뜻한 상호 작용을 충분히 누리지 못하는 환경에서 자랐는가? 그렇다고 당신이 평생 1 대 0으로 뒤처지는 것은 아니다. 과학자들은 아이의 생후 첫 1000일, 즉 3년 정도가 발달에 결정적이라고 자주 강조하지만, 여기에 중요한 점을 두 가지 덧붙일 수 있다. 첫째, 어린 시절을 어렵게 보냈음에도 삶의 방향을 스스로 잘 찾아가는 사람들이 분명 있다. 힘든 유년기를 보냈다고 정상적 삶이나 행복한 미래를 영영 잃는 것은 아니다. 둘째, '첫 1000일'에 지나치게 집중하면 그 시기에만 환경이 중요하고 이후에는 삶에 영향을 주지 않는다는 오해를 불러올 수 있다. 하지만 실상은 다르다. 유아기 이후에도 안전감과 정서적 안정을 느낄 수 있는 환경은 아주 중요하다. 즉 누군가 유아기, 아동기, 청소년기 중 어느 시점에 있든 주변 사람들과의 건강한 관계는 여전히 그의 삶과 발달에 깊은 영향을 미칠 수 있다.

06

신뢰
당신 뇌 속의 친구 혹은 적

11시 – 비밀번호

케네스는 완다의 닭고기 가게 앞에 늘어선 줄에 조용히 합류한다. 북적이는 가게 안을 보면서도 그는 전혀 서두르지 않는다. 나이가 들면 더 이상 급하게 움직일 필요가 없다. 뭐든 bo tempo, 그러니까 파피아멘토어로 자기만의 속도로 하면 되는 법이다. 게다가 기다리는 동안 오늘 저녁에 안스에게 무슨 말을 할지 고민해볼 수도 있다. 그는 자기 전매특허인 닭다리 구이만으로는 이웃집 그녀에게 깊은 인상을 주기 부족하다고 느낀다. 자기 차례가 오길 집중하며 기다리진 않지만, 케네스는 사람을 믿는다. 그리고 설령 누가 새치기를 한다 해도 완다는 절대 못 본 척하지 않을 것이다. 케네스는 이 가게 단골이고, 완다가 매의 눈인 걸 잘 알고 있다.

"케네스, 오늘은 뭘 드릴까요?" 거 봐, 벌써 내 차례다. 케네스는 동네 사람 전부가 먹을 수 있을 만큼 푸짐하게 닭다리를 주문한다. 카드 결제를 하려는데, 삐익 하는 소리와 함께 비밀번호를 입력하라는 메시지가 뜬다. 케네스는 안경을 찾아 더듬거리지만, 아뿔싸……. 현관 서랍 위에 두고 왔다. "완다, 내 비번 좀 대신 눌러줄래요? 0706이에요." 가게 안 손님들이 웃음을 터뜨린다. 케네스는 그걸 모르지 않는다. 하지만 그는 칠십 평생 인간에 대한 신뢰를 버린 적이 없다. 그가 자란 아루바의 작은 마을에선 서로 도우며 사는 게 당연했다.

장바구니 두 개를 들고 나와 가게 앞 벤치에서 잠깐 숨을 돌리는 케네스. 그는 생각한다. 아들 애시윈이라면 아버지가 비밀번호를 아무렇지 않게 알려주는 걸 보고 혀를 찼겠지. 하지만 그것도 애시윈의 사랑이다. 예전엔 자기가 사자처럼 애시윈을 보호했는데 이제는 아들이 아버지를 지켜주는 것이다. 그렇지만 회상에 잠기는 시간은 끝났다. 이제 집으로 가야 한다. 닭다리를 마리네이드해야 하니까.

신뢰의 힘

신뢰는 모든 사회적 관계를 떠받치는 가장 중요한 토대다. 이는 가족이나 친구와의 관계뿐만 아니라, 낯선 사람이나 정부 같은 기관과의 관계에서도 핵심 역할을 한다. 신뢰란 정확히 뭘까? 상대방과 그의 행동에 자신을 맡길 준비가 되어 있다는 것, 다시 말해 자신을 취약한 상태로 내보일 의지다. 상호 신뢰가 형성되면—즉 서로를 믿을 수 있게 되면—당사자 모두에게 이점이 많아진다. 예를 들어 우리는 서로 곁에 있을 거라는 믿음을 바탕으로 우정을 쌓을 수 있다. 좀더 추상적인 차원에서는 모르는 사람도 신뢰할 수 있다. 예컨대 우리는 은행에

돈을 맡기며 나중에 다시 찾을 수 있을 거라는 믿음을 갖는다. 이처럼 신뢰는 관계를 형성하는 기반이 될 수 있지만 동시에 위험 요소이기도 하다. 신뢰가 배신당하는 경우도 있기 때문이다. 예를 들어 공동체 놀이터 조성을 위한 기금에 기꺼이 투자했는데 대표자가 그 돈을 들고 도망친다면 신뢰는 무참히 깨진다.

현대 사회에서의 신뢰

일반적으로 우리는 가까운 사람―친구나 가족―을 모르는 사람보다 더 신뢰한다. 이는 매우 자연스러운 일이다. 하지만 현대 사회에서는 자신의 직접적 관계망 밖에 있는 타인에 대한 신뢰 없이 버텨낼 수 없다. 우리가 살아가는 세상은 늘 낯선 사람이나 새로운 조직과 마주하고 소통해야 하는 곳이기 때문이다. 이들과 가까워지기 위해선 어느 정도의 기본적 신뢰감이 필수다. 즉 신뢰 없이는 누구와도 가까워질 수 없고, 어떤 관계도 형성할 수 없다. 그 대상이 친구든 새로 만난 주택 담보 대출 상담사든 동네 마트 주인이든 마찬가지다.

뇌 상식― 신뢰는 행복을 만든다

다른 사람에 대한 신뢰가 높은 사람일수록 삶의 만족감이 더 높다는 연구 결과가 있다. 특히 이 신뢰가 보답받을 때, 즉 상호적으로 작용할 때 그 긍정적 효과는 더욱 커진다. 하지만 그 반대도 성립한다. 기분이 좋을 때 우리는 타인을 더 쉽게 신뢰한다. 밝은 표정을 짓는 사람은 무표정하거나 인상을 쓰는 사람보다 더 신뢰받는다. 이는 우리가 판단을 내릴 때 이성적 논리나 정보만 따르는 것이 아니고 그 사람에 대해 느끼는 감정이나 인상도 큰 영향을 미친다는 뜻이다. 첫인상은 특히 중요하지만 늘 정확하진 않다. 매력적인 말솜씨로 상대를 속이는 사람도 있기 때문이다. 그럼에도 불구하고 연구에 따르면 사람들은 시간이 지남에 따라 겉모습보다는 그 사람과의 실제 경험을 바탕으로 신뢰 여부를 결정한다. 표정이 좀 무뚝뚝하든 말든.

사회적 뇌: 뇌 속의 신뢰 회로

신뢰는 뇌에서 어떻게 작동할까? 과학자들은 타인의 감정과 의도를 생각할 때 특정한 뇌 회로가 활성화한다는 사실을 밝혀냈다. 이를 '사회적 뇌(social brain)'라 부른다. 이름 그대로 사회적 상호 작용에 핵심인 뇌의 네트워크다. 사회적 뇌는 사실 우연히 발견됐다. 먼저 이 회로를 이루는 네 가지 주요 뇌 영역을 소개하면 내측 전전두 피질, 측두엽-두정엽 접합부, 후방 상측두구(뒤위관자고랑), 전방 측두 피질(앞관자겉질)이다. 이 네 영역은 원래 휴식 상태에서 활성화하는 것으로 여겨졌다. 연구자들은 실험 참가자들에게 MRI 기계 속에서 계산 문제나 기억 검사를 수행하게 한 후, 중간에 짧은 휴식 시간을 줬다. 그 결과 계산하거나 검사받는 동안이 아닌 쉬는 시간에 네 영역이 강하게 활성화하는 것으로 밝혀졌다. 그래서 과학자들은 이 뇌 영역이 '휴식 네트워크'라고 오랫동안 생각했다. 하지만 이후 연구들은 이 영역이 쉴 때만 활성화하는 것이 아니라 사회성과 깊은 관련이 있음을 보여줬다. 이곳은 우리가 자신을 성찰하거나 타인의 의도에 대해 곰곰이 생각할 때 작동한다. 이런 사고는 주로 우리가 아무 일도 하지 않고 쉬거나 대기할 때 이뤄지기 때문에 뇌가 '멈춰 있다'는 오해가 생겼다. 그러나 실제로는 그 순간 뇌가 활발히 작동하며 사회적 상호 작용에 대한 생각과 판단을 조율하고 있는 것이다. 집중력을 요하는 계산이나 과업에 몰입하지 않을 때 우리는 자연스럽게 자기와 타인에 대해 생각하게 된다. 이때 사회적 뇌 회로가 작동한다. 예를 들어 케네스가 벤치에 앉아 아들 애시원과의 관계를 떠올리거나 정육점에 줄을 서서 마음에 둔 안스를 생각할 때, 그의 뇌에서 이 사회적 네트워크가 활성화한다.

멘탈라이징

연구에서 사회적 뇌를 처음 발견하고 나서, 이 영역이 멘탈라이징(mentalizing)이라는 사고 과정과 깊은 관련이 있는 것으로 밝혀졌다. 멘탈라이징이란 자신과 타인의 생각 및 감정을 이해하고 추론하는 과정을 뜻한다. 멘탈라이징은 대부분 앞서 언급한 사회적 뇌의 네 영역에서 이뤄진다. 이 네 영역은 종종 함께 활성화하지만, 각각 다른 역할을 맡는다. 예를 들어 내측 전전두 피질은 자신에 대해 사고할 때 특히 활발하게 작동한다(여기서 말하는 자신이란 현재의 나일 수도 있고, 과거 혹은 미래의 나일 수도 있고, 타인과의 관계 속 나일 수도 있다). 반면 측두엽-두정엽 접합부는 타인의 입장에서 생각하고 이해할 때 주로 사용한다.

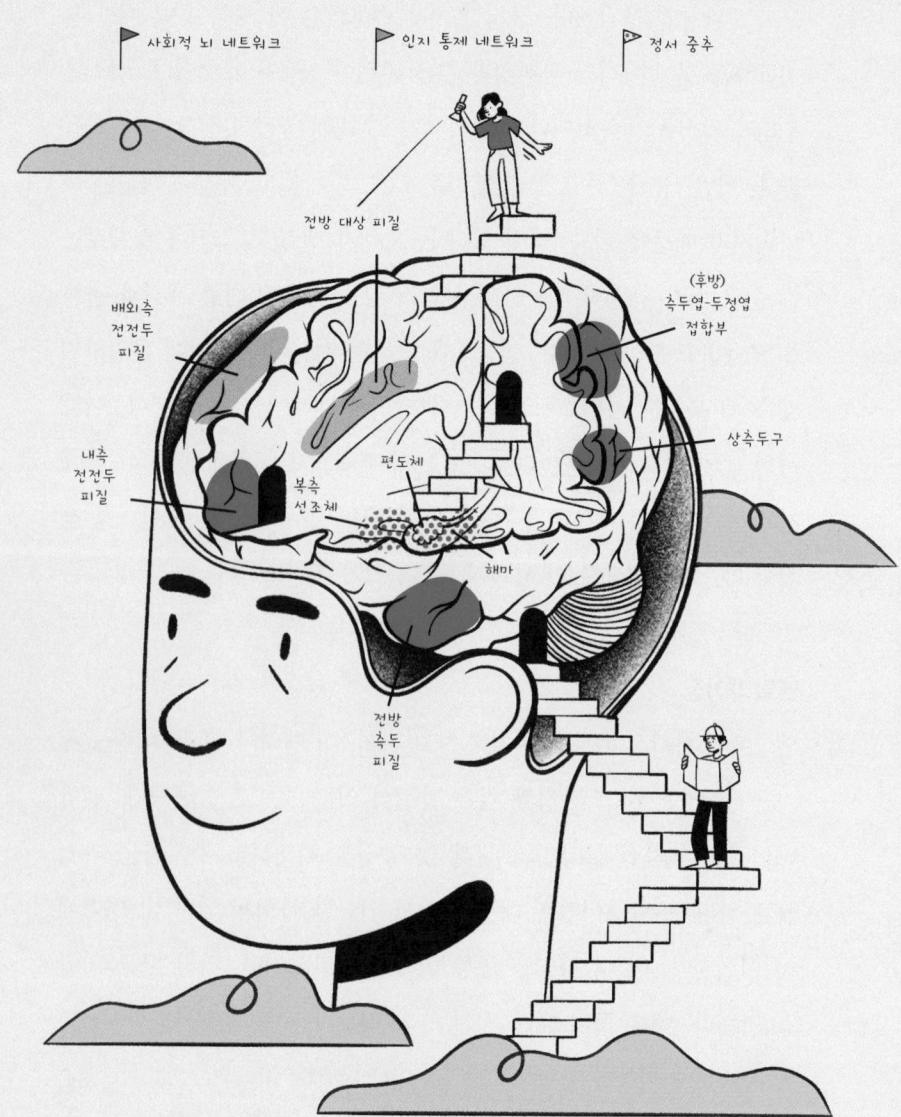

연구와 실험

사람들은 어떤 상황에서, 누구를 신뢰하게 되는 걸까? 연령이나 배경이 타인 또는 기관을 어느 정도 신뢰하는지에 영향을 줄까? 이를 알아보기 위해 과학자들은 신뢰 게임이라는 실험을 설계했다. 이 게임에는 두 명의 참가자가 등장한다. 첫 번째 참가자는 일정한 금액의 초기 자금을 받는다. 그는 이 돈을 자신과 상대방의 몫으로 자유롭게 나눌 수 있다. 이때 상대방에게 얼마를 줄지, 공정하게 나눌지에 대한 판단은 전적으로 그에게 달렸다. 흥미로운 점은 상대방에게 돈을 주면 그 금액이 자동으로 두 배 불어난다는 것이다. 겉보기에는 이득처럼 보이지만 여기에는 위험도 따른다. 두 배로 늘어난 돈을 어떻게 나눌지는 오롯이 상대방의 결정에 따르기 때문이다. 상대방이 공정하게 나누어줄 수도 있지만, 자신이 더 많은 몫을 가져가고 처음 준 사람에게는

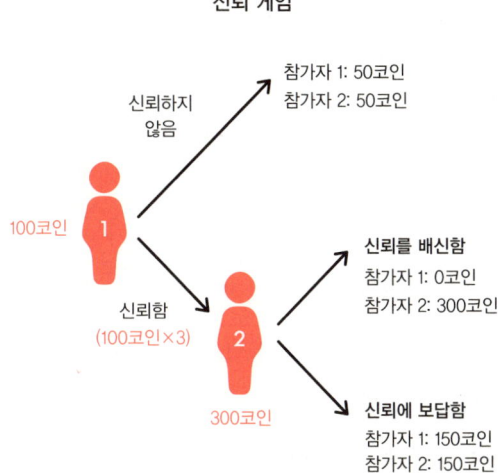

신뢰 게임

거의 돌려주지 않을 수도 있다. 이 실험에서 첫 번째 참가자가 상대에게 맡긴 돈의 액수는 그가 상대를 얼마나 신뢰했는지를 나타내며 이를 '신뢰 선택'이라고 부른다. 또한 두 번째 참가자가 돌려주는 금액은 '상호성', 즉 신뢰에 대한 보답의 정도를 나타낸다.

다양한 연령대의 사람들을 대상으로 이 실험을 반복해본 과학자들은 흥미로운 사실을 발견했다. 신뢰는 보통 8세 전후부터 높아지기 시작해 청년기에 최고조에 이르고, 이후에는 성인기 내내 일정한 수준을 유지한다. 어린 시절에는 타인에 대한 신뢰가 점차 자라난다. 중요한 점은 이런 신뢰의 성장이 주로 아는 사람에 국한된다는 것이다. 반대로 낯설거나 싫어하는 사람에 대한 신뢰는 8~18세에 오히려 감소하는 경향이 있었다.

친구인가 낯선 사람인가

나 역시 연구팀과 함께 신뢰 게임을 활용해 인간의 뇌에서 신뢰가 어떻게 작동하는지를 분석했다. 우리는 특정한 사람에게 신뢰를 보낼 때 뇌의 어떤 영역이 활성화하는지를 알고 싶었다. 그 결과 사회적 사고에 관여하는 뇌 영역, 특히 내측 전전두 피질이 친구를 신뢰할 때 더 활성화한다는 것을 확인했다. 이는 친구가 어떻게 반응할지를 좀더 잘 예측하고 그의 입장을 상상할 수 있기 때문일 가능성이 크다. 다시 말해 상대방의 반응을 믿고 선택을 맡긴 것이다. 또 다른 흥미로운 발견도 있다. 바로 국가 기관이나 시민 단체처럼 자신을 대변하는 집단에 신뢰를 줄 때에도 유사한 뇌 영역이 활성화하는 것이다. 예를 들면 청소년 단체, 노동조합, 동네 주민 모임 등이 있다. 뇌에서 이 영역이 얼마만큼 활발히 작동하는지는 평소 타인과 얼마나 쉽게 유대감을 느끼는 사람인지에 따라 다르다. 과거에 처음 보는 사람들과 좋은 경험을 했다면 초면인 사람조차도 심리적으로 '가깝다'라고 느낄 수 있다.

신뢰는 경험에서 싹튼다

모든 사람이 기관이나 낯선 사람과 긍정적 경험을 하는 것은 아니다. 소득 격차가 큰 사회일수록 타인에 대한 신뢰 수준은 낮다는 연구 결과도 있다. 사람을 믿기 위해서는 과거에 신뢰가 보상받은 경험이 필요하다. 신뢰는 아주 이른 시기부터 형성되며, 처음에는 가족이나 가까운 이들에 대한 '내집단 신뢰'로 시작한다. 그 기반이 안정적일수록 이후 더 넓은 관계-학교, 직장, 사회-로 신뢰가 확장된다. 하지만 어린 시절 가정에서조차 정서적 안전감을 느끼지 못했다면 성인이 되어 관계를 맺거나 타인을 신뢰하는 것 자체가 어려워질 수 있다. 반대로 안정적인 환경에서 자랐어도 체제에 대한 부정적 경험을 하기도 한다. 예를 들면 낙인찍힌 집단에 속하거나, 인종 프로파일링(인종이나 종교로 사람을 구분해 차별하는 행위-옮긴이)을 당하거나, 사회 제도나 기관으로부터 소외 또는 차별받는 것이다. 사회경제적 환경이 열악한 사람들의 경우 신뢰가 약화하는 현상이 자주 나타난다. 그러나 예외도 존재한다. 예를 들어 케네스는 아루바의 가난한 마을에서 자랐지만 그곳은 마을 사람들이 모두 가족처럼 지내는 분위기였다. 그는 그런 환경에서 타인을 깊이 신뢰하는 법을 배웠고, 살아오면서 그 신뢰가 무너지는 일을 거의 겪지 않았다. 그래서 그는 지금도 완다의 가게에서 자기 카드 비밀번호를 거리낌 없이 말할 만큼 신뢰가 깊다. 집단적 경험

역시 신뢰의 형성에 영향을 미친다. 예를 들어 코로나 팬데믹 시기에 정부에 대한 신뢰가 점차 감소했다는 연구 결과가 있다.

비밀을 주고받는 것

앞서 살펴봤듯 타인에 대한 신뢰는 8~18세 사이에 점점 선택적으로 변한다. 친구에 대한 신뢰는 높아지는 반면 낯선 사람에 대한 신뢰는 낮아진다. 어린아이는 권위가 있어 보이는 사람을 신뢰하는 경향이 있지만, 청소년은 정서적 유대감을 느끼는 사람을 더 잘 믿는다. 세상이 넓어질수록 우리는 신뢰의 범위를 좁혀간다. 어찌 보면 이는 당연한 변화다. 우리가 어린 시절부터 배웠듯 모든 사람을 무작정 믿을 수는 없기 때문이다. 여기서 중요한 것이 뇌의 작용이다. 연구에 따르면 내측 전전두 피질은 타인과의 경험을 기억하고 '저장'하는 역할을 한다. 우리는 이 사람을 믿어도 되는지를 다양한 상호 작용을 통해 스스로 판단한다. 이 뇌 영역은 나이가 들수록 더 정교하게 작동한다. 청소년들이 유난히 친구들과 비밀을 주고받는 이유도 이를 통해 설명할 수 있다. 과학자들은 비밀을 공유하는 행위 자체가 신뢰 여부를 탐색하는 수단임을 밝혀냈다. 전전두 피질은 비밀을 교환하는 경험을 하나하나 저장하며 신뢰의 역사를 써내려간다.

뇌를 이해하고 활용하는 법 ♡

신뢰를 회복하는 힘

연구에 따르면 집단적 경험으로 인해 약화한 신뢰는 상호성에 기반한 긍정적 경험을 통해 다시 회복할 수 있다. 이런 회복은 반드시 정부처럼 큰 차원에서 일어나야 하는 것은 아니다. 오히려 일상에서, 예를 들어 교사나 상사가 내 말을 진심으로 들어주는 경험을 통해 시작될 수 있다. 즉 사회적 차원에서 상실한 신뢰감도 개인적 차원의 긍정적 경험을 통해 복원이 가능하다. 예컨대 완다가 자신의 가게에서 케네스의 결제를 도와준 단순한 행동이 케네스에게 이미 있는 타인에 대한 신뢰를 강화할 뿐만 아니라, 그 장면을 지켜보는 다른 손님들에게도 영향을 준다. 그들은 낯선 사람들 사이에도 따뜻함이 존재할 수 있음을 목격한다. 사실 우리는 매일 서로를 돕는다. 문을 잡아주는 일부터 길에 넘어진 사람을 부축하는 일, 완다처럼 노인을 기꺼이 도와주는 일까지. 현실에는 긍정적 경험이 생각보다 훨씬 많다. 우리가 통제할 수 없는 일이 너무 많은 이 시대에 그런 작은 선의가 세상을 다시 믿게 해주는 출발점이 될 수 있다.

하나와 뮈크

07

배우는 뇌
집중력을 갖춰가는 초강력 스펀지

12시 — 3단 구구단표

"뮈크, 오늘 저녁에 축제에서 할아버지 치킨 먹을 생각하니까 너무 신나지 않아?" 일곱 살 하나가 쌍둥이 동생 뮈크를 바라보며 말한다. 점심시간 무렵이라 그런지, 케네스 할아버지의 치킨 요리를 떠올리는 것만으로도 입안에 군침이 돈다. "그러니까! 완전 맛있잖아." 뮈크도 감탄하며 맞장구친다. "그리고 오늘 길에 에어바운스도 설치한대." 그 말이 떨어진 순간 두 아이는 방금 전까지 뭘 하고 있었는지도 잊은 채 들뜬 표정으로 이야기꽃을 피운다. "뮈크, 하나! 너희도 같이 외우고 있니?" 선생님의 목소리가 두 아이를 다시 수업으로 끌어당긴다. 아, 맞다! 3단 구구단표를 외우는 중이었지. 아이들은 급히 반 친구들과 함께 외친다. "3×5는 15! 3×6은 18……!" 수업 종료 종이 울린다. 뮈크와 하나는 기다렸다는 듯 도시락을 연다. 비록 할아버지의 치킨은 아니지만 엄마가 싸준 샌드위치도 제법 맛있다. 점심시간에는 항상 선생님이 책을 읽어주신다. 요즘은 《슈

《퍼선생님》이라는 책을 읽고 있는데, 어느새 중간까지 왔다. 점심시간이 끝나면 바깥 놀이를 하고, 그다음엔 글씨 쓰기 시간이다. 교실 한가운데 매달린 줄에는 하루 일과표가 집게로 고정되어 있어, 이제 아이들은 일과를 거의 외우고 있다. 하나와 뮈크는 글씨를 아주 예쁘게 쓸 줄 안다. 본인들만 그렇게 생각하는 게 아니다. 선생님도 그렇게 말씀하셨다. 방학이 끝나면 만년필을 쓸 수도 있다는 얘기도 들었다.

하나는 선생님의 목소리를 들으면서 빵에서 분홍색 하트 스프링클만 골라 먹는다. 엄마는 "다 똑같은 맛이야"라고 말하지만, 하나에겐 분홍 하트가 제일 맛있다. 한편 뮈크는 도시락에 들어 있는 키위를 가장 먼저 집어 먹는다. 키위는 뮈크가 가장 좋아하는 과일이다. 점심을 다 먹은 아이들은 선생님의 책 읽기가 끝나기만을 기다리며 몸을 들썩인다. 이제 곧 바깥 놀이 시간이다!

초강력 스펀지 같은 뇌

우리는 평생 학습하며 살아간다. 하지만 모든 시기에 같은 방식으로 배우는 것은 아니다. 왜냐하면 우리의 뇌는 인생의 시점에 따라 다르게 작동하기 때문이다. 5장에서 설명했듯 뇌는 출생 후 빠르게 성장한다. 태어난 후 5년 동안 뇌의 크기는 네 배로 커진다. 이 시기의 아이들은 마치 스펀지처럼 정보를 흡수한다. 6세쯤이면 인생에서 가장 많은 뇌세포와 신경 연결이 생겨난다. 그래서 이 시기를 전후해 아이들에게 글자와 숫자를 가르치기 시작하는 것이다. 그렇다면 여섯 살 무렵이 인생에서 학습하기 가장 좋은 시기일까? '초강력 스펀지 뇌'가

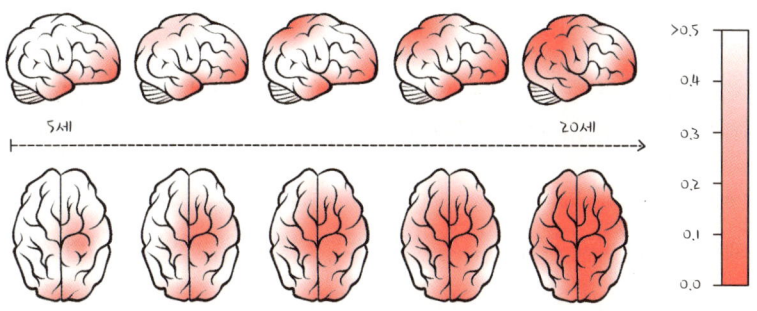

청소년기부터 회색질이 서서히 감소하기 시작한다.

있으니까? 꼭 그렇지만은 않다. 여섯 살의 뇌는 숲속의 수많은 오솔길처럼 온갖 방향으로 이어진 미로 같은 상태다. 모든 길이 다 흥미롭기 때문에 쉽게 주의가 산만해지고, 어떤 것이 중요한 정보인지 구분하는 것도 어렵다. 계획을 세우는 것도 마찬가지다. 아직은 머릿속에 고속도로가 부족하다. 학교 공부에 집중하려면 그 고속도로를 뇌 속에 깔아야 하기 때문에 이제부터 공사 준비를 해야 한다.

성장에서 가지치기로

6세 무렵부터 뇌는 또다시 새로운 변화의 국면으로 접어든다. 빠르게 성장하던 시기는 끝나고 이제 '가지치기'의 시기가 시작된다. 2장에서 설명했듯 뇌는 더 이상 세포 수를 무작정 늘리지 않는다. 자주 쓰는 연결은 강화하지만 덜 쓰는 세포와 연결은 정리한다. 이 현상을 이해하기 쉽게 예를 들어보자. 주방 조리대 한쪽에 큰 커피머신이 자리를 차지하고 있다. 그런데 이제부터 커피를 줄이기로 결심했다면 그 커피머신은 공간 낭비가 된다. 매일 아침 스무디를 만들 때 사용하는 블

렌더를 그 자리에 놓는 게 더 효율적이다. 우리의 뇌도 비슷하다. 제한된 공간에서 자주 쓰는 것만 남기고 나머지는 과감히 정리한다. 6세 이후 뇌에서 일어나는 가지치기 역시 같은 원리다. 계속 사용하는 뇌세포는 남고 그렇지 않은 것은 사라진다. 물론 이 가지치기는 일정한 패턴을 따르지만 사람마다 차이도 있다. 예를 들어 네덜란드어만 사용하는 환경에서 자란 아이라면 제2외국어를 습득하는 데 필요한 뇌 영역은 쓰지 않고, 결국 일부는 제거된다. 반면 어릴 때부터 두 언어를 접한 아이의 뇌에서는 이런 연결이 강화된다. "자주 쓰면 강화되고 안 쓰면 사라진다(Use it or lose it)"는 표현은 뇌 발달을 설명하는 데 매우 적절하다.

완벽한 타이밍

뇌는 특정한 기능을 어떤 시기에 배우는 것이 가장 효과적인지를 미리 유전적으로 설계해둔 듯하다. 예를 들어 머리 뒤쪽의 시각 피질은 외부 자극을 인식하는 데 필수 영역인데, 매우 이른 시기에 발달의 정점을 찍으며 가지치기도 빨리 시작된다. 언어 발달에 중요한 측두 피질도 마찬가지다. 그래서 아기들은 특정 시기에 말소리의 차이를 구별하는 능력이 뛰어나다. 이 시기가 흔히 말하는 '민감기'다. 반면 우리가 학교에서 배우는 대부분의 활동, 예를 들어 계획을 세우고, 산수 문제를 풀고, 역사를 이해하고, 또래 및 교사와의 관계를 형성하는 것은 훨씬 복잡한 뇌 기능을 요하며, 이는 비교적 늦은 시기에 본격적으로 발달하기 시작한다. 이런 고차원의 기능을 담당하는 뇌 영역은 전전두 피질, 측두 피질, 두정 피질(마루겉질)이다. 이 세 영역은 6세 이후

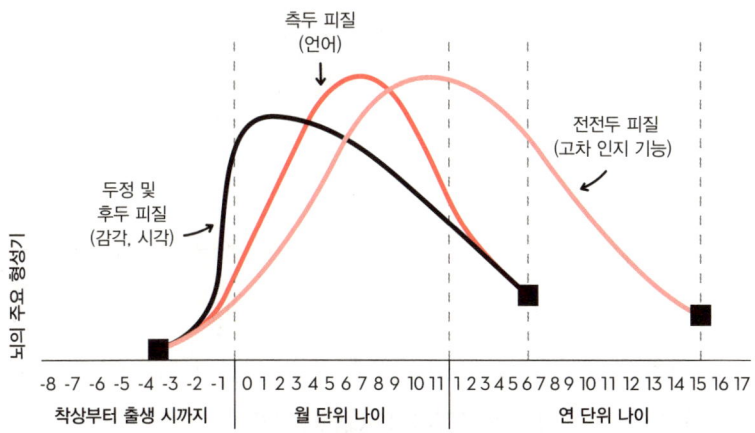

가장 왕성하게 발달하며, 우리가 초등학교에서 배우는 거의 모든 것과 직결된다. 결국 6세부터 12세까지의 시기는 이런 능력을 배우기에 가장 이상적이다. 완벽한 타이밍이 아닐 수 없다.

작업 기억과 억제력은 어떻게 발달할까? 초등학생 시기, 6~12세 아동들의 뇌에서는 눈에 띄는 변화가 일어난다. 바로 작업 기억―머릿속에 정보를 잠시 저장하고 다룰 때 사용하는 기억―과 억제력―충동을 조절하는 자제력―의 비약적 발달이다. 이 두 능력의 향상은 주로 전전두 피질과 두정 피질의 성숙 덕이다. 이를 밝혀내기 위해 연구자들은 참가자들에게 그림을 일정한 순서로 정렬하는 게임을 하게 했다.

그런데 이 실험은 단순한 게임이 아니라 작업 기억을 활용해야 하는 과제였다. 실험 중 참가자들의 뇌 활동을 fMRI로 촬영한 결과, 십대에서 이십대 초반의 청소년과 성인들의 전전두 피질이 어린아이들보다 활발하게 작동했다. 20장에서는 뇌의 이런 기능 중 일부가 다시 약화하는 현상을 살펴볼 것이다.

또한 진화론적 비교 연구를 통해서도 인간의 작업 기억과 억제력이 다른 동물보다 고도로 발달했음이 입증됐다. 실제로 인간의 전전두 피질은 원숭이, 고양이, 개 등 다른 포유류에 비해 비율이 훨씬 더 크고 복잡하다. 인간이 생각을 조절하고 충동을 억제하는 능력이 뛰어난 것은 이 전전두 피질 덕이다.

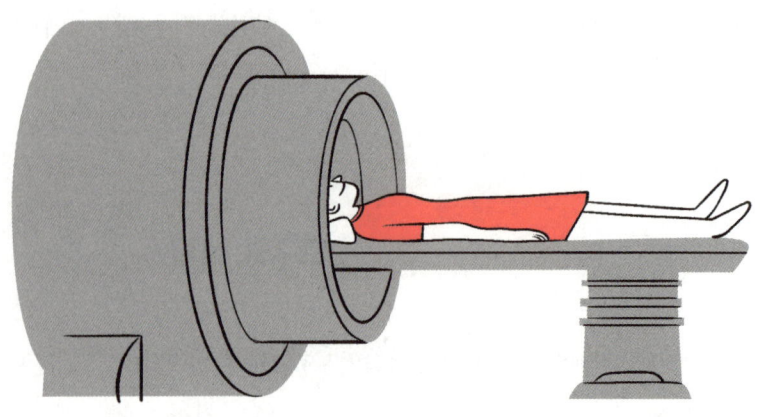

참가자가 과제를 수행하는 동안
MRI 스캐너로 뇌 활동을 촬영했다.

뇌 발달과 학업 능력은 밀접하게 연결된다

초등학교에 처음 입학할 때, 아이들은 아직 하루의 일정이란 개념 자체가 없다. 그래서 교실 벽에 오늘 할 일을 그린 큼지막한 그림을 걸어두기도 하지만, 유아기에는 이것조차 이해하기 어렵다. 일곱 살이 된 뮈크와 하나는 이제 학교의 일과를 조금씩 체득하고 있지만, 앞으로 몇 년 동안 그런 능력은 더 성장할 것이다. 그리고 열두 살쯤 중학교에 진학하면 아이는 일정도 스스로 관리하고, 시간표에 따라 어떤 과목을 듣는지 파악하고, 필요한 책과 준비물을 가방에 직접 챙기게 된다. (물론 책을 한 권씩 빠뜨려 선생님을 곤란하게 만들곤 하지만, 그건 사춘기의 뇌에 대해 이야기할 때 다시 다루기로 하자.) 이처럼 '계획하는 능력'이 점점 좋아지는 이유는 4~12세에 뇌가 급격히 발달하기 때문이다. 특히 전두엽 앞부분인 전전두엽의 피질, 즉 전전두 피질은 이 시기에 매우 활발하게 성장한다. 전전두 피질은 뇌 전체의 기능을 조율하고 통제하는 조정 센터와 같은 역할을 한다. 이 영역은 머릿속에 중요한 정보를 잠시 붙잡아두는 '작업 기억'을 담당하는데, 덕분에 우리는 장 볼 목록이나 오늘의 시간표를 기억할 수 있다. 나아가서 전전두 피질은 정보를 편집하는 것도 가능하게 해준다. 예를 들면 마트에서 물건을 나타나는 순서대로 사거나, 다음 수업을 어느 교실에서 하는지 생각해내는 것이다.

　작업 기억은 언어 및 수리 능력의 핵심이 되는 기능이다. 학교에서 공부하면서 이 능력이 점점 발달하는 것은 전혀 놀라운 일이 아니다. 이 시기에 꼭 필요하기 때문이다. 또 하나의 중요한 기능이 억제력이다. 이는 산만한 환경에서도 주의력을 유지하는 능력이다. 예컨대 친구가 옆에서 시끄럽게 장난을 치고 있어도 산수 문제를 푸는 데 집중할 수 있는 것은 억제력 덕이다. 일곱 살 하나는 수학 수업 중이라도 배가 고파지면 집중력을 잃고, 옆에 앉은 뮈크 역시 덩달아 산만해진다. 이런 모습은 이 나이에 매우 자연스럽다. 하지만 몇 년이 지나면 두 아이 모두 집중력을 훨씬 쉽게 유지할 수 있을 것이다. 나와 동료들의 연구 결과에 따르면 아동의 작업 기억과 억제력은 6~12세에 눈에 띄게 향상한다. 여기에는 전전두 피질의 성숙이 결정적 역할을 한다. 그리고 이런 능력이 초등학생일 때 집중적으로 발달하는 것은 우연이 아니다. 이 시기야말로 아이가 계획하고 배우는 힘을 기초부터 다지는 때이기 때문이다.

인생에서 가장 형성적인 시기

뇌의 조정 센터가 잘 작동하면 계획을 세우고 언어를 익히고 계산하는 데 그치는 것이 아니다. 사회적 관계를 맺는 데도 중요한 역할을 한다. 누군가 실수로 나를 툭 건드렸을 때 바로 화를 내지 않고 참을 수 있는 것도 억제력 덕이다. 연구에 따르면 6~13세에 전전두 피질이 발달하면서 아이들에게는 즉각적 보상보다 나중에 주어지는 더 큰 보상을 선택하는 경향이 생긴다. 즉 미래를 내다보고 자신을 조절하는 능력이 성장하는 것이다. 지금은 수업 시간에 언니 하나가 말을 걸기만 하면 즉시 반응하는 뮈크도 몇 년 뒤에는 그런 충동을 억제할 수 있을 것이다. 그리고 이 자매가 의자에서 덜 꼼지락거리는 날도 올 것이다. 초등학교에 입학하는 시점부터 아이는 자기 행동을 주변 환경에 맞추는 법을 배워야 한다. 사회적 세계가 확장하기 때문이다. 가족 외의 아이와 어른들을 많이 만나게 되고, 일이 뜻대로 되지 않는다고 짜증을 낼 수도 없다. 이제는 자신의 행동을 조절하는 법을 배워야 한다. 이때 전전두 피질은 핵심 역할을 한다. 물론 전전두 피질의 발달에는 선천적 요소도 있지만 경험도 큰 영향을 미친다. 그래서 교사의 역할이 중요하다. 교사는 아이의 성장을 인도하고 뇌가 성장에서 가지치기로 넘어가는, 인생에서 가장 형성적인 시기를 함께하는 존재이기 때문이다.

뇌 상식 — 일단 해보기

10세 이하의 아동들이 탐색 학습에 어른보다 능숙하다는 사실을 아는가? 탐색 학습이란 결과를 미리 계획하지 않고 경험을 통해 배우는 방식, 즉 일단 해보면서 배우는 것이다. 할 일을 정해놓기보다 이것저것 시도하며 자연스럽게 익힌다. 하지만 나이가 들면서 학습 방식이 바뀐다. 보통은 목표를 이루려면 어떻게 할지부터 머릿속에 그려보고 시작한다. 이를 '가설 기반 학습'이라 한다. 예를 들면 새로 산 청소기의 사용 설명서를 읽기 전에 궁금한 기능을 어떻게 찾을지를 계획한다. 이럴 땐 가설 기반 학습이 효과적이다. 하지만 늘 그렇진 않다. 슈퍼 마리오 게임에 숨겨진 별을 찾고 싶다면, 계획을 짜기보다 그냥 게임을 여러 방법으로 해보는 편이 낫다. 놀면서 게임의 구조와 규칙을 익히는 것이다. 실제로 어린이는 '해보면서 배우기'를 어른보다 더 잘할 수 있다. 내가 레이던(Leiden)에서 진행한 연구에서도 이런 결과를 확인했다. 아이들이 게임을 어른보다 잘하는 이유도 어쩌면 이것일지 모른다.

뇌 상식—유전과 환경

유전이냐 환경이냐—무엇이 타고나는 것이고 무엇이 배우는 것인지—는 오랫동안 과학자들의 머리를 아프게 해온 본질적 질문 중 하나다. 이 물음에 쉽게 답하기는 어렵다. 왜냐하면 어떤 사람에게 학습 능력을 높이는 유전자가 있더라도 그런 능력을 실제로 발휘하려면 환경이 뒷받침되어야 하기 때문이다. 그럼에도 우리는 유전의 역할에 대해 점점 더 많은 것을 밝히고 있다. 특히 쌍둥이를 대상으로 한 연구가 중요한 단서를 제공한다. 쌍둥이는 일란성일 수도, 하나와 뮈크처럼 이란성일 수도 있다. 일란성 쌍둥이는 100퍼센트 동일한 유전자를 공유하는 반면, 이란성 쌍둥이는 우연히 같은 시기에 태어난 형제자매일 뿐이고 평균적으로 유전자의 절반만 공유한다. 과학자들은 만약 일란성 쌍둥이가 이란성 쌍둥이보다 행동이나 뇌 발달 면에서 더 닮았다면, 그 차이는 유전적 요인에서 비롯했을 가능성이 크다고 본다. 일란성 쌍둥이의 유전자 구성은 거의 완전히 일치하니까. 하지만 일란성과 이란성 쌍둥이 모두 비슷한 정도로 닮았다면 그 원인은 환경이라고 해석한다. 동일한 가정에서 자라며 비슷한 경험을 공유했기 때문이다.

뇌를 이해하고 활용하는 법

기억력과 억제력을 훈련하면 뇌의 잠재력을 끌어낼 수 있을까? 이에 대한 연구가 진행됐지만 결과가 기대만큼 장밋빛은 아니다. 전 세계의 연구자들이 작업 기억을 훈련시키려 다양하게 시도했다. 물론 반복 훈련을 통해 특정 게임이나 과제 수행 능력은 향상한다. 하지만 그 훈련의 효과는 종류가 다른 과제나 실생활에까지 일반화되지 않는다. 예를 들어 유니버시티 칼리지 런던의 신경과학자 니콜라우스 슈타인바이스(Nikolaus Steinbeis)는 6~13세의 아동 235명에게 억제력, 즉 산만해지지 않는 능력을 키우는 컴퓨터 게임을 8주 동안 꾸준히 훈련시켰다. 예상대로 아이들은 연습한 게임에서는 억제력을 점점 더 잘 발휘했다. 게임을 반복할수록 실력이 늘어나는 건 당연하다. 그러나 이 훈련은 학교 성적, 창의성 같은 다른 능력이나 뇌의 구조적 변화에는 거의 영향을 주지 못했다. 결국 아이들에게 어떤 계획 능력을 기대하긴 이르다는 뜻이다. 전전두 피질은 경험에 따라 형성되는 영역이기 때문에 교사의 역할이 중요하긴 해도, 그 성숙을 억지로 앞당길 수는 없다. 전전두 피질이 충분히 발달하기 전까지 하나와 뮈크가 한 시간 내내 얌전히 앉아 집중하는 건 어려운 일이다. 이 시기의 아이들에게 필요한 건 어른의 인내심이다. 뇌가 준비될 때까지 기다려야 한다. 더 효과적인 방법은 아이들에게 작업 기억과 억제력을 잘 활용하는 전략을 가르치는 것이다. 이는 메타 인지 전략이라고 하며, 자신이 뭘 잘하고 뭘 어려워하는지 스스로 인식하도록 돕는다. 동시에 과제에 어떻게 접근해야 하고 어떤 전략이 더 효율적인지를 판단하는 능력이 생긴다.

08

사회적 통증
거절과 소외의 감각

13시 – 점심시간

소피는 직접 만든 샐러드 통의 뚜껑을 열다가 언제 넣었는지 모를, 빨간 하트 모양 초콜릿 스프링클이 뿌려진 빵을 발견한다. "초콜릿이랑 아보카도도 은근히 잘 어울리네." 혼잣말하며 샐러드를 쿡쿡 찔러본다. 구내식당은 사람들로 북적인다. 아까 배가 고파질 즈음 사무실에는 아무도 없었다. 다들 나만 빼고 점심 먹으러 간 걸까? 소피는 지나가는 동료에게 손을 흔든다. 하지만 그 동료는 손만 들고는 급히 사라져버린다. 소피는 괜히 마음이 상한다. 그리고 그게 짜증 난다. "정신 차려, 몇 살인데……." 그는 중얼거린다. 학창 시절 유일한 친구가 아파서 결석한 날, 쉬는 시간이면 화장실에 숨던 열다섯 살의 자신이 문득 떠오른다. 친구들과 함께 들어온 같은 반 여자아이들은 서로 친했지만, 소피는 그 무리에 끼지 못했다. 소피는 등을 곧게 펴고, 구내식당에서 혼자 있는 게 전혀 불편하지 않은 듯한 표정을 짓는다.

"여기 앉아도 될까?" "물론이지." 소피가 대답한다. 이미 쟁반을 내려놓은 동료 토마스가 오믈렛을 자르며 말한다. "다른 사람들은 다 새 아카이브 시스템 관련 점심 회의 갔어. 다행히 우리는 그걸 안 써서 빠졌고. 근데 아침에 라디오에서 너 진짜 잘하더라!" 소피는 토마스와 이런저런 이야기를 나누면서 어깨를 짓누르던 감정이 스르르 풀리는 걸 느낀다. '봐, 나 때문이 아니었잖아.' 전 남편이자 딸 라라의 아버지가 늘 하던 말이 떠오른다. "넌 맨날 쓸데없는 상상을 해." 소피는 왜 항상 사람들이 자신을 싫어한다는 생각을 먼저 하는지를 자문한다. 하지만 아니지. 그는 누군가 무시할 수 있는 존재가 아니라, 라디오 스타다.

거절은 아프다

누군가에게 외면이나 따돌림을 당하는 것은 인간의 사회적 정서 중 가장 강렬한 경험이다. 미국 캘리포니아 대학교 로스앤젤레스 캠퍼스(UCLA)의 심리학자 킵 윌리엄스(Kip Williams) 교수는 자신이 겪은 작지만 불쾌한 일을 계기로 이 주제에 대한 연구를 시작했다. 그 경험은 어느 평범한 날 공원에서 있었다. 윌리엄스 교수는 두 소년이 프리스비를 던지며 노는 모습을 보고 있었다. 그러다 프리스비가 살짝 빗나가 그의 발밑에 떨어졌다. 교수는 프리스비를 던져줬고, 뜻밖에도 소년은 프리스비를 교수에게 다시 던졌다. 그렇게 셋은 한동안 프리스비를 주고받으며 함께 놀았다. 하지만 어느 순간부터 두 소년은 교수에게 아무 말도 없이 둘이서만 프리스비를 주고받기 시작했다. 교수는 조용히 자리를 떠났고, 이상하게도 그 경험은 불쾌한 감정으로 오래 남았다. 이 감정은 대체 뭘까? 윌리엄스 교수는 이 막연한 감정의 정체를 밝히기 위해 연구를 시작했다. 그는 실험과 조사를 통해 한 가지를 분명히 밝혔다—거절당하는 경험은 사람을 불행하게 만든다. 심지어 그 사람을 전혀 모른다고 해도, 배제당한다는 감정은 뇌와 마음에 강한 영향을 준다.

연구와 실험

이런 효과를 과학적으로 입증하기 위해 윌리엄스 교수는 사이버볼(Cyberball)이라는 컴퓨터 게임을 고안했다. 처음에 참가자는 다른 플레이어 두 명과 함께 공 던지기 게임을 한다. 그러다 어느 순간 다른 플레이어들이 더 이상 참가자에게 공을 던지지 않으며 그는 배제된다. 이후 참가자들은 설문지를 작성했다. 결과는 한결같았다. 사이버볼에서 배제당한 사람들은 부정적 감정을 더 많이 느꼈고, 자존감이 낮아졌고, 자신의 삶이 덜 의미 있다고 봤다. 이는 단순한 장난이 아니었다. 그리고 배제한 사람이 누군지, 실재하는지도 중요치 않았다. 뇌는 배제당했다는 사실만으로도 아프게 반응했다. UCLA의 또 다른 두 과학자, 맷 리버먼(Matt Lieberman)과 나오미 아이젠버거(Naomi Eisenberger)는 이 현상에 매료되어, 사회적 배제가 뇌에서 어떻게 반응하는지를 탐구했다. 이들은 실수로 무릎을 부딪칠 때 혹은 맛있는 음식을 먹을 때 느끼는 신체적 고통과 쾌락에 관여하는 뇌 영역이 사회적 고통과 쾌락에도 관여함을 밝혔다. 이를 위해 연구자들은 사이버볼 게임을 하는 참가자들의 뇌를 fMRI로 스캔했다. 결과는 놀라웠다. 배제되는 순간 배측 전방 대상 피질(등쪽앞띠다발겉질)이라는 뇌 영역이 활성화했는데, 여기는 신체적 통증을 처리하는 곳이었다. 이후 연구에서 이 영역이 온라인에서 거절당하거나 부당한 대우를 받을 때도 반응한다는 사실이 밝혀졌다. 활성화한 또 다른 영역은 섬엽으로, 사람이 혐오감을 느낄 때—예를 들면 역한 냄새를 맡거나 더러운 장면을 보았을 때—활성화하는 곳이다. 거절은 단순한 감정이 아니라 실제 아픔이다. 뇌는 이 사회적 고통을 신체적 고통처럼 처리한다. 누군가에게 외면이나 무시를 당하며 찌릿한 감정을 느낄 때 뇌가 실제로 '아프다'고 느끼는 것이다.

상처, 그리고 뇌에 남는 흔적

우리는 이제 '사회적 고통 네트워크'—거절당할 때 활성화하는 뇌 회로—가 부정적이든 긍정적이든 사회적 경험을 통해 형성된다는 사실을 알고 있다. 어릴 적 어떤 환경에서 어떤 대우를 받으며 자랐는지에 따라 성인이 된 후 배제에 얼마나 민감하게 반응하는지가 달라진다. 예를 들어 불안정한 환경에서 자랐거나 부정적 경험이 많은 사람들은 이 고통 회로가 훨씬 예민하게 작동한다. 학창 시절 인기가 없었고 친구도 하나뿐이던 소피처럼, 이들은 수십 년이 지나 성인이 된 후에도 회사에서 점심을 혼자 먹게 되면 소외감을 느낀다. 특히 지속적으로 따돌림이나 괴롭힘을 당한 경험이 있다면 뇌의 관련 영역은 더 민감하게 반응한다. 연구에 따르면 정서 자극을 처리하는 내측 전전두 피질—앞서 언급한 전방 대상 피질을 포함하는 영역—은 아동기에 계속 정서적 학대를 받은 사람, 예컨대 부모에게 무시당하거나 "넌 아무 가치가 없어"라는 메시지를 받으며 자란 사람들의 경우 구조 자체가 다르게 형성된다. 이런 배제의 경험이 이어지면 내측 전전두 피질에서 회색질이 줄어드는데, 이는 앞서 7장에서 설명했듯 뇌가 성숙하는 과정에서 자연스럽게 일어나는 현상이다. 다만 부정적 경험이 많은 경우 이 감소가 더 빠르고 강렬하게 일어난다. 이는 뇌가 "더 험난한 환경에 대비하기 위해 이른 성숙을 강요받는 것"처럼 보인다. 결국 뇌는 굉장히 적응적이지만, 그 대가로 상처와 흔적을 남긴다고 할 수 있다. 반대로 어린 시절 따뜻한 사회적 환경에서 자란 사람들은 훗날 거절을 당하더라도 과하게 상처받지 않는다.

연구와 실험

일상생활에서 자주 따돌림이나 괴롭힘을 겪는 사람일수록 뇌의 사회적 고통 네트워크가 더 민감해진다는 사실은 어떻게 알아냈을까? 이 질문에 대한 실마리는 사이버볼 실험을 통해 드러났다. 이 실험에서 초등학교 시절 또래 집단에게 오랜 시간 배제당한 경험이 있는 청소년들은, 사이버볼 게임 도중 거절을 당했을 때 뇌의 통증 중추가 더 강하게 활성화했다. 반면 같은 실험에 참여했으며 신뢰할 수 있는 친구가 많다고 응답한 청소년들은 게임에서의 거절 상황에도 상대적으

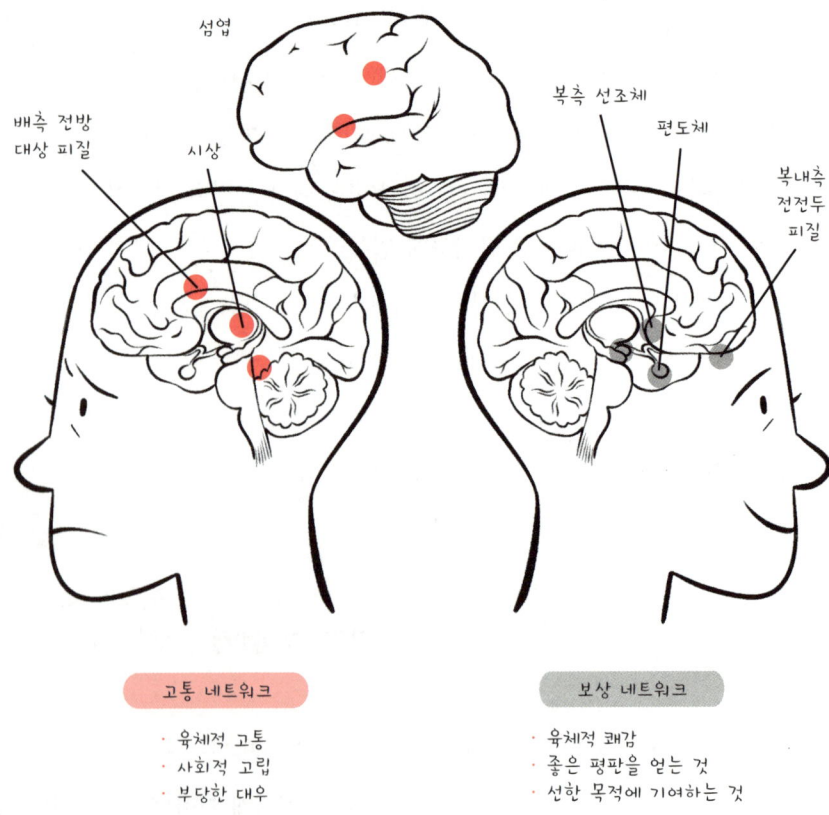

로 약한 통증 반응을 보였다. 이 결과는 따뜻한 환경과 안정된 인간관계가 사람을 거절에 덜 민감하게 만든다는 사실을 보여준다.

거절에 대한 반응

사람들은 배제당했을 때 본능적으로 자존감을 회복하려는 반응을 보인다. 그래서 어떤 이들은 자신을 고립시키거나 비슷한 상황을 피하는 전략을 택한다. 소피가 구내식당에 혼자 앉아 점심을 먹으며 동료들이 나를 빼놓은 게 아닐까 걱정하는 순간처럼, 누군가 나를 소외시킨다고 느낄 때 일찌감치 타인과의 접촉을 끊고 스스로 거절하는 입장에 서는 것이다. 먼저 거절하면 더 이상 거절당할 일이 없기 때문이다. 다른 사람들은 공격적으로 반응한다. 이들은 누군가에게 '교훈을 주려' 하거나 상처를 준 이에게 복수하고자 한다. 이는 일시적으로 통제감과 후련함을 줄 수 있다. 내가 상황을 주도하고 있다는 감각은 마음속 무력함을 덜어주기도 한다.

사람이 거절당한 후 상대에게 '되갚는' 방식을 통해 기분이 나아지기도 한다는 사실을 어떻게 알 수 있을까? 우리 실험실에서는 사이버볼 게임을 통해 이를 직접 관찰했다. 게임이 끝나고 자신을 포함한 실험 참가자들에게 동전을 분배하는 과제를 부여했다. 그 결과는 명확했다.

뇌 상식 — '좋아요'는 뇌를 기쁘게 한다

소셜 미디어에서 '좋아요'를 받을 때 뇌는 실제로 반응한다. 과학자들은 복측 선조체라는 뇌의 깊은 핵이 돈을 따거나 맛있는 음식을 먹을 때 원초적 쾌감을 처리한다는 사실을 밝혀냈다. 이 복측 선조체는 인스타그램에 올린 게시물에 '좋아요'가 달릴 때도 활성화한다. 하지만 여기에 대해서는 주의가 필요하다. 복측 선조체는 중독에 취약한 영역이기 때문이다. 소셜 미디어와 '좋아요' 수를 너무 자주 확인하는 습관은 자신도 모르게 중독적 패턴으로 이어질 수 있다. 그럴 땐 스마트폰을 잠시 내려놓는 것도 좋은 선택이다. 다음 날 아침 확인했을 때도 '좋아요'를 보는 기쁨은 여전할 테니 말이다. 그렇게 하면 당신의 뇌 속 쾌락 회로가 과하게 흥분하지 않도록 조절할 수 있다.

복측 선조체는 중독에 민감하므로, 소셜 미디어의 '좋아요'를 너무 자주 확인한다면 스마트폰과 떨어져야 한다는 신호일지 모른다.

참가자들은 자신을 배제한 사람에게는 다른 참가자들보다 훨씬 적은 동전을 줬다. 나아가서 자신을 소외시킨 사람에게 동전을 덜 나눠줌으로써 일종의 '처벌'을 가할 수 있었던 참가자들은 그렇지 못한 사람들보다 자존감이 더 회복됐다. 이런 과정에서 정서적 보상과 행동 조절에 관련한 뇌 영역인 복측 선조체(배쪽줄무늬체)와 전전두 피질이 활성화했다. 반면 동전을 분배할 기회조차 주어지지 않아 '처벌'을 하지 못한 사람들은 자존감의 회복이 훨씬 미약했다.

  거절은 단순한 정서적 아픔을 넘어 실제 공격적 행동으로 이어질 수 있다. 우리는 여기에 대해서도 별도의 실험을 진행했다. 참가자들은 사전 과제로 자신의 사진을 보내거나 친구 소개서를 작성했다. 실험이 시작되면 그들의 사진이나 정보에 대해 다른 참가자들이 긍정적 반응(위로 올린 엄지손가락)이나 중립적 반응이나 부정적 반응(아래로 내린 엄지손가락)을 보였다고 알려줬다. 이후 참가자들은 헤드폰을 착용한 상대방의 귀에 소리를 재생하는 과제를 수행했다. 놀랍게도 이들은 자신을 거절한 사람에게는 소리를 더 길고 강하게 재생했고, 자신을 '좋아요'한 사람에게는 소리를 가능한 한 짧게 틀었다(참고로 소리를 전혀 내지 않는 선택지는 없었다). 여기서도 전전두 피질이 중요한 역할을 했다. 이 영역이 더 활성화할수록 참가자가 정서를 조절해 소리를 더 짧게 재생하는 경향이 있었다. 즉 전전두 피질은 '복수'하고자 하는 충동을 억제하는 데 기여한다. 이 기능은 중요하다. 왜냐하면 모든 거절이 의도된 것은 아니기 때문이다.

뇌를 이해하고 활용하는 법

주는 기쁨, 따뜻한 여운

모든 사람에게 항상 호감을 살 수는 없다. 때때로 거절을 경험하는 것은 인생의 일부다. 사람들은 여러 가지 이유로 서로에게 불친절할 수 있다. 뇌 속에서 신체적 고통과 사회적 고통을 유사한 방식으로 처리한다는 점은 놀랍지만 반가운 소식도 있다. 원초적 보상과 사회적 보상 역시 같은 방식으로 작동한다는 점이다. 우리는 사회적 경험을 통해서도 기쁨을 충분히 느낄 수 있다. 과학자들은 뇌 깊숙한 곳에 있는 복측 선조체가 원초적 감정뿐만 아니라 사회적 기쁨에도 활성화한다는 사실을 발견했다. 예를 들어 친구나 가족을 위해 돈을 딸 때 이 뇌 영역이 작동하면서 우리는 진정한 기쁨을 느낀다. 이 반응은 낯선 이보다 익숙한 사람을 위해 뭔가를 얻었을 때 훨씬 강하다. 과학자들은 이를 "주는 기쁨의 따뜻한 여운(warm glow of giving)"이라고 부르기도 한다. 복측 선조체는 매력적인 얼굴을 보거나, 공정하게 대우받거나, 타인과 협력하는 것같이 다양한 사회적 상호 작용 상황에서도 활성화한다. 속하고 싶은 팀에 선택받았을 때, 퀴즈 대회에서 친구들과 함께 이겼을 때, 가족을 위해 작게나마 선한 행동을 했을 때가 바로 복측 선조체가 반응하는 때다. 이런 사회적 감정은 우리에게 진정한 만족을 준다.

소피처럼 거절당한 느낌을 받을 때는 상황을 새롭게 해석하려는 시도가 도움이 된다. 이때 전전두 피질이 중요한 역할을 한다. 예컨대 "상대가 일부러 그런 건 아닐 거야"라든가 "나를 좋아하는 친구들이 여전히 많아"라는 식으로 생각을 바꿔보는 것이다. 놀라운 점은 이런 생각의 전환이 누군가의 도움을 받을 때 훨씬 쉬워진다는 것이다. 로스앤젤레스 대학교의 연구진은 혼자서 상황을 재해석할 때와 누군가 도와줄 때를 비교하는 실험을 했다. 결과는 명확했다. 타인의 도움을 받아 상황을 다시 바라본 경우 정서가 더 안정됐고, 그 효과는 다음 날까지 이어졌다. 즉 생각의 전환은 혼자 하는 것보다 함께하는 것이 훨씬 효과적이다. 소피가 왜 동료들이 함께 점심을 먹지 않았는지에 대해 토마스의 설명을 듣고 즉각 기분이 나아진 것도 이런 원리다. 그러므로 마음이 상했을 때 주변 사람에게 가볍게 기대보는 건 좋은 선택이다. 또한 누군가 크고 무겁게 느끼는 문제를 조금 가볍게 여길 수 있도록 도와주는 것 역시 우리가 서로에게 해줄 수 있는 따뜻한 역할이다.

09

우울증
삶이 너무 무겁게 느껴질 때

14시 – 이불 속에서

"4시에 동네 바비큐장 장식하러 가기!" 지미는 엄마 소피가 보낸 메시지에 '좋아요'를 누른다. 어깨에 배낭을 걸치고 다음 수업을 들으러 걸어가면서, 메시지를 계속 훑어본다. 엄마는 고양이 스누트가 침대 위에 앉아 있는 사진을 보냈다. 사진과 함께 "스누트도 일요일에 널 볼 생각에 신났대!"라는 문구도 있다. 지미는 하트를 누르고 다시 스크롤한다. 지미는 오늘 아침 가장 친한 친구 라일라에게 보낸—벌써 몇 번째인지 모를—메시지에서 손을 멈춘다. 몇 시간이 지났지만 아직 읽지 않았다. 라일라가 아직 자고 있다고 해도 이상하지 않다. 지미는 생기 넘치던 친구가 불과 몇 달 사이에 활기를 잃고 눈빛마저 공허한 아이로 바뀌는 모습을 지켜봤다. 그는 급히 메시지를 하나 더 보낸다. "답 좀 줘. 이따 잠깐 들러도 돼?" 그리고 생물학 교실로 들어간다.

한편 라일라의 휴대전화는 꺼져 있다. 침대 옆 탁자에는 아침에 엄마가 두고 간 식은 토스트가 놓여 있다. 라일라는 엄마가 열여섯 살 딸이 먹지 않은 토스트를 보며 어떤 표정을 지을지 상상하며 몸을 한껏 움츠린다. 엄마의 걱정스러운 눈빛을 마주할 생각에 벌써부터 숨이 막힌다. 요즘 라일라는 침대에 사는 사람처럼 지낸다. 하지만 정작 잠은 거의 못 잔다. 늘 너무 피곤하다. 아무것도 하고 싶지 않다. 어떤 일도 더 이상 재미있거나 설레지 않는다. 자기 스스로도 재미없는 사람처럼 느껴진다. 매력이라고는 눈곱만큼도 없는 사람. 세상도 자신을 그렇게 여긴다고 믿는다. 메시지가 안 오는 것도 그 때문이라고 생각한다. 하키팀 친구들은 아예 연락도 없다. 얼마 전엔 클럽 파티가 있었는데 그런 자리가 있다는 얘기조차 듣지 못했다. 놀랍지도 않다. 그 애들도 이제 눈치챘겠지, 내가 얼마나 멍하고 이상한지. 라일라도 안다. 이불을 머리 위로 더 끌어당기며 그렇게 생각한다.

우울증의 무거움

우울증은 가장 흔한 정신 질환이다. 트림보스 연구소(Trimbos-instituut)의 통계에 따르면 18~75세의 성인 4명 중 1명은 인생에서 한 번쯤 심각하든 아니든 우울증을 겪는다. 과학자들은 우울증을 앓는 사람들의 뇌에서 중요한 물질 몇 가지가 제대로 작용하지 않는 것을 발견했는데, 그중 하나가 신경 전달 물질인 세로토닌이다. 우울증은 단순히 기분이 잠깐 좋지 않은 상태를 뜻하지 않는다. 누구나 항상 기분이 좋을 수는 없다. 누구나 운 나쁜 하루를 겪는다. 예를 들어 재정이나 직장 문제로 걱정이 많아지면 우울한 기분이 들 수 있다. 하지만 이런 기분의 저하는 우울증과는 전혀 다르다. 우울증은 지속적 우울감과 무기력감이 일상생활에 영향을 끼칠 정도로 심각한 상태를 말한다. 공식적 정의에 따르면 우울증은 적어도 2주 이상 지속되는 우울한 기분과 더불어 일상에서 기쁨이나 흥미를 느끼지 못하는 상태를 말한다. 수면이 어려워지거나 과도해지고, 식욕에도 변화가 생긴다. 예컨대 라일라의 엄마는 아침마다 라일라의 머리맡에 토스트를 갖다주지만, 오후가 돼도 그는 한 입도 먹지 않는다. 평소 같으면 매일 아침 두 개씩은 거뜬히 먹었을 텐데도 말이다. 엄마는 걱정하고, 그래서 라일라는 죄책감을 느낀다. 이는 우울증 환자에게서 흔히 나타나는 특징이다. 이들은 자신이 짐스럽고 삶이 무겁다고 느낀다. 주목할 점은 최근 몇 년 동안 우울증 환자가 증가한 것이다. 2007~2009년에는 매해 네덜란드 성인의 약 5퍼센트가 우울증을 앓았으나, 2019~2022년에 그 비율은 9퍼센트로 늘었다. 벨기에서도 2018년에 15세 이상 인구의 9.4퍼센트가 우울증을 겪었다는 국가 통계가 있다. 단 10년 사이에 우울증이 있는 사람들의 수는 상당히 가파르게 증가했다.

청소년기의 대공사

누가 우울증에 걸릴 가능성이 가장 클까? 물론 우울증은 누구에게나 생길 수 있지만, 불안이나 번아웃처럼 여성에게 더 자주 나타난다. 살면서 한 번 우울증을 겪은 사람은 절반가량의 확률로 또다시 우울증을 겪는다. 운이 없으면 여러 번 반복되기도 한다. 관련 통계에 따르면 전체 정신 질환 중 60퍼센트 이상은 청소년기, 즉 25세 이전에 처음 나타난다. 이는 우울증뿐만 아니라 불안 장애, 섭식 장애, 중독 등 다양한 장애에도 해당한다. 특히 ADHD나 자폐증의 경우 14세 이전에 시작되는 경우가 3분의 1에 달한다. 너무 어릴 때라고 느껴질 수 있지만 여기에는 그만한 이유가 있다. 청소년기는 대략 만 10세부터 25세까지의 시기를 가리키는데, 그동안 뇌는 말 그대로 대대적인 리모델링을 거친다. 그래서 기분 장애가 생길 위험도 높아지는 것이다. 물론 청소년기를 지나서 우울증에 걸릴 수 있지만, 25세를 넘기면 우울증이 처음 생길 확률은 점차 낮아진다.

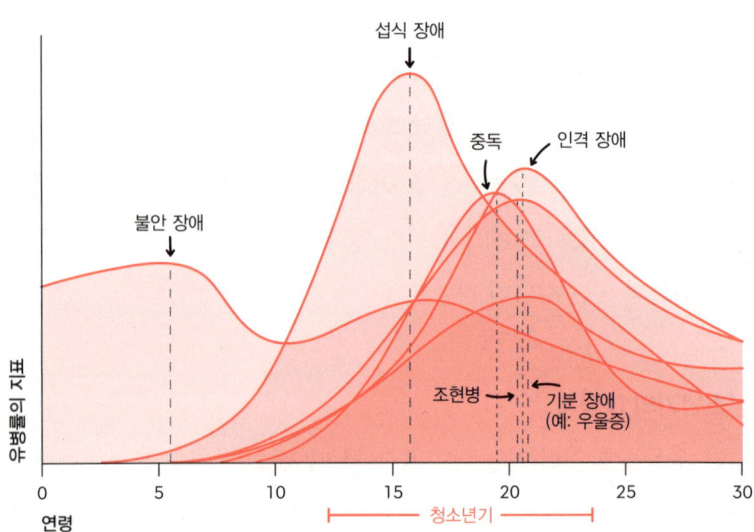

많은 정신 질환은 청소년기에 처음 나타난다

생물학적 소인

과학자들은 우울증에 유전적 소인이 있음을 밝혀냈다. 실제로 가족 내에서 우울증이 반복해 나타나는 경우도 있다. 이런 생물학적 소인은 약 40퍼센트의 우울증과 연관했다. 하지만 나머지 60퍼센트—즉 과반의 우울증—는 환경적 요인과 관련이 있다. 예를 들어 트라우마를 겪거나 소중한 사람을 잃은 경험이 우울증의 발병에 영향을 미칠 수 있다. 이런 경우 주변으로부터 지지받는 것은 분명 도움이 되며, 태어날 때부터 뇌의 전부가 정해져 있는 것은 아니다. 대개는 생물학적 소인과 환경적 요인이 상호 작용한다. 즉 이미 유전적 소인이 있는 경우 부정적 경험이 뇌를 자극해 우울증을 더 쉽게 유발할 수 있다.

부정성 편향

우울증을 앓는 사람들의 뇌는 어떤 면에서 그렇지 않은 사람들과 다르게 작동한다. 과학자들은 우울증 환자들이 부정적 정보에 더 민감하게 반응하지만 긍정적 정보에는 둔감하다는 사실을 밝혀냈다. 이 현상은 '부정성 편향'이라고 불린다. 즉 누군가 자신을 무시하는 부정적 경험이 동료가 파티에 초대해주는 긍정적 경험보다 훨씬 큰 영향을 미친다는 뜻이다. 이는 왜 지미의 친구 라일라가 초대받지 못한 하키팀 파티에 대해 깊이 생각하면서도 지미가 보낸 따뜻한 메시지에는 반응하지 않는지를 설명해줄 수 있다. 라일라는 "더 이상 아무도 나를 초대하지 않아"라고 생각하지만, 실제로는 지미가 그와 만나고 싶어 한다. 하지만 라일라는 그것을 제대로 인식하지 못한다. 우울증을 앓고 있는 그의 뇌 속에 자리한 부정성 편향 때문일 가능성이 크다. 우울증이 있는 상태에서는 부정적 생각의 영향력이 지나치게 강하기 때문에, 현실에서 일어나는 긍정적인 일을 보거나 느끼기 어렵다.

우울증이 있는 상태에서는
부정적 생각의 영향력이 지나치게 강하기 때문에,
현실에서 일어나는 긍정적인 일을 보거나 느끼기 어렵다.

연구와 실험

우울증이 있는 사람들의 뇌에 부정적 정보가 강하게 들어오고, 긍정적 정보는 약하게 들어오는 것을 어떻게 알았을까? 그 원리를 알아내기 위해 연구자들은 참가자들에게 여러 얼굴 사진을 보여주는 실험을 했다. 참가자들은 MRI 스캐너에 누운 채 얼굴들을 봤는데 일부 얼굴은 중립적 표정을, 다른 얼굴들은 기쁨이나 분노나 두려움을 나타내고 있었다. 연구진은 참가자들이 다양한 정서가 담긴 얼굴들을 볼 때 뇌가 어떻게 반응하는지를 관찰했다. 하지만 우울증이 있는 사람들의 뇌에서 정확히 어떤 일이 벌어지는지를 단정하기란 쉽지 않았다. 수십 건의 관련 연구가 있지만 그 결과는 조금씩 달랐기 때문이다. 이는 우울증이라는 질환 자체가 복합적이고 다양한 방식으로 나타날 수 있기 때문이기도 하다. 이에 대한 해결책으로 한 연구팀이 모든 연구를 통합해 메타 분석했다. 메타 분석이란 다양한 연구를 한데 모아 전체 경향을 분석하는 대규모 종합 분석이다. 이들은 전 세계에서 이뤄진 총 44건의 연구를 기반으로 광범위한 연구를 설계했고, 우울증이 있는 참가자 795명과 그렇지 않은 참가자 792명의 데이터를 비교 분석했다. 이는 엄청난 작업이었다. 그 결과 우울증이 있는 사람들은 분노하거나 두려워하는 표정을 볼 때 더 강하게 반응했다. 정서 반응을 관장하는 편도체가 우울증이 없는 사람들보다 더 자극받은 것이다. 반면 긍정적 감정에 집중하게 해주는 영역인 선조체는 우울증 환자들이 덜 활성화했다.

다른 방식으로 작동하는 뇌

우울증이 있는 사람들의 뇌를 연구한 과학자들은 이들에게서 다르게 작동하는 뇌 시스템이 세 가지 있다고 밝혔다.

첫 번째는 '정서 처리 시스템'이다. 인간의 정서는 뇌의 피질하 영역에서 가장 먼저 처리된다. 이 영역은 진화적으로 오래된 구조로 공포나 보상에 민감하게 반응한다. 대표적 예로 편도체와 선조체가 있다. 편도체는 정서의 처리에 중요한 뇌 영역으로, 우리가 특정한 정서에 주의를 기울이도록 도와준다. 만약 산책 중에 길 위로 뱀이 기어가는 것을 보면 편도체는 재빨리 공포 반응을 일으킨다. 우리는 깜짝 놀라 피하게 된다. 이처럼 편도체는 생존에 꼭 필요한 뇌 구조다. 하지만 우울증 환자의 편도체는 부정적 감정에 지나치게 민감하게 반응하는 경향이 있다. 작은 부정적 자극에도 과도한 반응을 보이는 것이다. 또 다른 뇌 영역인 선조체는 편도체와는 대조적으로 긍정적 감정에 대한 주의를 유도한다. 이 영역은 우리가 정서를 학습하고 즐거움을 기억하는 데 중요한 역할을 한다. 예컨대 게임에서 이기면 '한 판 더 하고 싶다'는 마음이 드는 것도 선조체와 관계있다. 그런데 우울증이 있는 사람들은 선조체가 거의 활성화하지 않는다. 그래서 즐거운 일에도 무덤덤하고 긍정적 자극에 반응하지 못할 때가 많다.

 **뇌 상식 — 편도체가 우리를 속일 때**

편도체가 우리를 속이기도 한다는 사실을 아는가? 정원에서 큰 뱀을 보고 깜짝 놀랐는데 알고 보니 정원용 호스였던 경험이 있다면 이해가 쉬울 것이다. 네덜란드나 벨기에처럼 뱀이 거의 없는 나라에서는 그럴 가능성이 낮지만, 편도체는 진위를 판단하기 전에 먼저 감정적으로 반응한다. 편도체의 반응은 번개같이 빠르기 때문에 실제로 상황을 판단하는 전전두 피질이 개입하기까지는 잠깐 걸

> 린다. 이것이 우리가 "아, 괜히 놀랐구나"라고 생각하는 데 시간이 약간 필요한 이유다. 정서에 대한 인식과 조절은 긴밀하게 연결된 두 시스템의 상호 작용이다.

우울증이 있으면 다르게 작동하는 두 번째 뇌 시스템은 '정서의 경험'이다. 우리가 강한 정서를 느낄 때는 몸 전체가 반응한다. 심장 박동이 느려지거나, 식은땀이 나거나, 위장이 뻥 뚫린 듯한 허전함을 느끼기도 한다. 이런 정서는 종종 신체 반응을 수반하고, 그 반응은 다시 뇌의 다른 영역으로 전해진다. 이런 신체 감각을 통합하는 역할을 하는 것이 섬엽과 전방 대상 피질이다. 이 두 영역은 8장에서 거절에 대해 설명할 때 등장한 바 있다. 이런 영역은 감정에 즉각 반응하라는 신호를 보내는 중심으로, 우리가 '각성한 상태'일 때 거의 항상 활성화한다. 그런데 우울증 환자들은 부정적 감정을 경험할 때 전방 대상 피질이 강하게 반응하고 긍정적 감정을 경험할 때는 반응이 약하다. 이는 우울증 환자에게 부정적 정보가 강하게 다가오지만 긍정적 정보는 잘 흡수되지 않는 부정성 편향과도 연결된다.

세 번째로 다르게 작동하는 시스템은 '정서를 맥락에 맞게 해석하는 능력'이다. 우리는 모든 정서적 자극에 매번 반응하거나 도망칠 수 없다. 이럴 때 전전두 피질이 상황을 판단하고 행동을 맥락에 따라 조절하도록 도와준다. 예를 들어 정원에서 뱀을 본 것 같을 때 "여긴 유럽인데 실제로 뱀일 확률은 낮지" 하고 스스로를 다독이게 한다. 누군가 당신을 노려봤을 때도 "그 사람이 기분이 안 좋았을 수도 있지"라고 맥락을 부여할 수 있다. 이런 역할을 하는 것이 바로 배외측 전전두 피질(등쪽가쪽이마엽앞겉질)이다. 그런데 우울증 환자들은 부정적 정서를 느낄 때 배외측 전전두 피질이 잘 활성화하지 않는다. 우울증이 없는 사람은 부정적 감정을 어느 정도 자동적으로 조절할 수 있지만, 우울증이 있는 사람은 그러기 어려울 수 있다. 결과적으로 우울감에서 벗어나기 힘들고 상황을 다른 관점에서 해석하는 능력도 떨어진다.

연구와 실험

우울증이 주변 사람들, 예를 들어 가족에게도 큰 영향을 줄 수 있다는 사실은 어떻게 알았을까? 미국 오리건 대학교의 제니퍼 파이퍼(Jennifer Pfeifer)는 엄마의 우울증이 10~14세 자녀와의 관계에 어떤 영향을 미치는지 연구했다. 이 연구에서 파이퍼는 흥미로운 방법을 사용했다. 먼저 그의 연구팀은 우울증이 있는 엄마와 그렇지 않은 엄마들이 자녀와 나누는 대화를 영상으로 촬영했다. 이때 이야기의 주제는 전에 설문지를 통해 부모와 자녀 모두가 "자주 갈등이 생긴다"고 답한 내용이었다. 예를 들면 귀가 시간이나 방을 치우는 문제다. 이후 연구진은 이 영상을 부정적 반응(목소리 높이기, 눈 굴리기), 불편한 반응(한숨 쉬기, 눈물), 긍정적 반응(따뜻한 공감)으로 코딩했다. 그 결과 우울증이 있는 엄마들은 어려운 대화 중 자녀에게 더 자주 부정적으로 반응하고, 긍정적 반응은 덜 보였다. 이후 연구진은 MRI 스캐너에 누운 엄마들에게 정서가 담긴 짧은 영상을 보여줬다. 여기에는 낯선 사람들의 정서뿐만 아니라 자기 자녀가 보인 감정(부정적, 긍정적, 중립적 혹은 불편한 정서 반응)도 포함됐다. 이런 장면은 앞서 촬영한 '어려운 대화' 영상에서 추출한 것이었다. 실험 결과 자녀에게 더 따뜻하게 공감하며 반응한 엄마일수록 자녀의 부정적 혹은 중립적 표정을 볼 때 전전두 피질이 더 강하게 반응했다. 이 현상은 우울증이 있는 엄마와 없는 엄마 모두에게서 나타났으며, 개인별로도 차이가 있었다. 이 실험이 말해주는 것은 뭘까? 우울증이 있는 사람은 세상을 더 힘들고 복잡하게 느끼고, 청소년 자녀를 키우는 일이 더 버거울 수 있다. 그럴 때는 모든 걸 혼자 해결하려 하기보다 주변의 도움을 받을 수 있다. 이건 모든 사람에게 해당하는 말이지만, 우울한 감정에 자주 휘말리는 사람들에게는 더 그렇다.

뇌 상식 — 포커페이스

얼굴 표정에서 감정을 읽는 일은 생각보다 훨씬 복잡하다. 과학자들은 사람의 뇌가 특정한 표정에 어떻게 반응하는지 알아보기 위해 다양한 연구를 했다. 하지만 연구를 진행하며 마주한 문제는 중립적 표정을 '중립적'인 것으로 받아들이기 어렵다는 것이었다. 우리는 흔히 포커페이스를 감정이 드러나지 않는 얼굴이라고 생각하지만, 실험에 참여한 사람들은 종종 중립적 표정을 불안한 것으로 받아들였다. 어머니가 무표정으로 나를 바라보는 순간을 떠올려보자. 많은 사람이 그 시선을 '뭔가 잘못했다는 신호'로 해석한다. 그래서 중립적 표정을 보여주는 연구에서도 일관적 결과를 얻는 것이 쉽지 않다. 어떤 연구에서는 중립적 표정이 두렵거나 화난 얼굴과 비슷한 정도로 편도체를 자극한다고 했지만, 다른 연구에서는 그렇지 않았다. 이런 이유로 정서의 인식에 대한 여러 연구를 종합적으로 분석하는 메타 분석이 매우 중요하다. 서로 다른 결과를 비교하고 보다 신뢰로운 결론을 내기 위해서다. 동시에 감정을 더 정교하게 탐구할 수 있는 연구 방법을 계속 개발해야 한다. 왜냐하면 포커페이스는 사실 존재하지 않기 때문이다.

뇌를 이해하고 활용하는 법

우울증 치료하기

우울증을 치료하거나 사라지게 할 수 있냐는 질문에 답하기는 생각보다 간단치 않다. 어떤 사람에게 효과적인 치료가 다른 사람에게는 전혀 맞지 않을 수도 있다. 예를 들어 많은 사람이 인지행동치료에서 큰 도움을 받는다. 이는 치료사와 함께 사고방식의 함정, 즉 생각의 부정적·비현실적 패턴을 인식하고 바꾸는 방법을 배우는 심리 치료다. 하지만 이 방법이 모두에게 효과적인 것은 아니다. 일부 사람들은 항우울제, 특히 선택 세로토닌 재흡수 억제제(SSRI) 같은 약물 치료로 더 큰 도움을 받는다. 세로토닌은 우리의 뇌에 자연적으로 존재하는 신경 전달 물질로 기분을 조절하는 데 중요한 역할을 한다. 그 외에도 노르아드레날린, 도파민 같은 물질이 우울과 기쁨을 경험하는 데 관여한다. 약물은 이런 신경 전달 물질의 작용을 조절해 증상을 완화할 수 있다. 다만 약물 치료의 효과가 즉각적이지는 않으며 부작용이 나타날 수도 있기 때문에 누구에게나 정답은 아니다. 약물 치료는 우울증이 장기화하거나 증상이 심각한 경우에 일상생활을 규칙적으로 하면서 운동, 심리 치료와 병행하는 것이 바람직하다. 이런 결정은 주치의와 충분히 상담하고 신중하게 해야 한다.

낙인

세계보건기구(WHO)에 따르면 유럽연합에서 2100만 명이 우울증을 겪고 있으며, 코로나 팬데믹을 기점으로 그 수는 더욱 증가했다. 네덜란드만 해도 2025년 들어 약 80만 명이 크고 작은 우울증을 겪은 것으로 추정된다. 이는 꽤 높은 수치다. 이 글을 읽는 독자도 우울증을 직접 경험했거나, 그런 사람을 알고 있을지도 모른다. 통계만 보면 우울증은 점점 흔해지고 있다. 왜일까? 지난 20년간 우울증 진단은 계속 증가했지만 원인은 분명치 않다. 현대 사회의 압박 때문일까, 아니면 정신 건강에 대한 대화가 쉬워졌기 때문일까? 어느 쪽이든 정신 질환에 대한 낙인이 깨지고 있다는 사실은 분명 긍정적이다. 하지만 심리적 문제에 대한 관심이 커지면서 '자가 진단'이 남발되는 현상도 동시에 나타나고 있다. 영국의 발달심리학자 루시 포크스(Lucy Foulkes)는 이 점에 대해 경고한다. 우리는 일상적 대화에서 "나 오늘 좀 우울해"라고 쉽게 말하곤 하지만, 실제로는 단지 기분이 살짝 가라앉은 상태일 수 있다. 또한 "요즘 젊은 세대는 다들 정신적으로 힘들다"는 식의 서사가 반복되면 결국 자기 충족적 예언으로 작용할 수 있다. 자꾸 그렇게 말하다 보면 젊은이들 스스로도 그렇게 믿게 되어 정말로 더 우울해질 수 있다는 것이다. 이는 어떤 말을 되풀이하면 현실이 된다는 의미다. 요즘 청년들은 정신적으로 힘들다는 말을 계속 듣다 보면 그들이 자기도 모르게 영향을 받아 역설적으로 그런 상태에 빠질 수 있다. 연구에 따르면 내가 더 큰 공동체의 일원이며 의미 있는 활동에 참여하고 있다는 감각이 정신 건강에 도움이 될 수 있다.

연결과 기여의 힘

우울증은 단순한 기분 저하와는 다르며, 세계를 매우 어둡게 보도록 만드는 정신 질환이다. 치료법은 사람에 따라 다르지만 심리 치료나 약물 치료가 도움이 될 수 있다. 특히 청소년을 돕고 싶다면 이들의 안녕감을 증진할 기회를 주는 것이 중요하다. 예를 들어 네덜란드에서는 청년 기후 운동인 '사회를 위한 봉사(Maatschappelijke Diensttijd, MDT)' 같은 프로젝트, 자유롭게 대화할 수 있는 공간을 제공하는 앳이즈(@ease) 같은 사회적 프로그램이 있다. 벨기에에도 오버르콥하위전(OverKop-huizen)같이 매일 24시간 운영하는 청소년 상담 공간이 있고, 겐트에서는 학생과 노인이 함께 요리하는 '영앤올드(Jong en Oud)' 같은 지역 이니셔티브가 운영된다. 이런 프로젝트는 단순한 활동 이상의 의미를 지닌다. 연구에 따르면 사회에 기여하고 있으며 뭔가의 일부라고 느끼는 것은 사람들에게 진정한 힘을 준다.

10

청소년의 뇌
한계 넘기

15시 — 아시아행 비행기표

지미는 깊은 한숨을 쉬며 사물함을 열고 생물 교과서를 집어넣는다. 하루가 도대체 얼마나 길 수 있는 걸까? 오늘은 하루가 24시간이 아니라 마치 2400시간인 것처럼 느껴진다. 학교에 온 지 이미 한 세기는 지난 것 같은 기분이다. 그런데 아직 수업이 한 시간이나 더 남았다. 그것도 가장 싫어하는 과목인 경제. 올해 졸업하려면 성적을 반드시 끌어올려야 하기 때문에 수업을 빼먹을 수는 없다. 경제 과목은 결코 지미에게 자연스럽게 다가오지 않는다. 그래서 그는 수업 시간 한순간, 한순간이 절실하다. 졸업 후 계획을 떠올리면 한껏 마음이 동한다. 몇 달째 열심히 저축했으니 드디어 여행을 떠날 것이다. 배낭 하나에 아시아행 비행기표를 들고, 나머지는 흘러가는 대로. 학교 종도 의무도 없고, 부모가 뒤에서 숨을 몰아쉬며 감시하지도 않는 곳으로.
그때 친구가 다가와 말을 건넨다. "야, 지미, 우리 샘네 집 가서 놀 거야. 샘네 형이 술 사줄 거래. 미아도 온대." 지미의 가슴이 두근거린다. 미아는 학교에서 가장 예쁜 여자애고, 그런 미아가 지미와 사귄 지 벌써 석 달이 넘었다. 지미는 여전히 믿기지 않는다. 이런 애가 나를 좋아하다니. '이 시점에 경제 수업을 빼먹는 건 똑똑한 선택은 아니지······.' 그는 잠시 갈등한다. 게다가 오늘 저녁 거리 축제를 위해 장식도 도와야 한다. 하지만 이내 생각이 바뀐다. '에라 모르겠다. 가자.' "좋아. 자전거 태워줄래?" 지미는 학교 정문을 나서며 이복여동생 라라를 스친다. "나 좀 잘 커버해줘, 알았지?" 라라는 짜증스러운 얼굴로 그를 바라본다. 결국 자기 혼자서 멍청한 풍선이랑 장식을 걸어야 한다는 뜻이다. 그것도 나이 든 이웃들 틈에서, 별로 기대도 안 되는 바비큐 파티를 위해. 라라는 속으로 외친다. '나도 내 일정이 있는데.' 지미가 자전거에 올라타며 소리친다. "사랑해 동생." 지미와 친구는 자전거로 라라 주위를 한 바퀴 돌며 앞바퀴를 들고 묘기를 부린다. 그리고는 그대로 사라져버린다.

세상 밖으로 나아가는 시기

청소년기는 매우 독특한 시기다. 청소년의 행동 방식은 어른과는 확연히 다르며, 이는 뇌의 작동 방식에 차이가 있기 때문이다. 그들의 행동은 때로는 짜증을 유발하고, 때로는 마음을 따뜻하게 하며, 때로는 무모하면서도 용감하고, 때로는 부러울 만큼 자유로워 보인다. 청소년기는 대략 만 10세에서 24세 사이를 일컫는다. 그중 만 10~16세는 '사춘기'로 청소년기의 시동을 거는 초기 단계로 볼 수 있다. 이때부터 급격한 신체적 성장과 호르몬 변화가 시작되며 세상에 대한 호기심과 독립에 대한 욕구가 강해진다. 예를 들어 열일곱 살 지미처럼 자신이 사는 동네를 벗어나 세계를 여행하겠다는 꿈을 품기도 한다. 이 시기에는 자기 행동이 어떤 장기적 결과를 가져올지 깊이 생각하지 않을 때가 많다. 어쩌면 그게 다행일 수도 있다. 그리고 흥미로운 사실은 이런 행동은 어느 문화권에서 자랐는지와는 크게 상관이 없다는 것이다. 서유럽, 미국, 아시아 등 전 세계에서 과학자들은 청소년기가 되면 이전의 아동기나 이후의 성인기에 비해 위험 감수 행동이 눈에 띄게 증가하는 것을 발견했다. 물론 모든 청소년이 똑같은 방식으로 위험을 감수하지는 않는다. 하지만 어느 정도의 실험적인 위험 감수 행동은 세계 어디에서나 청소년에게 나타나는 보편적 현상이다. 예를 들어 자전거를 타고 속도를 내 거리를 질주하거나, 지미의 친구처럼 값비싼 자전거로 교내에서 묘기를 부린다. 어떤 아이들은 온라인에서 거의 모르는 사람에게 개인적 이야기를 털어놓기도 하고, 소셜 미디어에서 유행하는 위험한 챌린지에 참여하기도 하고, 장난을 치다가 큰일을 만들기도 한다. 이런 위험은 피하는 것이 좋다. 하지만 이 시기는 자신의 한계를 시험하고 확장해야 하는 때이기도 하다. 위험 감수가 오히려 성장을 이끄는 계기가 되기도 한다. 예를 들어 낯선 미국 가정에서 홈스테이하며 고등학교를 다니거나, 한 번도 노래해본 적이 없지만 용기를 내 뮤지컬 오디션에 지원하는 경우가 그렇다. 이처럼 위험 감수는 무모한 행동에 그치지 않고 새로운 것을 경험하고 배우며 성장하는 통로가 될 수 있다. 모든 청소년의 내면에는 형태는 다양하지만 경계를 넓히고 싶다는 본능적 욕구가 자리하고 있다.

연구와 실험

청소년들이 더 많은 위험을 감수한다는 걸 어떻게 알 수 있을까? 미국의 심리학자 래리 스타인버그(Larry Steinberg)는 11개국(서구와 비서구권 포함)에서 10세에서 30세 사이의 청소년과 성인을 대상으로 실험을 통해 위험 감수 행동을 관찰했다. 그가 사용한 방법은 '풍선 과제'였다. 실험 참가자들은 화면 속 가상의 풍선을 하나씩 불었고, 그때마다 돈을 벌 수 있었다. 그러나 이 풍선은 너무 많이 불면 터져버리고, 그동안 번 돈은 전부 사라진다. 실험 결과는 명확했다. 아이나 성인들은 대부분 일정한 횟수까지만 풍선을 불고 멈췄다. 일정한 수익을 얻으면 더 이상 위험을 감수하지 않고 안전하게 이익을 챙기는 쪽을 선택했다. 하지만 십대들은 달랐다. 이들은 풍선이 팽창해 터지기 직전까지 멈추지 않았고 풍선이 터지는 경우도 더 많았다. 실험은 위험 감수 행동이 18~20세에 가장 많고 이후에는 점점 감소한다는 사실을 보여줬다. 무엇보다 흥미로운 점은 이런 행동이 문화권을 불문하고 나타났다는 것이다. 이는 청소년기의 위험 감수 경향이 인간의 본성에 내재한 욕구일 가능성을 뒷받침한다. 비단 인간만의 이야기가 아니다. 동물들도 사춘기에 접어들면 더 많은 위험을 감수하려는 경향을 보인다. 예를 들어 사춘기에 들어선 쥐는 안전한 집을 떠나 바깥세상을 탐험하려 한다(그렇다, 쥐도 사춘기가 있다).

호르몬의 폭주

어린 시절 뇌가 얼마나 빠르게 성장하는지를 5장에서 살펴봤다. 그런데 이후 청소년기에 왜 그렇게 무모해 보이는 행동을 하는 걸까? 때로는 '왜 저렇게 어리석은 선택을 할까?' 싶을 정도다. 이 질문에 답하려면 십대들의 뇌 발달을 좀더 깊이 들여다봐야 한다. 어릴 때 급속히 늘어난 뇌세포들은 사춘기에 접어들며 가지치기를 거친다. 필요 없는 세포들은 사라지고, 중요한 영역 간의 연결은 강화된다. 특히 행동의 조절에 중요한 전전두 피질은 이 시기에도 발달 중이다. 보통 22~25세에 뇌세포와 연결망에서 가지치기가 이뤄진다. 그 속도는 사람마다 다르다. 즉 청소년들은 아동보다 자기 조절 능력이 훨씬 낫지만, 22세까지 성인처럼 완전한 상태는 아니다. 그렇다면 청소년들이 위험을 더 감수하는 이유는 뭘까? 그 답은 뇌 속 깊은 곳의 감정 중추에 있다. 이 영역은 앞서 이야기한, 진화적으로 오래된 신경 회로로 이뤄지며 편도체와 복측 선조체를 포함한다. 편도체는 두려움이나 분노처럼 강렬한 감정에 반응한다. 복측 선조체는 쾌락 중추라고도 하며 보상에 대한 반응과 관련이 크다. 사춘기에 접어들면 이 감정 중추에 직접 영향을 주는 호르몬이 급증한다. 남자아이는 10~16세에 테스토스테론 수치가 20배 가까이 증가하고, 여자아이는 에스트라디올 등이 늘어날 뿐만 아니라 생리 주기에 따른 호르몬 변화까지 겪는다. 이런 호르몬은 감정 중추에 작용해 청소년기의 뇌가 정서적으로 아동이나 성인보다 훨씬 민감하게 반응하도록 만든다. "십대는 호르몬 덩어리"라는 말이 과학적으로도 뒷받침되는 셈이다. 이처럼 온갖 호르몬이 청소년들의 몸에서 용솟음치며 뇌와 행동에 영향을 미친다.

뇌 상식 — 남성이 더 많은 위험을 감수하는 이유

참가자들에게 일정한 모험을 감수하게 한 여러 실험에서 남성은 여성보다 더 자주, 더 큰 위험을 감수한다. 예를 들어 확률을 예측해 돈을 거는 실험에서 남성 참가자들은 평균적으로 여성보다 더 과감하게 선택하고, 그 결과 더 많은 수익을 얻어 실험 장소를 나섰다. 반면 여성은 대체로 더 신중하게 접근한다. 이런 경향에는 생물학적 배경이 있다. 대표적인 것이 테스토스테론이다. 이 호르몬은 남성의 몸에서 훨씬 더 많이 분비되고, 위험 감수 행동과 밀접한 관련이 있다. 테스토스테론은 단순히 모험심을 자극하는 것에 그치지 않으며 경쟁심, 특히 상대방을 이기고 싶다는 욕구와도 관련이 깊다. 적당한 수준의 테스토스테론은 개인의 성과를 높이는 데 도움이 될 수 있다. 더 나은 결과를 얻기 위한 추진력과 집중력으로 작용하기 때문이다. 하지만 테스토스테론 수치가 지나치게 높아지면 어떤 대가를 치르더라도 이겨야 한다는 사고방식으로 이어질 수 있다. 이런 경쟁심은 종종 양측에 손실을 초래하며, 결과적으로 누구에게도 도움이 되지 않는다.

브레이크 없는 자동차

내 연구실에서는 여러 해에 걸쳐 청소년 실험 참가자들을 추적 관찰해왔다. 그중 한 실험에서는 청소년들이 일종의 도박 게임을 수행했다. 이 실험을 통해 우리는 참가자들이 보상을 받을 수 있을 때, 특히 16~18세에 보상에 반응하는 뇌 영역인 복측 선조체의 활동이 급격히 증가하는 것을 발견했다. 과학자들은 이렇게 불균형한 뇌의 상태를 '브레이크 없는 자동차를 운전하는 것'에 비유한다. 청소년들은 장기적 결과를 충분히 고려하지 않고 눈앞의 유혹에 쉽게 끌리는 경향이 있다. 예를 들어 친구들과 어울리기 위해 시험공부를 미루는 것이 이들에게는 자연스러운 선택이다. 17세의 지미가 수업에 빠지고 미아와 친구들을 만나러 가는 것은 지금 이 순간을 중요하게 여기는 청소년의 전형적 행동이다. 청소년기는 현재의 즐거움에 집중하는 시기로, 미래를 위한 준비보다 현재의 경험이 더 크게 다가온다. 그야말로 순간을 즐기라는 말이 어울리는 시기다.

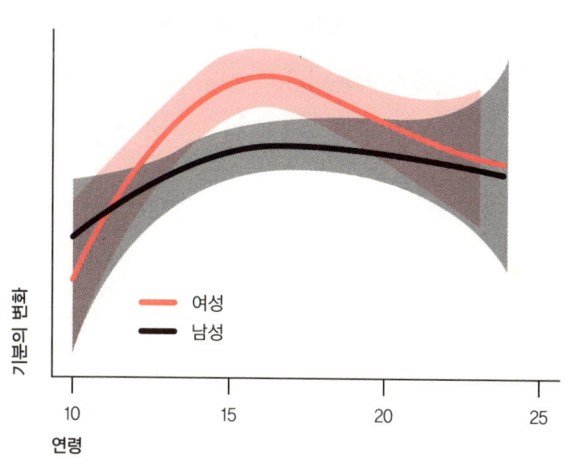

기분의 변화는 사춘기 때 정점에 달한다

얼굴 표정과 감정의 기복

청소년기에는 복측 선조체뿐만 아니라 편도체 역시 민감하게 반응한다. 이 뇌 영역은 타인의 얼굴 표정에서 정서를 감지할 때 활성화하며, 공포나 분노 같은 감정에 특히 강하게 반응한다. 청소년은 정서 조절에 중요한 역할을 하는 전전두 피질과 편도체의 연결이 아직 충분히 발달하지 않았기 때문에 어려움을 겪을 수 있다. 그렇다고 청소년들이 항상 감정적으로 행동하는 것은 아니다. 그들은 이성적으로 사고하고 침착하게 행동할 수 있다. 다만 청소년기에는 감정의 기복이 두드러진다. 들떠 있다가도 몇 시간 뒤엔 갑자기 침울해지곤 한다. 열세 살 라라가 지금 내 인생은 최악이라고 느끼더라도, 다음 날 아침엔 집안을 밝히는 햇살이 될 수 있다. 이것이 십대의 감정 세계다. 이런 감정의 기복은 여성 청소년에게서 남성보다 더 강하게 나타난다. 그 이유는 아직 명확히 밝혀지지 않았다. 일부 과학자들은 여성 호르몬이 이런 변화에 영향을 준다고 보며, 다른 이들은 여성이 자신의 감정을 더 잘 인식하고 표현하기 때문이라고 본다. 여성이 자기 기분의 변화를 더 자주 표현하기 때문에 우리가 그렇게 느낄 수도 있다는 말이다.

 **뇌 상식** — 또래 압력의 힘

청소년들이 항상 무모한 결정을 내리는 건 아니다. 식탁에서 이성적인 대화를 나눌 때는 매우 현명한 모습을 보이기도 한다. 하지만 감정이 요동치거나 친구들의 눈이 집중될 때는 상황이 달라진다. 또래에게 인정받고 싶거나 보상이 너무 매력적으로 느껴지면 청소년들은 위험을 감수할 가능성이 높아진다. 다리 위에서 스케이트를 타거나 자전거로 묘기를 부리는 것처럼 말이다. 스타인버그의 연구는 이런 현상을 잘 보여준다. 그는 청소년들이 가상현실에서 자동차를 운전하게 했는데, 이 실험은 MRI 스캐너 안에서 진행됐다. 실험은 혼자 운전하는 조건과 친구들이 응원하는 두 조건으로 나뉘었다. 흥미롭게도 청소년들의 복측 선조체는 친구들의 응원을 받을 때 훨씬 강하게 활성화했다. 이는 즉각적 즐거움과 보상에 민감하게 반응한다는 뜻이다. 그래서일까? 실제 통계에서도 청소년 운전자는 동승자가 있을 때 사고를 낼 확률이 훨씬 높다.

뇌를 이해하고 활용하는 법

사춘기 자녀를 둔 보호자의 삶은 쉽지만은 않다. 이들의 큰 고민거리는 자녀의 감정 기복이 사춘기의 정상적 일부인지, 아니면 통제력을 잃거나 우울증 증세를 보이는 것인지 구분하는 일이다. 그냥 사춘기라 그런 걸까? 그렇지 않으면 뭔가 심각한 문제가 있는 걸까? 이런 의문은 아주 흔하며 당연히 생길 수밖에 없다. 왜냐하면 실제로 많은 정신질환, 예컨대 중독이나 우울증이 청소년기에 시작되기 때문이다. 이때는 뇌가 대대적 리모델링을 겪는 시기이기도 하다. 하지만 청소년기 자녀가 부정적 정서를 더 자주 느끼는 것은 정상이라는 사실도 잊지 말아야 한다. 이 시기의 감정 기복은 대부분 시간이 지나면서 자연스럽게 가라앉는다. 하지만 부모가 자신의 걱정이나 감정을 표현하고 도움을 청하는 것이 잘못된 일은 아니다. 그런 도움은 예를 들면 학교 상담사나 이야기를 들어주는 친구에게 받을 수 있다. 만약 자녀의 증상이 지속되고 실제로 해를 끼치는 수준이라면, 전문가의 도움을 받는 것이 중요하다.

타인에 대한 초민감성
청소년기의 정서는 종종 무모한 행동과 연결되지만 이 시기는 세상을 탐험하는, 가장 아름다운 때이기도 하다. 우리가 평생 보호자의 무릎에만 앉아 있을 수는 없다. 세상을 경험한다는 건 본질적으로 시행착오의 연속이다. 또 하나 청소년이 멋진 점은 주변 환경에 유독 민감하다는 것이다. 이 시기의 아이들은 사회적 관계를 어떻게 잘 유지할 수 있는지 끊임없이 고민한다. 예컨대 지미가 라라에게 "사랑해 동생"이라고 외치는 장면은 어떻게든 서로의 유대감을 확인하고 싶어 하는 마음의 표현이기도 하다. 내 연구실에서 진행한 실험에서는 청소년들이 자기를 위해 돈을 딸 때뿐만 아니라, 어머니나 가까운 친구를 위해 돈을 딸 때도 뇌의 쾌락 중추인 복측 선조체가 강하게 반응한다는 결과가 나왔다. 이 쾌락 중추는 단지 개인적 만족을 추구하는 것을 넘어 사회적 연결을 강화하고 타인과의 유대감을 확장하는 데도 중요한 역할을 한다. 즉 이 시기의 복측 선조체는 타인과 관계를 맺음으로써 자기 세계를 넓혀가도록 도움을 준다. 그리고 한 가지 분명한 것은 부모는 체감하지 못할 수도 있지만, 청소년에게 부모의 의견은 여전히 중요하다는 것이다. 자주 표현하지 않을 뿐이다.

11

어머니의 뇌
사자 같은 본능과 무장 해제된 감성 사이에서

16시 – 잊어버린 바게트

볼스트라트에서는 바비큐 준비가 한창이다. 다행히 비가 오지 않아 긴 테이블이 하나둘 설치되고 그 위에 덮개를 씌운 맛있는 음식이 하나하나 놓이고 있다. 아이들을 위한 에어바운스도 점차 형태를 갖춰간다. "제가 도울 일 있을까요?" 마우트는 집 앞에 서 있는 라라를 보고 기분 좋게 놀란다. 이웃집 소녀가 이렇게 자발적으로 도와주다니. 게다가 훌쩍 자라 이제는 정말 숙녀 티가 난다. "벤이랑 율리안을 좀 봐줄래? 나는 이 전구를 좀 풀어야겠어." "네! 율리안, 같이 가자!" 기쁘게 대답한 라라는 유모차를 끌며 꼬마의 손을 잡는다. 마우트가 자신을 아이를 볼 수 있는 사람으로 인정해줬다는 사실이 자랑스럽다. 마우트는 그 모습을 지켜보며 생각한다. '역시, 애들이 크는 건 순식간이야.' 오늘은 막내 벤이 어린이집에 적응하러 간 첫날이다. 다음 주부터는 마우트도 미용실 일로 복귀해야 한다. 그 사실이 반갑긴 하지만, 마음 한 편에서는 찜찜한 목소리가 계속 들린다. '일주일에 네 번씩 맡기는 건 너무 자주 아니야? 아이가 이렇게 빨리 자라는데, 소중한 순간을 다 놓치는 거 아닐까?' 떠날 때 벤이 울음을 터뜨리자 마우트는 가슴이 철렁 내려앉았다. 하지만 혼자 아이를 키우는 입장에서 누군가는 생계를 책임져야 한다. 첫째 율리안 때도 마찬가지였고, 지금은 오히려 율리안이 어린이집에 도착하자마자 선생님에게 달려갈 정도로 좋아한다. 심지어 마우트가 일이 일찍 끝나 데리러 가면 집에 가기 싫다며 버티기까지 한다. "그 죄책감, 정말로 가질 필요 없어." 마우트는 단단히 마음을 다잡는다.

"내가 바게트 자를까?" 이웃 애시윈의 목소리가 그의 생각을 끊는다. 아뿔싸, 바게트를 사는 걸 깜빡했네! "아, 미안, 진짜 미안해." 애시윈은 웃으며 괜찮다고 한다. 금방 다녀오겠다며 가게로 향한다. 마우트는 전구를 풀면서 생각한다. '엄마가 되는 건 참 멋진 일이야. 하지만 얼른 예전의 나로 돌아가고 싶다. 이 브레인 포그(brain fog: 뇌가 안개 낀 것처럼 멍한 상태—옮긴이)는 너무 불편해.'

임신 호르몬이 뇌에 미치는 영향

호르몬은 뇌에 강력한 영향을 준다. 여성에게는 사춘기와 폐경기 외에도 뇌가 극적 변화를 겪는 또 다른 시기가 있다. 바로 임신과 출산이다. 사춘기가 끝나고 성인이 된 후부터 폐경기까지 여성의 뇌는 대체로 안정적인 상태를 유지한다. 그러나 임신하게 되면 그 시기는 예외다. 임신 중 일어나는 호르몬 변화는 사춘기나 폐경기 못지않게 격렬하다. 이 시기의 호르몬은 급증하거나 급감하며 뇌에 강한 영향을 미친다. 놀랍게도 임신 호르몬이 뇌에 미치는 영향에 대해 우리가 제대로 알게 된 것은 비교적 최근의 일이다. 이제 과학자들은 임신 호르몬이 뇌의 작동 방식에 얼마나 엄청난 영향을 끼치는지를 밝혀내고 있다.

좋은 엄마가 되는 데 필요한 변화

임신 호르몬은 단지 신체의 변화만을 유도하는 것이 아니다. 인간을 포함한 모든 동물의 새끼는 어미에게 전적으로 의존한다. 완전히 무력한 상태에서 보호를 받아야 하는 것이다. 그래서 임신 호르몬은 어미 사자처럼 강한 보호 본능을 일깨우는 역할을 한다. 이 호르몬 덕에 여성의 뇌는 아기를 돌볼 수 있도록 준비된다. 임신 중에는 다양한 호르몬이 복합적으로 작용하지만, 이 중 프로게스테론과 에스트로겐의 수치가 눈에 띄게 증가한다. 이 두 호르몬은 평소엔 난소와 난관에서 분비되며 생리 주기를 조절하지만, 임신 중에는 태반에서도 만들어진다. 이들은 수정란이 자궁에 착상할 수 있도록 돕고, 혈류를 원활하게 하고, 신체를 부드럽게 만들어 아기가 잘 자랄 수 있도록 한다. 출산이 다가오면 옥시토신이라는 또 다른 호르몬이 대량으로 분비되는데, 이는 출산을 촉진하고 그 직후 아기에게 깊은 애착을 느끼게 한다. 요약하면 임신 호르몬은 여성이 좋은 엄마가 될 수 있도록 돕는 생물학적 시스템이다.

뇌 상식 — 어린이집? 괜찮다

아이를 어린이집에 보낸다고 해서 나쁜 영향을 주는 건 아니다. 임신 중 분비되는 호르몬은 엄마의 뇌에 강하게 작용하고 (비록 정도는 덜하지만) 아빠에게도 영향을 미친다. 이 때문에 많은 부모가 아이를 어린이집에 맡길 때 마음 한구석에서 죄책감을 느낀다. 임신 호르몬이 뇌가 아기와의 애착을 강화하도록 만들기 때문에, 마우트가 아기 벤을 어린이집에 보내길 망설이는 것도 전혀 이상한 일이 아니다. 하지만 위트레흐트 대학교에서의 대규모 연구에 따르면 어린이집이 아이에게 해롭다는 근거는 없다. 오히려 만 2~4세의 아이들에게는 어린이집에서 이뤄지는 교육이 사회성 및 감정 발달에 긍정적 영향을 줄 수 있다는 결과가 있다. 생후 2년 미만의, 아주 어린 아기의 경우는 조금 다르다. 이 시기의 아이에게 중요한 건 어린이집의 '질'이다. 즉 보육 환경이 얼마나 안정적이고 신뢰할 수 있는가가 핵심이다. 어린이집이든 가정 보육이든 안정감 있고 따뜻한 환경이라면 걱정할 필요는 없다. 연구에서는 보육 교사의 잦은 교체가 어린아이에게 좋지 않다는 점을 강조한다. 아직 말이 서툰 유아기에는 아이가 익숙하고 신뢰하는 얼굴을 통해 정서적 안정을 얻기 때문이다. 율리안이 어린이집 선생님들에게 밝게 달려가는 이유도 그들 사이에 믿음이 자리 잡았기 때문이다. 이런 신뢰감은 아동 발달의 중요한 토대가 된다. 좋은 어린이집은 양육과 일 사이에서 균형을 잡으려는 부모에게 훌륭한 선택지가 될 수 있다. 물론 모든 아이가 같은 방식으로 반응하는 것은 아니다. 정답은 없다. 다만 한 가지 확실한 건 대부분의 부모는 자기 아이에게 무엇이 필요한지를 가장 잘 안다는 점이다.

엄마의 뇌와 국제 뉴스

임신은 엄청난 호르몬 변화를 일으키지만, 놀랍게도 최근까지 여성의 뇌에 미치는 영향은 거의 알려지지 않았다. 호르몬 변화 자체에 대해서는 많은 것이 밝혀졌어도 임신 중 뇌가 어떻게 달라지는지에 대해서는 오랫동안 연구가 부족했다. 19세기에 사망한 임신기 여성들의 뇌를 관찰한 사례가 있긴 하지만 본격적인 과학 연구로 이어지진 않았다. 다행히 지난 10여 년간 엄마의 뇌에 관한 매우 흥미로운 연구 결과가 속속 나왔다. 그 중심에 있는 인물이 바로 네덜란드의 신경과학자 엘셀리너 훅제마(Elseline Hoekzema)다. 그의 연구에 따르면 여성의 뇌는 출산 직후뿐만 아니라 2년이 지난 시점에도 눈에 띄는 변화를 보인다. 이 변화는 뇌의 특정 영역—내측 전두 피질(안쪽이마엽겉질), 설전부(쐐기앞소엽), 측두엽-두정엽 접합부, 측두엽—에서 일어난다(이런 영역은 6장에서 소개한 사회적 뇌의 핵심이기도 하다). 구체적으로 이들 영역의 회색질이 얇아지는 현상이 나타난다. 더 놀라운 사실은 이런 변화가 출산한 지 6년 후에도 지속된다는 것이다. 다시 말해 아이가 유치원을 졸업할 쯤에도 엄마의 뇌는 여전히 임신의 흔적을 간직하고 있다. 이런 변화를 겪는 뇌 영역은 공통적으로 사회적 행동과 타인의 감정을 이해하는 능력에 관여한다. 즉 뇌가 아기를 돌보고 타인의 감정에 공감할 수 있도록 스스로를 재구성하는 셈이다. 그래서 임신 중이거나 막 출산한 여성들이 뉴스에서 접하는 슬픈 사건이나 고통스러운 이야기에 민감하게 반응하는 것도 자연스러운 현상으로 이해할 수 있다.

연구와 실험

이런 흥미로운 사실은 어떻게 밝혀졌을까? 혹제마는 임신과 뇌 변화의 연관성을 연구한 선구자다. 그는 에스파냐 연구진과 함께 임신을 계획 중인 여성과 아이를 가질 생각이 없는 여성 두 집단을 선정해 장기간에 걸쳐 관찰했다. 연구팀은 먼저 임신 전의 뇌를 MRI로 촬영했다. 그 후 이들 중 아이를 낳은 여성들의 뇌를 출산 뒤 한 달 내와 2년 뒤에 두 번 촬영했다. 동시에 출산 경험이 없는 또래 여성들의 뇌도 비교 분석했다. 연령과 사회적 배경이 유사한 통제 집단이 있었기 때문에 연구팀은 임신과 출산이라는 변수에 따른 뇌 변화를 정확히 추적할 수 있었다. 그 결과는 매우 인상적이었다. 출산한 여성들의 뇌에서는 구조적 변화가 뚜렷이 나타났고, 대부분의 변화는 장기적으로 지속했다. 연구팀이 일부 여성의 뇌를 출산하고 6년 뒤 다시 촬영했을 때도 그 변화는 여전히 남아 있었다. 무엇보다 중요한 점은 변화를 겪은 뇌 영역이 모두 사회성과 공감 능력을 담당한다는 것이다. 즉 뇌가 엄마로서 아기를 돌보고 연결감을 형성할 수 있도록 스스로를 조율하고 있었다.

변화 정리

아이를 낳은 여성의 뇌는 출산 후 오랜 시간이 지나도 변한 상태를 유지한다. 즉 엄마가 되는 것은 뇌에 장기적 영향을 준다. 그렇다면 엄마가 된 뒤 뇌에서는 구체적으로 어떤 변화가 일어날까?

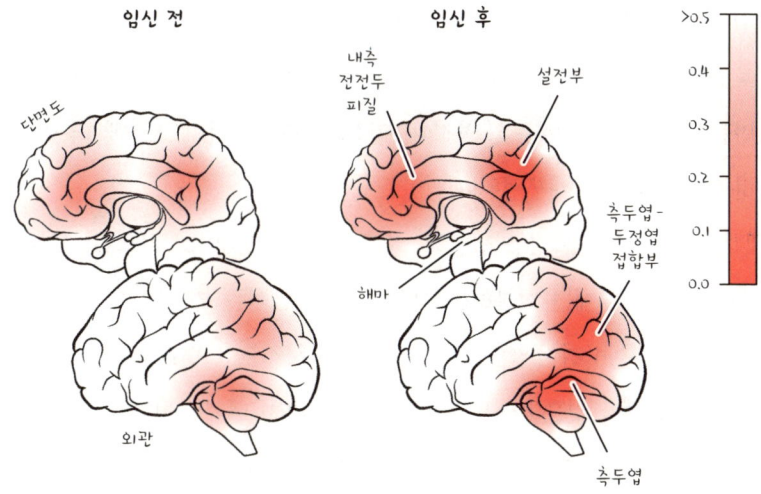

　첫째, '대뇌 피질'의 두께가 얇아진다. 대뇌 피질은 뇌의 겉면으로 깊은 구조를 감싸고 있다. 이런 두께의 감소는 시냅스의 '가지치기' 현상 때문인데, 이는 효율성과 선택성을 높이기 위한 뇌의 재구성이다. 불필요한 시냅스를 줄이면 남은 시냅스는 더 강력하고 활발하게 작동한다. 쉽게 말해 뇌가 더 정교하게 특화된다는 뜻이다.

　둘째, '시상하부'에서 변화가 나타난다. 이곳은 호르몬 조절의 중심이다. 시상하부의 변화는 임신 3분기에 나타나는 둥지 틀기 행동과 관련한다. 많은 임산부가 출산을 앞두고 정리정돈을 시작하는 것, 아기 옷을 여러 번 다시 개는 것 등이 여기에 해당한다.

　셋째, '복측 선조체'에도 변화가 생긴다. 이 영역은 정서에 초점을 맞추는 깊은 뇌 구조로, 출산 직후뿐만 아니라 2년이 지나도 임신한 적 없는 여성에 비해 회색질의 양이 줄어든 상태로 남아 있다. 하지만 단순히 작아지는 것이 아니라 반응성이 더 높아지고 특화된다. 연구 결과에 따르면 회색질이 많이 줄어든 엄마일수록 자신의 아기 사진을 보았을 때 복측 선조체의 반응이 더 강했다. 즉 복측 선조체가 작아진 만큼 아이에 대한 반응은 커졌다. 임신은 뇌를 아이의 요구에 더 민감하게 반응하도록 재구성한다.

　넷째, '해마'도 영향을 받는다. 출산 직후에는 해마의 회색질도 줄어들지만, 2년 후에는 회복하는 경향이 있다. 해마는 기억력과 이어지는 뇌 영역이다. 따라서 임신이 기억력을 일시적으로 변화시킬 수는 있지만 영구적인 것은 아니다. 마우트가 동네 바비큐용 바게트를 깜박한 것도 어쩌면 '엄마의 뇌'이기 때문일 수 있다. 하지만 이는 뇌 기능이 아예 나빠졌다는 뜻은 아니다. 여러 가지를 동시에 기억해야 할 때 잠시 잊어버릴 수 있는 것뿐이다. 과학자들은 기억력 저하의 원인으로 수면 부족도 꼽는다. 다행히 수면 패턴이 회복되면 기억력도 되살아난다. 결론은 엄마가 된다고 평생 건망증에 시달리지 않는다는 것이다.

연구와 실험

임신 전후의 뇌 변화에 대한 지식은 혹제마의 연구 외에도 다양한 방법으로 쌓였다. 많은 뇌 연구는 동물 실험이 기반이다. 예를 들어 쥐의 뇌에 전극을 삽입해 임신과 출산이 어떤 영향을 미치는지 살펴보는 식이다. 이 연구에서 흥미로운 점은 새끼 쥐에게 젖을 먹이는 엄마 쥐의 뇌에서 보상 시스템이 활성화한다는 것이다. 어미 쥐는 심지어 코카인을 맞았을 때보다 더 강한 쾌감을 느끼는 것으로 나타났다.

마음 읽기 능력

임신한 여성은 사람들의 얼굴에서 감정을 잘 읽는다. 특히 두려움을 빠르게 인식한다. 이런 공감 능력은 마음 이론과 연결된다. 이를 확인하기 위해 연구자들은 '눈을 보고 마음 읽기 과제'를 활용했다. 이 실험에서는 얼굴에서 다른 사람의 감정이나 의도를 읽어내는 능력을 알아본다. 실험 결과 호르몬인 옥시토신이 많이 분비될수록 감정 읽기 능력이 높았다. 또한 임신하지 않은 참여자들에게 비강 분무기로 옥시토신을 주입한 결과, 표정에서 감정을 읽는 능력이 향상했다. 즉 임산부는 옥시토신이 증가하기 때문에 공감 능력이 자연스럽게 높아지는 것이다.

 **뇌 상식 — 아빠의 뇌도 변한다**

아빠의 뇌도 호르몬의 영향을 받아 변한다. 변화의 폭은 엄마만큼 크지 않지만, 과학적으로도 아빠의 뇌는 임신과 육아 과정에서 분명 달라진다. 연구에 따르면 아빠가 될 남성은 테스토스테론 수치가 감소하고, 아기와 노는 남성은 옥시토신 수치가 증가한다. 혹제마의 연구에서는 출산 전후의 엄마뿐만 아니라 아빠의 뇌도 스캔했다. 그 결과 사회적 공감과 이해에 중요한 역할을 하는 뇌 영역인 설전부에서 회색질이 감소하는 현상이 나타났다. 흥미로운 사실은 이 영역의 회색질이 많이 줄어든 아빠일수록 자신의 아기 사진을 볼 때 뇌의 반응이 더 강했다는 것이다. 뇌의 반응은 모르는 아기의 사진과 비교할 때 뚜렷이 달랐다. 이 연구는 유일한 사례가 아니다. 여러 다른 연구에서도 아빠의 사회적 뇌 영역에서 회색질이 감소하는 현상이 반복해 확인됐고, 이는 아기와의 긍정적 상호 작용과 밀접한 관련이 있었다. 한 실험에서 아빠와 아기의 상호 작용을 영상으로 촬영해 분석한 결과, 뇌의 변화는 실제 양육 행동과 연결됐다. 결국 아이와 시간을 보내는 것만으로도 아빠의 뇌가 변한다는 것이 중요하다. 그리고 그 변화는 자신의 아이에게 더 민감하게 반응하고, 더 잘 돌보는 방향으로 이뤄진다.

뇌를 이해하고 활용하는 법

엄마의 감

임신을 하면 사회적 단서—주변 사람들의 감정이나 상태를 암시하는 미묘한 신호—를 더 잘 읽을 수 있다. 이는 아기와 **유대감**을 형성하고 보호하는 데 큰 도움이 된다. 실제로 출산 후 엄마의 뇌는 아기의 신호에, 예를 들어 아기의 얼굴을 보거나 울음소리를 들었을 때 강하게 반응한다. 그리고 연구에 따르면 이런 반응이 클수록 엄마와 아이 간의 애착도 더 깊다. 반면 뇌 반응이 약한 엄마일수록 아이와의 정서적 유대가 덜 형성된 경우가 많다. 즉 뇌의 변화가 클수록 아이와 더 잘 연결될 가능성이 높다.

이런 반응이 일어나는 대표적 뇌 부위는 섬엽과 전방 대상 피질이다. 흥미로운 점은 이 반응이 꼭 자기 아기에게만 나타나진 않는다는 것이다. 엄마의 뇌는 모든 아기의 필요에 민감하게 반응한다. 즉 낯선 아기의 울음에도 반응하는 것이다. 한편 아빠의 경우에는 자기 아이에게만 강한 반응을 보이는 경향이 있다. 실험 결과 엄마들은 아기 울음소리를 들었을 때 그게 자기 아기든 아니든 뇌 반응에 큰 차이가 없던 반면, 아빠들은 자기 아기에게만 민감하게 반응했다. 이 말은 잠시 육아에서 벗어나 혼자 여행을 떠날 계획이라면 비행기에서 아기 우는 소리가 들리지 않는 자리를 고르는 게 좋다는 뜻이다. 엄마의 뇌는 옆자리의 낯선 아기 울음소리조차 놓치지 않고 반응할 수 있으니까. 완벽한 휴식은 기대하기 어려울지도 모른다.

마지막으로 꼭 덧붙이고 싶은 말이 있다. 아이를 직접 임신하거나 낳지 않더라도 아이와의 유대감은 얼마든지 강할 수 있다. 이 점은 〈더 폴크스크란트(De Volkskrant)〉에서 훅제마도 강조했다. "호르몬이 유도하는 뇌 변화가 좋은 양육 행동으로 가는 유일한 길은 아닙니다. 도움이 될 순 있지만, 전부는 아니에요."

12

멀티태스킹은 존재하지 않는다
하지만 능숙해질 수 있다

17시―할 일 목록

"잠깐만요, 아빠. 지금 어린이집 앞인데 문을 못 열고 있어요." 애시윈은 스무 개의 바게트를 잔뜩 담은 장바구니를 내려놓은 뒤 출입문 비밀번호를 누르려 애쓴다. 뭐였더라? 8943이었나, 9834였나. "안녕하세요, 애시윈." 마침 보육교사 한 명이 문을 열고 나온다. "아, 고맙습니다, 아빠……. 아니, 로스! 죄송해요, 지금 아버지랑 통화 중이었어요." 애시윈이 멋쩍은 웃음을 지으며 보육교사에게 고개를 끄덕이는 순간 하나와 뮈크가 신나게 달려온다. "아빠! 로빈이랑 놀아도 돼?" "얘들아, 잠깐만. 지금 할아버지랑 통화 중이란다." 애시윈은 다시 전화를 귀에 대고 말한다. "아빠, 제가 금방 다시 전화할게요. 딱 1분 있다가요."

아이들은 들뜬 표정으로 애시윈 주변을 빙글빙글 돈다. 오늘 저녁 열릴 거리 축제가 너무 기대되기 때문이다. "아빠, 로빈 엄마한테 물어봐줘!" 아이들이 동시에 외친다. 애시윈은 이미 로빈 엄마에게 전화를 걸고 있다. 아이들이 자주 함께 놀다 보니, 그는 통화 기록 상단에 올라와 있다. "허락하셨어"라는 말을 듣자마자 아이들은 작은 승리의 춤을 춘다. "그럼 얼른 가방 챙기자. 다들 기다리고 계셔." 아이들이 가방을 가지러 간 사이 애시원은 스마트폰에 저장해둔 오늘의 할 일 목록을 점검한다. 바게트: 완료. 이웃 단톡방에 축제 시작 알림: 완료. 애들 데리러 가기: 완료.

잠시 후 세 아이는 바게트를 다리 사이에 놓고 자전거 짐칸에 앉아 있다. 출발 직전 애시원의 휴대전화가 울린다. 아차, 아버지였다. 1분 안에 다시 전화하겠다는 걸 잊고 있었다. 애시원은 자전거를 세운다. "죄송해요, 아빠. 지금 좀 정신이 없어요. 5분 안에 갈게요."

멀티태스킹에 대한 오해

사람들은 대체 어떻게 멀티태스킹을 하는 걸까? 간단히 말하면, 못한다. 멀티태스킹은 사실 존재하지 않는다. 단어 그대로의 의미는 '동시에 여러 가지 일을 처리하는 것'이지만 인간의 뇌는 한 번에 한 가지 일밖에 처리하지 못한다. 서로 다른 작업 간 전환을 매우 빠르게 해내는 사람은 있다. 그래서 겉으로 보기엔 마치 동시에 여러 일을 하는 듯하다. 하지만 실제로는 같은 순간에 두 가지 일을 하고 있는 게 아니다. 애시원처럼 말이다. 그는 아버지와 통화하다가 문을 열기 위해 잠시 통화를 멈추고 비밀번호를 누르려 한다. 물론 비밀번호가 기억나지 않아 헤매고, 실수로 보육교사를 '아빠'라고 부르기도 한다. 그가 하고 있는 건 두 작업을 동시에 하는 게 아니라 빠르게 전환하는 것이다. 주의력은 손전등과 비슷하다. 손전등 불빛을 왼쪽에서 오른쪽, 위에서 아래로 빠르게 옮길 수는 있지만, 비추는 곳은 항상 단 한 곳뿐이다. 마찬가지로 운전 중에 스마트폰을 본다면 메시지를 읽는 순간에는 도로를 볼 수 없고, 도로를 보는 순간에는 메시지를 읽을 수 없다. 단지 두 활동 사이를 잽싸게 전환하고 있을 뿐이다. 이처럼 빠른 전환 능력을 우리는 흔히 '멀티태스킹'이라고 착각한다. 이 말은 일상어로 이미 자리 잡았기 때문에 여기서는 편의상 '멀티태스킹'이라는 표현을 쓸 것이다. 하지만 우리가 멀티태스킹이라 부르는 대부분의 상황은 사실 '초고속 전환'일 뿐임을 기억해야 한다.

뇌는 한 가지 일에 집중할 때 가장 잘 작동한다.
이 원칙은 애시원에게도 똑같이 적용된다.

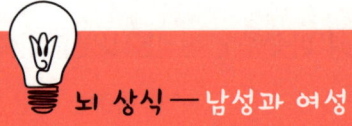

뇌 상식 — 남성과 여성

여성이 멀티태스킹에 선천적으로 더 능하다는 것은 근거 없는 이야기다. 여성이 멀티태스킹을 더 잘하는 경우도 있지만 생물학적 차이 때문은 아니다. 진짜 이유는 단순하다. 멀티태스킹도 연습을 통해 익숙해질 수 있기 때문이다. 즉 남성이나 여성이나 충분히 연습하면 멀티태스킹을 잘할 수 있다. 타고난 능력의 차이라기보다는 익숙함의 차이에 가깝다.

어떻게 그럴 수 있을까

인간의 뇌는 진화적으로 매우 정교하게 발달해 있으며, 그중에서도 전전두 피질은 특히 눈에 띈다. 전전두 피질은 대뇌 피질 전체의 약 3분의 1을 차지할 만큼 넓다. 이 영역 덕에 우리는 중요한 일에 집중할 수 있다. 주의를 조절하며 필요할 때는 유연하게 다른 작업으로 전환할 수도 있다. 지금은 당연하게 여겨지는 이 능력의 뇌과학적 기반은 사실 1990년대 말에서야 본격적으로 밝혀지기 시작했다. 다만 전전두 피질이 행동 조절에 핵심 역할을 한다는 것은 그 훨씬 전부터 알려져 있었다.

연구와 실험

전전두 피질이 행동 조절에 중요한 역할을 한다는 건 어떻게 알았을까? 이와 관련해 1950~1960년대에 러시아의 심리학자 알렉산더 루리아(Alexander Luria)가 선구적 연구를 진행했다. 그는 제2차 세계대전 중 머리에 부상을 입은 환자들을 장기간 관찰하며 어떤 인지 기능이 유지되고 어떤 기능이 손상됐는지 꼼꼼히 기록했다. 이 연구를 통해 루리아는 전전두 피질이 행동 통제에 결정적 역할을 한다는 사실을 밝혀냈다. 전전두 피질에 손상이 있는 환자들은 집 열쇠를 자주 잃어버리거나, 장을 볼 때 물건을 계획적으로 고르는 데 어려움을 겪었다. 정서를 조절하는 능력 또한 현저히 떨어졌다.

뇌는 어떻게 전환할까

앞서 얘기했듯 우리가 흔히 말하는 멀티태스킹은 동시에 여러 일을 하는 게 아니라 작업을 빨리 전환하는 데 가깝다. 우리의 뇌는 어떻게 이런 전환을 가능케 할까? 이를 이해하려면 먼저 생각과 행동을 조절하는 뇌의 메커니즘을 살펴볼 필요가 있다. 예를 들어 요리하는 동시에 메시지를 보낼 때, 뇌에서는 어떤 일이 일어날까?

먼저 중요한 역할을 하는 영역이 '배외측 전전두 피질'이다. 이름 그대로 전전두 피질의 바깥쪽에 위치한 이 영역은 정보를 정리하고 작업 기억을 유지하는 데 관여한다. 예를 들어 어떤 요리를 만들지, 그 재료는 뭔지, 누구에게 메시지를 보낼지 등을 머릿속에 정리하고 기억한다. 하나의 작업, 예를 들어 메시지를 쓰는 일만 해도 복잡한 인지 기능을 요구하는데, 여러 작업을 번갈아 하려면 이 영역의 부담이 훨씬 커진다. 두 과제 모두에 주의를 집중할 수 없기 때문에 결국 틀리거나 빠뜨리는 일이 생긴다. 그래서 애시윈이 해야 할 일을 목록으로 정리한 건 매우 현명하다. 하지만 목록이 있다 해도 짧은 시간 안에 여러 작업을 번갈아 전환하는 건 여전히 어렵다. 애시윈이 어린이집 문을 열기 위해 비밀번호를 생각하다 헷갈리는 것도 아버지 케네스와 통화하느라 주의가 분산한 탓이다. 이런 실수는 보통 과한 전환에서 비롯한다. 예를 들면 운동하면서 메시지를 보내다 "사랑해요"라는 말을 동반자 대신 상사에게 전송하는 것이다(이런!). 이런 상황에서 활성화하는 뇌 영역이 바로 전방 대상 피질이다.

'전방 대상 피질'은 멀티태스킹(정확히 말하면 빠른 작업 전환)에 관여하는 또 다른 영역이다. 이 영역은 뇌의 가운데 있으며 앞서 언급된 바 있다. 이 영역이 자주 등장하는 데는 이유가 있다. 바로 행동을 조절하고 오류를 감지하는, 굉장히 중요한 기능을 하기 때문이다. 전방 대상 피질은 우리가 실수를 저지를 때 특히 활성화한다. 그래서 과학자들은 이곳을 '웁스 영역(oops area)'이라 부른다. 이 영역은 늘 주의 깊게 상황을 점검하고 있다가 뭔가 잘못되면 즉시 경고음을 울린다. 예를 들어 애시윈이 보육원 선생님을 무심코 '아빠'라고 불렀을 때 바로 정정할 수 있는 것도 이 웁스 영역이 빠르게 반응하는 덕이다. 이처럼 배외측 전전두 피질과 전방 대상 피질은 유기적으로 이어져 함께 우리의 사고와 행동을 조절한다. 흥미로운 사실은 전방 대상 피질의 기능이 음주나 피로로 인해 쉽게 저하한다는 것이다. 술을 마신 상태에서는 실수를 알아차리는 능력이 떨어지고, 마찬가지로 잠이 부족해도 반응이 둔해진다. 그래서 취했거나 피곤할 때 실수할 확률이 높아지는 것이다. 반면 카페인은 이 영역의 반응성을 높인다. 커피를 마시면 집중력이 올라간다는 말에는 과학적 근거가 있는 셈이다. 전방 대상 피질이 카페인의 자극에 민감하게 반응하면서 우리는 실수를 더 빨리 인식하고 수정할 수 있다. 결론은 간단하다. 전방 대상 피질이 깨어 있어야 우리의 사고력을 제대로 발휘할 수 있다. 그리고 그걸 돕는 게 바로 커피다.

연구와 실험

뇌를 훈련함으로써 멀티태스킹 능력을 향상시킬 수 있을까? 한 번에 여러 일을 처리하는 건 전전두 피질이 큰 역할을 한다 해도 결코 쉬운 일이 아니다. 뇌는 한 가지 일에 집중할 때 가장 효율적으로 작동한다. 그럼에도 불구하고 작업 전환 능력은 반복 훈련을 통해 좋아질 수 있다. 과학자들은 실험 참가자들에게 다양한 컴퓨터 게임을 시켰다. 여러 작업 사이에서 주의력을 빠르게 전환해야 하는 방식이었다. 실험 결과 참가자들은 시간이 지날수록 작업 전환 속도가 빨라지고 멀티태스킹에 익숙해졌다. 즉 뇌의 멀티태스킹 능력도 연습을 통해 개선할 수 있음을 확인한 것이다. 하지만 한계점도 드러났다. 어떤 경우든 전환에 따르는 대가는 있었다. 이는 한 작업에서 다른 작업으로 전환할 때 걸리는 시간과 에너지를 의미한다. 즉 연습을 통해 요리도 하고 통화도 하는 데 능숙해질 수는 있지만, 두 작업을 동시에 완벽하게 수행하는 건 불가능하다. 한 번에 하나에 집중하는 것만큼 효율적일 수는 없다.

뇌 상식 — 멀티태스킹, 나이가 들수록 더 잘하게 될까?

청소년보다 이십대가 멀티태스킹을 더 잘한다. 몇 년 전 영국 연구팀은 청소년(11~17세)과 청년(22~30세)중 누가 멀티태스킹을 더 잘하는지 비교했다. 결과는 명확했다. 청소년에게는 작업의 전환에 따르는 대가와 동시에 여러 일을 하는 데 따르는 어려움이 더 컸다. 반면 청년들은 작업 간 전환이 보다 빨랐고 멀티태스킹에도 능숙했다. 하지만 이 차이가 앞으로도 유지될지는 확실하지 않다. 요즘 청소년들은 어릴 때부터 소셜 미디어, 온라인 검색, 학교 과제를 동시에 하는 환경에 노출되기 때문이다. 디지털 환경에서 자라난 세대는 멀티태스킹을 일상적으로 훈련받는 셈이다. 미래에 청소년들의 뇌 활동에 이런 점이 반영될지에 대한 과학자들의 의견은 엇갈린다. 일부는 전전두 피질이 아직 발달 중인 시기라 불가능하다고 본다. 다른 일부는 오히려 그런 시기야말로 멀티태스킹 훈련에 유리하다고 주장한다.

뇌를 이해하고 활용하는 법

정신적 피로

많은 일을 동시에 처리할 수 있다면 얼마나 편리할까. 우리는 때때로 너무나 바쁘니까. 그래서 멀티태스킹을 연습하면 언젠가 서너 가지 일을 동시에 잘 해낼 수 있지 않을까 하는 기대도 생긴다. 안타깝게도 우리의 뇌는 그렇게 작동하지 않는다. 미국의 심리학자 로이 바우마이스터(Roy Baumeister)는 이 주제를 연구하면서 흥미로운 실험을 설계했다. 그는 참가자들이 초콜릿을 먹을지 말지 고민하게 만들었는데, 이때 초콜릿은 건강에 좋지 않은 것으로 설정했다. 그 전에 참가자들은 난이도가 다양한 과제를 수행했다. 한 집단은 단순한 과제를 했지만 다른 집단은 매우 복잡한 과제를 해결해야 했다. 이후 초콜릿을 먹을 기회가 주어졌을 때 복잡한 과제를 수행한 집단은 초콜릿을 거절하지 못했다. 반면 단순한 과제를 한 사람들은 '안 먹어요'라고 말할 수 있었다. 바우마이스터는 이 현상을 자아 고갈이라고 불렀다. 즉 뇌의 전전두 피질을 과도하게 사용하면 전방 대상 피질이 우선순위를 제대로 '점검'할 수 없게 된다. 바우마이스터는 인지적 통제가 일종의 근육이라고 설명한다. 반복 훈련을 통해 강화할 수 있지만 무리하면 지치게 된다. 그리고 한번 지치고 나면 그다음에는 어떤 일도 잘 처리할 수 없다.

여러 연구가 이 이론을 뒷받침하지만 비판도 있다. 예컨대 실험 대상이 대부분 대학생이었기 때문에 이 효과를 모든 사람에게 적용할 수 있는지는 불확실하다. 게다가 어떤 연구에서는 사람들이 칭찬 한마디에 '재충전'돼 자아 고갈 효과가 사라지는 현상도 나타났다. 이런 결과는 희망적이다. 적절히 회복할 수 있다면 멀티태스킹을 연습하면서도 소진되지 않고 성과를 낼 수 있다는 가능성을 보여주기 때문이다. 다만 이런 회복의 메커니즘이 어떻게 작동하는지에 대해서는 과학자들도 명확한 결론을 아직 내리지 못했다.

집중력과 소셜 미디어

요즘 우리는 온라인에서 많은 시간을 보내는 바람에 집중력이 떨어진다고 생각하곤 한다. 연구에 따르면 소셜 미디어를 자주, 많이 사용하는 사람일수록 한 가지 일에 대한 집중력이 낮은 경향이 있다. 하지만 그렇다고 해서 소셜 미디어가 집중력 저하의 직접적 원인이라고 단정할 수는 없다. 집중력 전문가인 스테판 판데르스티헐(Stefan van der Stigchel)은 이런 결론이 너무 쉽게 나오고 있다고 지적한다. 역으로 원래 주의가 잘 분산하거나 주의의 범위가 넓은 사람들이 소셜 미디어를 더 자주 사용한다는 설명도 가능하기 때문이다. 어떤 사람은 산만하다고 느끼는 자극이 다른 사람에게는 창의적 통찰로 이어지기도 한다. 게다가 집중력에 영향을 주는 다른 요소도 많다. 예컨대 늦은 밤까지 스마트폰을 보면 수면 부족에 빠지게 되는데, 이 역시 집중력 저하에 큰 영향을 미친다.

너무 많은 일을 동시에 하지 말 것

어쨌든 한 가지는 분명하다. 우리의 인지적 통제력은 유한하다. 인지적 자원을 여러 과제에 할당할 수는 없다. 애시원이 아버지에게 1분

안에 다시 전화하겠다고 해놓고 하지 못한 것도 그런 이유다. 짧은 시간 안에 여러 가지를 해내려 하면 실수는 피할 수 없다. 이 사실은 자칫하면 위험한 상황에서 특히 중요하다. 예를 들어 자전거를 타며 메시지를 주고받거나 운전하며 통화하는 상황은 사고로 이어질 수 있다. 혹은 한 친구에게 메시지를 보내면서 그에 대해 다른 친구와 수다를 떨고 거기다 동영상까지 보고 있다면, 순간의 착오로 잘못된 사람에게 잘못된 메시지를 보낼 수 있다. 그렇게 많은 일을 한꺼번에 하는 건 현명한 선택이 아니다. 그런 의미에서 아버지와 통화하고 나서 자전거를 타는 애시원의 선택은 매우 현명하다. 기억하자. 우리의 뇌는 많은 일을 동시에 해낼 수 없다. 우리 역시 마찬가지다.

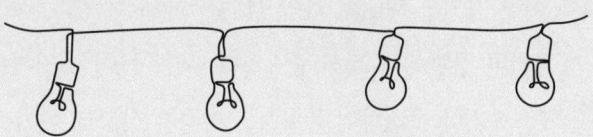

케네스

13

함께한다는 것
왜 우리는 서로 돕고 싶어 하는가

18시 — 디스코볼스트라트 축제

볼스트라트의 한 주민이 바비큐용 연료 사이에 착화제를 넣고, 이웃 여성은 성냥으로 불을 붙인다. 곧 연기가 피어오르며 거리 전체에 피어난 수국의 달콤한 향기와 어우러진다. 맑고 푸른 하늘 아래 저녁 햇살이 따뜻하게 내리쬐는 이 거리는 평소보다 더 동화 속처럼 느껴진다. 아침에 내린 비를 기억나게 하는 건 여기저기의 작은 물웅덩이뿐이다. 어린 율리안은 그곳에 풍덩 뛰어들며 크게 소리치고, 이웃 소녀 라라는 그 모습을 웃으며 지켜본다. 에어바운스는 거의 다 부풀었고, 디제이는 장비 연결을 마무리하고 있다. 수십 명의 주민들이 꽤 오래전부터 이 '디스코볼스트라트 축제'를 준비하느라 분주했다. 어떤 이웃들은 형광색의 1980년대 복장을 갖춰 입었고, 소피는 오래된 롤러스케이트까지 꺼내 자랑스럽게 인도를 미끄러진다. 여전히 몸에 익은 듯하다. 문제는 …… 브레이크가 어떻게 작동하더라? 그는 그대로 돌진하다가 케네스의 품에 와락 안긴다.

"아, 죄송해요!" "괜찮아, 이 늙은이도 이 정도는 견딜 수 있지." 케네스는 며느리에게 웃으며 말하고는 닭다리 요리가 놓인 테이블로 향한다. 종이 냅킨을 가지런히 놓고, 은박지를 살짝 들춰본다. 그의 대표작은 오늘도 멋지게 완성됐다. 거리 풍경도 완벽하다. 다 같이 일한 결과다. 그는 마우트와 안스가 함께 형형색색의 전등을 다는 모습을 본다. 어두워질 때를 대비한 장식이다. 마우트는 높은 사다리 위에 올라가 있다가 순간 중심을 잃고 휘청이며 비명을 지른다. 케네스는 가슴이 철렁 내려앉는다. 마우트의 표정을 보니 이 일이 그리 즐겁진 않아 보인다. 그는 급히 사다리로 달려간다. "마우트, 내가 대신할게요. 나는 높은 데서 일하는 게 익숙하잖아요. 내가 유리창 청소 업체 운영했던 거 알죠?" 케네스는 윙크하고, 마우트는 안도의 숨을 쉬며 사다리에서 내려온다. 케네스는 능숙하게 사다리 위로 올라가 전등을 마무리한다. 마우트를 도왔고 이제는 안스와 함께 뭔가를 하고 있다(게다가 은근한 인상도 남겼다). 이보다 더 좋을 순 없다.

함께 산다는 것 = 함께 일한다는 것

동네 축제를 여는 일부터 마라톤을 기획하는 일, 나라를 운영하는 것부터 지역 스포츠 동호회를 꾸려가는 일까지 우리 사회는 협력을 기반으로 돌아간다. 어쩌면 너무 당연하게 들릴 수도 있지만, 우리 뇌는 이런 협력에 맞도록 정교하게 설계돼 있다. 사회를 유지하기 위해서는 협력이 필수적인데, 이렇게 타인과 함께 뭔가를 해내는 과정에는 뇌의 다양한 신경 네트워크가 필요하다. 하지만 이 복잡한 과정에서 종종 실패하거나 어긋나기도 한다.

거울 뉴런과 공감 능력

우리가 협력할 수 있는 데는 뇌의 역할이 크다. 타인과 협력하려면 그의 입장을 어느 정도 이해할 수 있어야 하고, 그러려면 공감 능력이 필요하다. 인간의 뇌는 놀라울 만큼 정교하게 공감에 최적화돼 있다. 그중 하나가 거울 뉴런이다. MRI 연구에서 밝혀진 바에 따르면, 우리 뇌의 운동 영역은 다른 사람이 어떤 행동을 하는 모습을 보기만 해도 활성화한다. 즉 내가 직접 움직이지 않아도 누군가 움직이는 모습을 보면, 뇌는 마치 내가 움직이는 것처럼 반응한다. 이런 발견은 인간의 공감과 사회적 관계를 이해하는 실마리를 제공한다. 거울 뉴런이라는 이름 그대로 우리는 다른 사람의 행동을 그대로 따라 하면서 정서까지 공유할 수 있다. 단순히 행동을 모방하는 데 그치지 않고 상대의 정서까지 어느 정도 느끼는 것이다. 예를 들어 케네스가 사다리 위에서 불안한 얼굴로 비명을 지르는 마우트를 볼 때, 그는 마우트의 불안과 공포를 함께 느낀다. 이는 그의 뇌에서 거울 뉴런이 활성화해 마우트의 정서를 반영했기 때문이다.

이런 공감 능력은 협력과 밀접하게 연결돼 있다. 누군가에게 공감하면 할수록 우리는 그를 더 돕고 싶어지고, 함께 일하는 것도 자연스러워진다. 볼스트라트 주민들이 자발적으로 함께 거리를 꾸미고 바비큐 준비를 돕는 것도 이런 정서적 연결이 있기에 가능하다. 우리는 보통 호감이 가는 사람이나 정서적으로 연결됐다고 느끼는 사람을 더 도와준다. 케네스는 마우트가 아들의 아래층에 사는 이웃이라는 사실을 알기에 그의 불안에 더 쉽게 공감하고, 도움을 주러 바로 달려간다. 하지만 꼭 교류가 있어야만 공감하는 건 아니다. 우리는 낯선 사람의 슬픔에도 함께 아파할 수 있다. 이를 입증하기 위해 과학자들은 실험 참가자들에게 〈더 챔프(The Champ)〉라는 영화를 보여줬다. 이 영화에서 소년은 권투 경기를 하던 아버지를 잃는 슬픔을 겪는다. 그 장면을 본 참가자들의 뇌를 MRI로 촬영한 결과, 뇌의 정서 관련 영역이 활성화했으며 이는 자신이 슬픔을 느낄 때와 같은 양상이었다. 거울 뉴런 덕에 우리는 타인에게 공감하고 그들의 입장을 헤아릴 수 있다.

우리는 거울 뉴런 덕에
타인의 행동을 따라 하는 것을 넘어
그의 정서에 깊이 이입할 수 있다.

공감에서 비롯하는 동기

거울 뉴런은 타인을 따라 하는 것뿐만 아니라 강력한 신호를 전달하는 역할도 한다. 예를 들어 누군가 곰팡이가 핀 음식을 먹는 장면을 상상해보자. 우리는 그것만으로도 불쾌감을 느낀다. 이런 혐오 반응은 앞에서도 이야기한 뇌 영역인 전방 섬엽(앞뇌섬엽)에서 가장 강하게 일어난다. 상한 음식을 직접 먹지 않고 누군가 먹는 모습을 보기만 해도 강한 거부감을 경험하는 것이다. 이런 공감 반응이 도우려는 행동의 동기가 되기도 한다. 우리가 타인의 고통이나 불쾌함에 감응하기 때문에 그가 처한 상황에서 벗어나도록 도와주고 싶어지는 것이다.

연구와 실험

거울 뉴런의 존재는 어떻게 밝혀졌을까? 이 개념은 이탈리아 파르마 대학교의 신경과학자 자코모 리촐라티(Giacomo Rizzolatti)의 실험에서 비롯했다. 그는 운동 기술의 신경생물학에 관심을 가졌고, 마카크원숭이의 뇌에 전극을 심었다. 이 실험에서는 원숭이가 작은 상자를 들면 보상으로 과일을 주면서 행동을 학습시켰다. 그런데 연구팀은 예상치 못한 반응을 목격했다. 원숭이가 직접 상자를 들 때뿐만 아니라 연구자가 상자를 드는 모습을 볼 때도 뇌에서 동일한 뉴런이 활성화한 것이다. 뇌는 타인의 움직임에 대해서도 자기와 똑같이 반응했다. 이 현상은 이후 MRI 연구를 통해 사람에게도 나타나는 것으로 밝혀졌다.

이성적 동기

물론 협력은 공감만으로 이뤄지는 것은 아니다. 우리는 상황을 분석하고 타인의 입장에서 논리적으로 사고하는 능력도 갖추고 있다. 이를 통해 복잡미묘한 사회적 상호 작용에서 적절히 대응할 수 있다. 예를 들어 길을 가다 누군가 다른 사람에게 제압당하는 장면을 목격했다고 하자. 본능적으로 피해자에게 공감하며 도와주고 싶어질 수 있지만, 동시에 우리는 상황을 분석하려 한다. 강도인지 친구들끼리 장난치는 상황인지를 판단하는 과정이 시작되는 것이다. 이때 작동하는 뇌 영역이 후방 상측두구다. 이 영역은 사회적 맥락을 이해하는 데 중요한 역할을 하며 상황이 복잡할수록 더 강하게 활성화한다. 또한 측두엽-두정엽 접합부는 타인과 역지사지하는 데 관여한다. 예를 들어 "내가 엄마를 도와드리면 내일 엄마가 스트레스를 덜 받으시겠지" 하는 생각은 타인의 관점을 인식하는 능력이기도 하면서 협력하려는 이성적 동기로도 작용한다.

정직함과 상호성

우리의 뇌는 타인의 정서에 공감하고 거기에 의미를 부여하도록 설계됐다. 거울 뉴런 같은 신경 세포, 상측두구와 두정엽-측두엽 접합부 같은 사회적 뇌 영역이 그 중심에서 작동한다. 이런 영역은 우리가 타인과 관계를 맺고 그의 입장을 상상할 수 있도록 돕는다. 이때 협력할 수 있는 것과 협력하고 싶은 것은 분명 다르다. 그런데 대부분의 사람들은 실제로 협력하고 싶어 한다. 뇌는 어떻게 협력을 원하는 마음까지 만들어낼까? 여기에는 두 가지 핵심 과정이 작용한다.

첫째는 '공정성에 대한 본능적 선호'다. 우리는 공평함을 중요하게 여기도록 타고난다. 심리학에서는 이를 불공평 혐오(inequity aversion)라고 부른다. 불평등한 선택이 이뤄지면, 즉 공정성의 기준이 깨지면 뇌에서는 전방 대상 피질, 섬엽, 배외측 전전두 피질이 활발히 반응한다. 여기는 각각 오류를 감지하고, 불쾌함에 반응하며, 이성적 판단을 담당하는 영역이다. 흥미로운 사실은 불공평한 결과가 상대에게 유리하게 작용하면 우리는 그것을 긍정적으로 받아들인다는 것이다. 이런 경우 뇌의 복측 선조체가 활성화되는데, 이 영역은 기쁨이나 보상을 느낄 때 반응하는 쾌락 중추다. 이는 누군가에게 이익이 되는 불공정이라면 우리는 그것을 덜 기분 나쁘게 여긴다는 뜻이다.

둘째는 협력이 기쁨과 따뜻함을 느낄 수 있는 '정서적 경험'이라는 것이다. 많은 연구가 협력이 긍정적 정서를 유발함을 보여준다. 8장에서도 언급한 개념인 "주는 기쁨의 따뜻한 여운"은 다른 사람을 도울 때 복측 선조체가 활성화한다는 사실에서 출발했다. 이 뇌 영역은 원초적 감정뿐만 아니라 사회적 기쁨에도 반응하는 것이다. 친구나 가족을 위해 뭔가를 했을 때나 누군가에게 선의를 베풀었을 때 복측 선조체가 활성화하면서 우리는 실제로 즐거움을 느낀다. 기부의 경우도 마찬가지다. 기꺼이 기부하려는 마음이 있는 사람들과 타인의 입장을 자연스럽게 고려한 사람들만 기부할 때 보상받는다고 느낀 것으로 나타났다. 이는 모든 사람이 낯선 이들과 협력하거나 그들을 도우면서 즐거움을 느끼지는 않음을 보여준다. 자신을 상대의 입장에 쉽게 대입할 수 있다면 유리할 것이다.

뇌 상식 — 세상은 왜 불공평한가

사람들은 본능적으로 불평등을 싫어한다. 그런데 현실 세계는 불평등으로 가득하다. 왜 우리는 이를 그냥 받아들이는 걸까? 연구에 따르면 어린아이들은 평등의 규범을 매우 엄격하게 따진다. 사탕이나 장난감을 동등하게 나누지 않으면 즉각 분노한다. 이는 동생이 건포도 하나를 더 받았다고 울음을 터뜨리는 모습을 보면 쉽게 이해할 수 있다. 하지만 이런 절대적 평등의 개념은 사춘기에 접어들면서 '조건부 허용'으로 점차 바뀐다. 성인이 되면 많은 사람이 정당한 이유가 있는 어느 정도의 불평등을 받아들인다. 예를 들면 누군가의 권한이 더 크기 때문에 더 많이 가져간다거나, 내가 더 열심히 노력했으니 더 많이 가져갈 자격이 있다고 여긴다. 실험실같이 상대에 대한 정보가 거의 없는, 통제된 환경에서는 대부분의 사람들이 불공정을 용납하지 않는다. 하지만 현실 세계에서는 상대의 노력, 공평성, 특권에 대한 가정을 빠르게 세우고 여기에 따라 판단을 내린다.

뇌를 이해하고 활용하는 법

함께

오늘날 우리는 점점 멀어지고 사회는 극단화하는 듯하다. 하지만 이런 시대일수록 협력하는 뇌를 믿어보자. 타인을 향한 공감은 인간의 본성이며, 이를 위해 거울 뉴런이 존재한다. 전쟁 관련 뉴스나 사회적 불의를 보며 눈물이 난다고 너무 감정적인 게 아니다. 그런 공감 반응 덕에 우리는 서로 도울 수 있다. 우리의 사회적 뇌 역시 도움이 필요한 타인을 이해하고 지원하게 해준다. 물론 그가 나와 너무 다르다고 느끼면 입장을 이해하기 어렵다. 특히 전염병이나 전쟁처럼 불확실한 위기에는 자기 의견을 고수하고 상대의 말은 듣지 않는 경향이 커진다. 하지만 사실 우리의 뇌는 타인의 관점을 이해하는 데 최적화돼 있다. 연구에 따르면 훈련을 통해 역지사지하는 능력을 키울 수 있다. 역할놀이나 다른 사람의 입장에서 상황을 상상하는 과제가 도움이 된다. 또한 이렇게 훈련받은 사람일수록 경청을 더 잘한다. 상대와 생각이 같을 필요는 없지만 서로 이해할 수 있게 되는 것이다. 만약 이 일이 너무 어렵게 느껴진다면, 함께 좋아하는 것을 떠올려보는 것도 방법이다. 월드컵 경기를 보며 '우리 팀'을 함께 응원할 때처럼. 그 순간만큼은 정치 성향이 달라도 중요치 않다. 이런 따뜻한 공동의 경험이 연결을 만든다. 협력 행동에 대한 국제적 연구도 이를 뒷받침한다. 피지, 미국, 나미비아, 중앙아프리카, 에콰도르, 오스트레일리아 등 곳곳의 사람들이 서로 도우려는 동기를 공유하고 있었다. 우리에겐 차이보다 공통점이 훨씬 많다. 이는 우리의 놀라운, 협력하는 뇌 덕이다.

14

식욕
배고픔은 뇌에서 시작된다

19시 — 비밀 재료

"하나, 뮈크! 당장 에어바운스에서 내려와!" 애시윈은 디제이가 틀어놓은 카일리 미노그(Kylie Minogue)의 〈그대를 잊을 수 없어요(Can't Get You Out of My Head)〉를 뚫고 소리쳤다. 딸들은 후렴구를 따라 부르며 신나게 뛰다가 아빠의 외침을 듣고서 멈췄다. "먼저 닭다리부터 먹어. 입에 음식 넣고 뛰면 안 돼." 애시윈의 배가 꼬르륵거린다. 준비하고 정리하느라 아무것도 못 먹은 터였다. "배고파, 여보?" 아내 소피가 롤러스케이트를 타고 다가오며 샐러드 한 접시를 내민다. 그는 요즘 애시윈이 부트캠프에 열을 올리는 이유를 잘 안다. 다가오는 쉰 번째 생일을 멋지게, 그리고 가능하면 탄탄하게 맞이하고 싶기 때문이다. 그래서 샐러드다. "당신은 정말 최고야!" 애시윈은 고마운 마음으로 접시를 받아든다. "근데 누가 저렇게 소리를 지르지?" 저편에서 울부짖는 건 율리안이었다. 그는 얼굴이 벌겋게 상기된 채 에어바운스 뒤쪽, 길 한복판에 드러누워 발버둥 치고 있다. 라라는 난감한 얼굴로 옆에서 그 모습을 바라본다. "얘 그냥 배고픈 거야." 마우트는 라라를 안심시킨다. "내가 맡을게. 가서 너 먹을 거 챙겨." 마우트는 흐느끼는 아들 곁에 앉는다. "율리안, 이것 좀 봐. 엄마가 바나나 갖고 왔어." '바나나'라는 단어는 마법 같았다. 율리안은 훌쩍이며 엄마 손에서 바나나를 받아 쥔다.

"케이크 한 조각 드실래요, 케네스? 제가 만들었어요!" 안스가 음식을 나눠주며 다가온다. 손에는 커다란 접시가 들려 있다. "거절할 수 없죠. 이쪽은 제 형 욘이에요." 케네스가 대답하며 소개한다. 안스는 따뜻하게 손을 내밀고, 옆에 앉아 있는 여윈 노신사는 조심스레 인사를 받는다. "와, 맛있네요." 욘이 한 입 먹고 감탄한다. 안스는 얼굴에 미소를 머금고 대답한다. "비밀 재료 알려드릴까요?" 욘이 고개를 끄덕이자 안스는 그의 옆에 조용히 앉는다. 그리고 자신이 제과점에서 일하던 시절을 이야기하기 시작한다.

뇌와 연료

우리는 뇌 덕에 음식을 먹을 수 있다. 뇌는 수면이나 체온처럼 생존에 필수인 기능을 정교하게 조절하는데 그중에는 배고픔과 갈증도 있다. 이런 역할은 뇌의 시상하부가 담당한다. 2장에서 언급했듯 시상하부는 수면, 허기, 갈증 등 생존과 직결하는 기본 욕구를 일으킨다. 또한 시상하부는 호르몬 분비를 조절하는 뇌하수체와도 긴밀하게 협력하며 몸속 연료의 변화를 지속적으로 감지한다. 우리는 흔히 배고픔이 위장에서 시작된다고 생각하지만, 사실 뇌가 보내는 신호에서 비롯한다. 예를 들어 동네 축제에서 꼬르륵거리는 것은 애시원의 배지만, "이제 뭔가 먹어야 한다"고 알려주는 것은 뇌다. 뇌의 신호에는 두 가지 경로가 있다.

첫 번째 경로는 '그렐린'이라는 호르몬을 거친다. 이 호르몬은 위에서 분비되어 뇌에 배고프다는 신호를 보낸다. 두 번째는 '렙틴'이라는 호르몬을 통한 경로인데, 이때는 위장이 아니라 지방 조직이 핵심 역할을 한다. 리스벳 판로쉼(Liesbeth van Rossum) 교수는 로테르담의 에라스뮈스 의학센터(Erasmus MC)에서 식욕 조절과 스트레스 호르몬 분야의 연구를 선도하고 있다. 그의 연구에 따르면 이런 시스템에 이상이 생기는 경우 식욕이 과도하게 증가하거나 심각한 비만으로 이어질 수 있다. 흥미로운 사실은 지방이 단순한 에너지 저장소가 아니라 하나의 '기관'으로 기능한다는 점이다. 지방 조직은 렙틴을 생성하며, 혈중 렙틴 수치는 우리 몸에 저장된 에너지의 양을 가늠하는 중요한 지표다. 혈중 렙틴 농도가 너무 낮아지면, 뇌는 에너지가 부족하다는 신호를 받아들여 식욕을 자극한다. 다시 말해 포만감과 배고픔은 모두 렙틴의 균형에 크게 좌우된다. 물론 여기에는 다른 요소도 영향을 준다. 위장관에서 분비되는 다양한 소화계 호르몬 역시 식욕과 포만감을 조절하는 데 중요한 역할을 한다. 게다가 우리의 생각, 행동, 정서 역시 식욕에 영향을 주는데 여기에 대해서는 이 장의 뒷부분에서 자세히 살펴볼 것이다.

뇌 상식 — 체질량지수

체질량지수(BMI)가 벨기에의 통계학자 아돌프 케틀레(Adolphe Quetelet)의 발명이라는 사실을 아는가? 케틀레는 인간을 통계적 모델로 설명할 수 있다는 가능성에 매료당한 인물이었다. 그는 이미 1832년에 BMI라는 개념을 소개했다. 이는 키의 제곱값에 대한 체중의 증가를 수치화한 것이다. 자신의 BMI는 직접 계산할 수 있다. 몸무게(킬로그램)을 키(미터)의 제곱으로 나누면 된다. 세계보건기구는 건강한 BMI 수치를 18~25로 본다(1998년 이전까지는 18~27로 간주했다).

하지만 주의할 점이 있다. 최근 의료계에서는 BMI가 모든 것을 말해주지 않는다는 사실을 잘 안다. 예를 들어 근육은 지방보다 무겁기 때문에 근육량이 많은 사람은 BMI가 높아도 과체중이 아닐 수 있다. 또 체지방이 몸 어디에 집중돼 있는지도 중요하다. 복부에 집중된 지방은 몸 전체에 고르게 퍼진 지방보다 건강에 해롭다. 이런 이유로 전문가들은 BMI만으로 비만 여부를 판단하는 건 더 이상 적절치 않다고 본다. 다만 BMI가 높은 동시에 허리둘레도 크다면, 그건 행동에 나서야 한다는 신호일 수 있다. 특히 이미 비만 관련 질환이 있다면 더 그렇다. 그래서 네덜란드에서는 체중 관련 건강위험지수(gewichtsgerelateerd risico, GGR)라는 개념을 도입했다. GGR은 아래의 세 요소를 함께 고려한다.

- BMI
- 허리둘레
- 비만 관련 동반 질환의 유무

왜 과체중이 되는 걸까

우리 뇌가 배고픔과 포만감을 조절하는 시스템은 놀랄 만큼 정교하다. 이 시스템은 대부분의 경우 제대로 작동한다. 하지만 때때로 시스템이 균형을 잃거나 심한 과체중, 즉 비만으로 이어질 때도 있다. 드물게는 유전적 질환으로 인해 과체중이 되기도 한다. 체중이 얼마나 쉽게 증가하는지는 유전적 요인과 깊은 관련이 있다. 과학자들은 일란성 쌍둥이를 연구함으로써 체중이 증가하는 경향이 부분적으로 유전이라는 사실을 밝혀냈다. 어떤 사람들은 지방을 더 빠르게 저장하도록 유전적으로 정해져 있다. 극소수지만 부모로부터 물려받은 유전자의 결함으로 렙틴에 대한 저항성을 타고나기도 한다. 뇌에서 렙틴의 신호를 제대로 감지하지 못하면 어린 시절부터 극심한 식욕을 경험하고, 그 결과 체중이 급속도로 증가한다.

반대의 경우도 있다. 렙틴 저항성이 비만을 유발하기도 하지만, 비만이 렙틴 저항성을 심화시키기도 하는 것이다. 심각한 과체중 사례에서는 경미한 수준의 렙틴 저항성이 나타나는 경우가 많다. 지방 조직에서는 다량의 렙틴을 분비하지만, 뇌는 이를 제대로 감지하지 못한다. 그 결과 포만감을 뒤늦게 느끼거나 잘 느끼지 못하게 된다. 이미 몸에 충분한 지방이 저장돼 있고 렙틴 수치도 높은데 계속 허기가 지는 것이다. 이런 현상은 비만의 원인 또는 기존의 비만을 악화시키는 요인이 될 수 있다. '비만'이라는 말은 라틴어 obesus, 즉 '과도하게 (ob-) 먹었다(esus)'에서 유래했다.

벨기에와 네덜란드에서는 전체 인구의 절반가량이 BMI 25 이상, 즉 과체중 범주에 속한다. 물론 그 범위는 소위 통통한 것에서부터 건강에 심각한 영향을 미치는 고도 비만까지 넓다. 불행히도 과체중이나 비만에 대한 사회적 낙인은 여전히 강력하다. 이건 억울한 낙인이다. 과학적 연구에 따르면 어떤 사람들은 선천적으로 지방을 더 잘 저장하거나 배고픔을 더 자주 느낀다. 다시 말해 체중이 많이 나가는 것이 꼭 자신이 뭔가를 잘못하거나 날씬한 사람보다 의지가 약해서는 아니다. 모순적이게도 이런 체질은 먼 옛날에는 오히려 '건강한' 특성이었다. 당시에는 이런 유전자가 생존 가능성을 높여줬기 때문이다. 음식을 구하기 힘든 시기에는 지방을 잘 저장하는 능력이 유리했다. 즉 쉽게 살찌는 사람들은 유전적으로 보면 생존력이 매우 강한 셈이다. 다만 오늘날의 서구 사회처럼 극심한 기아가 사라진 경우 이런 특성은 더 이상 강점이 아니다. 결국 어느 시대에 태어났는지에 따라 지방을 잘 저장하는 유전자가 득이 될 수도, 독이 될 수도 있는 셈이다.

음식 자극의 과잉

현대 서구 사회는 날씬해지거나 그 상태를 유지하는 데 호의적인 환경이 아니다. 특히 쉽게 살찌는 체질인 사람들에게는 더 그렇다. 이런 사회에서는 음식이 부족할 일이 거의 없다. 오히려 어디에나 먹을 것이 넘쳐난다. 그리고 우리의 뇌는 음식의 유혹에 특히 민감하게 반응하도록 설계돼 있다. 일상에는 맛있는 간식거리가 가득하고, 끊임없이 우리의 주의를 분산시킨다. 물론 우리의 몸은 정교하게 균형 잡힌 시스템을 갖추고 있지만 이런 강력한 자극 앞에서는 역부족이다. 예를 들어 지하철역 혹은 정류장 근처의 편의점이나 자판기를 생각해보자. 배고프고 짜증이 나기 시작할 무렵 마주치는 그 치즈빵이나 초코

바. 참아내는 게 쉽지 않다. 또한 광고는 우리의 식습관을 의식적·무의식적으로 조종한다. 마트도 마찬가지다. 건강하지 않은 제품은 건강한 음식보다 저렴하며 대부분 눈에 잘 띄는 위치에 진열돼 있다. 쉽게 손이 가는, 유혹적인 음식들은 체질적으로 살찌기 쉬운 사람들에게 특히 빠른 체중의 증가를 초래할 수 있다.

물론 모든 책임을 광고나 마트, 자판기에만 돌릴 수는 없다. 우리의 뇌도 한몫한다. 뇌는 여러 화학 물질을 분비함으로써 우리의 선택에 영향을 주고, 맛있지만 건강하지 않은 음식을 먹게끔 한다. 먹음직한 음식이나 냄새는 우리의 쾌락 호르몬, 도파민을 자극한다. 뇌의 보상 시스템인 복측 선조체가 이런 자극에 민감하게 반응하는데, 이 영역은 돈을 딸 때나 맛있는 음식을 먹을 때처럼 강한 긍정적 정서를 느낄 때 활성화한다. 인스타그램에 올린 게시물에 '좋아요'를 받을 때도 마찬가지다. 문제는 이 보상 시스템이 당분과 지방이 많은 음식, 예를 들어 초콜릿, 빅맥, 와퍼, 케이크에 더 강하게 반응한다는 것이다. 일부 연구에 따르면 과체중인 사람들의 복측 선조체는 보상에 덜 민감한 경향이 있다. 이는 역설적으로 들릴 수 있는데, 동일한 만족감을 느끼려면 점점 더 강한 자극이 필요해질 수 있다는 뜻이다.

하지만 보상 시스템이 맛있는 음식에 반응하는 건 과체중인 사람들만의 이야기가 아니다. 정상 체중인 사람들도 맛 좋은 음식을 상상하는 것만으로 보상 시스템이 활성화한다. 요컨대 뇌는 우리가 맛있는—그리고 건강하지 않은—음식을 갈망하게 만든다.

뇌 상식 — 다이어트의 신화

영양에 관한 조언은 넘쳐나지만, 과학자들 사이에서도 의견이 분분한 경우가 많다. 뇌에 좋다고 알려진 음식, 예를 들어 오메가3 캡슐이나 다크 초콜릿의 효과가 과학적으로 입증된 경우는 드물다. 다이어트법도 마찬가지다. 수많은 방법이 있지만 누구에게 무엇이 가장 효과적인지는 불명확하다. 하지만 과학자들이 대체로 동의하는 지점이 하나 있다. '디톡스(해독)'나 '크래시 다이어트'처럼 식사량을 단기간에 극단적으로 줄이는 방식은 효과가 거의 없고, 오히려 건강에 해로울 수 있다는 것이다. 이런 식으로 체중을 빨리 줄이는 데 성공한다고 해도 1년쯤 지나면 대부분 원래 체중으로 되돌아간다. 건강한 체중을 유지하려면 식습관을 체계적으로 바꾸는 편이 낫다. 불필요한 군것질을 줄이고, 포만감을 오래가게 해주는 음식을 먹는 것이 핵심이다. 예를 들면 통곡물이나 불포화 지방(실온에서 액체 상태를 유지하는 지방. 주로 생선이나 식물성 기름에 함유돼 있다—옮긴이)이 있다. 그리고 아침 식사는 거르지 않는 것이 좋다. 아침을 먹으면 하루 신진대사의 리듬, 즉 내부의 시계를 깨우는 역할을 하기 때문이다.

행그리: 배고픔과 짜증의 교차점

배고픔은 단순한 위장의 문제를 넘어 감정과 의사 결정에까지 영향을 미친다. 예를 들어 긴 하루를 보내고 집에 돌아왔는데 별것 아닌 말 한마디에 화가 치민다면 행그리(hangry) 상태일 가능성이 높다. 행그리는 '배고픔(hungry)'과 '화남(angry)'이 더해진 개념이다. 오랫동안 음식을 먹지 않으면 혈당이 떨어지는데, 뇌는 에너지원인 포도당이 필요하기 때문에 곧장 영향을 받는다. 몸은 혈당을 회복하려고 아드레날린, 코르티솔 같은 호르몬을 분비한다. 이런 호르몬은 뇌의 감정 중추를 자극해 짜증이나 분노 등의 반응을 유발한다. 어린아이의 경우 이런 반응이 훨씬 분명하게 드러난다. 감정을 숨기는 기술이 부족한 아이들은 배가 고플 때 두 살배기 율리안처럼 거리에서 울음을 터뜨리기도 한다. 이 상태의 좋은 점은 뭔가를 먹기만 하면 빠르게 진정된다는 것이다. 혈당이 정상으로 돌아오면 뇌의 긴장도 함께 풀린다.

뇌를 이해하고 활용하는 법

어린 시절

아무리 노력해도 살이 빠지지 않는 상황, 얼마나 답답한가. 나는 케이크를 보기만 해도 살찌는 것 같은데 친구는 다섯 조각을 먹고도 날씬한 모습을 보면 불공평하게 느껴질 수 있다. 그런데 여기엔 유전적 영향이 크고 어릴 적 체중도 주요인이다. 우리 몸의 지방 세포 수와 신진대사가 정해지는 인생의 특정한 시기가 있다. 연구에 따르면 지방 세포의 총량은 어린 시절에 거의 정해져 평생 거의 그대로 유지된다. 이 사실은 1980년대에 과학자들의 실험을 통해 밝혀졌다. 참가자들에게 극단적 다이어트로 단기간에 체중을 감량한 후 다시 살을 찌우게 했다. 그 결과는 놀라웠다. 지방 세포의 총량은 살이 빠진 때든 찐 때든 변하지 않았다. 이게 의미하는 바는 명확하다. 어릴 때 지방 세포가 많이 생긴 경우에는 성인이 되어 체중을 감량하기가 훨씬 어렵다는 것이다. 즉 어린 시절 과체중이던 사람은 평생 체중을 조절하는 데 큰 어려움을 겪을 수 있다.

폐경기

여성은 보통 50세 전후로 체중이 증가한다. 이런 체중 변화는 폐경기에 일어나는 큰 신체적 변화의 일부다. 이 시기에 여성 호르몬인 에스트로겐 수치가 급격히 감소하고 신진대사 속도도 느려진다. 이런 변화가 불편하게 느껴진다면 가장 효과적인 대처법은 건강한 식습관을 유지하면서 운동량을 늘리는 것이다. 1장에서 다룬 것처럼 꾸준한 신체 활동은 신진대사를 유지하는 데 도움이 된다. 가끔은 나를 위해 시간을 내서 산책하거나 자연 속에서 몸을 움직이는 것도 좋다.

음식은 사회적이다

음식이 뇌에 어떤 영향을 주는지, 뇌가 어떤 방식으로 음식을 선택하는 데 관여하는지 이해하는 것은 매우 흥미롭고 유익하다. 건강한 몸을 유지하는 건 분명 중요하다. 하지만 음식은 그 이상이다. 음식은 그저 몸을 위한 연료가 아니다. 우리는 누군가와 음식을 나누며 그 사람을 중요하게 여긴다는 메시지를 전달한다. 음식은 사회적이다. 중국 남부의 세 지역에서 실시한 연구에 따르면 음식을 나누는 행위는 사회적 연결감과 전통을 표현하는 방식이었다. 음식은 서로 낯설거나 문화가 다른 사람들이 가까워질 수 있도록 도와주는 매개체이기도 하다. 함께 식사하는 경험은 유대감을 형성하고 공동체 의식을 심어준다. 이처럼 음식이 주는 연대감과 사회적 가치를 잊지 말아야 한다.

15

어른이 되는 것과 이상주의
청년들이 열정적인 이유

20시 – 과외 선생님

"닭다리 하나 드실래요? 정말 맛있어요." 안스는 젊은 남성에게 닭다리를 담은 접시를 내밀었다. 멋스러운 콧수염과 턱수염을 기른 이 남자를 안스는 전혀 모른다. 그래도 거리축제인 만큼 누구든 환영이다. 게다가 이렇게 잘생기고 젊은 사람이라면 더더욱. "괜찮습니다. 고기 안 먹어요. 집단 축산이 문제잖아요." 그는 공손하게 웃으며 사양했다. "아이고, 참 대단하네." 안스는 미소를 지으며 감탄했다. "그럼 맥주는 어때요?" "아뇨, 내일 아침 일찍 학교에서 학생 집회가 있어서요. 이제 9번지 라라네 가야 해요. 제가 과외해주거든요." 안스는 단의 뒷모습을 흐뭇하게 바라봤다. 요즘 애들, 고기도 안 먹고 시위하려고 새벽부터 일어난다니……. 참 존경스럽다. 자신은 그 나이에 저렇게 진지했나 싶다. 아니, 어쩌면 그랬는지도. 문득 핵무기 반대 시위가 떠오른다. 대형 플래카드에 '순항 미사일을 당장 폐기하라'는 문구를 붓으로 쓰던 기억이 난다. 쌀쌀하지만 햇살 좋던 가을날,

회사에 병가를 내고 인파 속에 섞여 헤이그의 말리벨트 광장으로 향했다. 그날의 감정은 아직도 생생하다. 그때 미사일은 결국 배치되지 않았다. 그게 과연 자기 시위 덕이었는지는 모르겠지만.

"이 공식, 이제 좀 이해했어?" 단은 라라를 집중시키기 위해 애쓰고 있었다. 금요일 밤, 밖에선 이웃들이 축제를 즐기는 와중에 수학 문제를 붙들고 앉아 있기란 쉽지 않다. 그래도 라라는 월요일부터 시험 기간이라 어쩔 수 없다. "학교 진짜 싫어……." 라라는 식탁에 앉아 머리를 푹 숙이며 투덜댔다. "선생님은 어떻게 버텨요?" 단은 대학생이다. "나도 힘들지. 하지만 졸업만 하면 하고 싶은 거 다 할 수 있어. 다음 학기는 휴학하고 캄보디아로 갈 거야. 맹그로브숲 보호 활동하러." "와, 진짜 멋지다." 라라는 감탄했고, 단은 자랑스러운 듯 고개를 끄덕였다. "그러니까 우리 조금만 더 해보자."

변화에 대한 갈망

청년기, 즉 만 18~27세의 시기는 인생에서 특별한 전환기다. 이 시기에 우리는 성인으로서 권리를 부여받는다. 법적으로 선거에서 투표하거나 은행 계좌를 개설하거나 결혼할 수 있는 나이가 되는 것이다. 술을 마시거나 운전할 수 있는 것도 이때부터다. 심지어 정당을 창당할 수도 있다. 이렇듯 청년기는 처음으로 독립적 삶을 경험하는 시기다. 자기 수입으로 생활하고, 혼자 거주하고, 어른으로서 관계를 맺기 시작한다. 이처럼 큰 전환이 일어나는 시기이기 때문에 청년들은 사회적·정치적·경제적 변화에 특히 민감하다. 기후 변화나 국제 정세 같은 거시적·구조적 문제도 이들에게 남다르게 다가온다. 물론 인간은 어느 시기든 사회의 영향을 받는다. 하지만 청소년기에서 성인기로 넘어가는 이 과도기에는 외부 환경이 뇌와 정체성에 미치는 영향이 매우 크다.

목소리를 내고 싶은 욕구

청년들은 '이 사회는 왜 이렇게 굴러가는 걸까'라는 질문을 자주 던진다. 이들은 변화에 대한 욕구가 강하며 자기 목소리를 내고 싶어 한다. 그래서 시위나 집회 현장에서 가장 많이 보이는 연령대가 청년층이다. 기후 위기나 반전 관련 시위, 농민 집회나 직업 학교 학생들이 대학생과 같은 권리를 요구하는 집회……. 주제가 뭐든 청년들은 적극적으로 행동에 나선다. 예를 들어 라라의 과외 선생님인 단은 토요일 아침 일찍부터 대학의 일부 전공 폐지를 반대하는 시위에 참여한다. 이는 23세인 단에게 매우 자연스러운 반응이다. 그런데 이건 요즘 세대에게만 해당하지 않는다. 볼스트라트에 사는 안스는 1983년에 있었던 네덜란드 최대 규모의 핵무기 반대 시위에 참여했다. 당시 22세였던 그는 55만 명의 시민들과 함께 헤이그 거리로 나섰다. 청년기에는 사회 문제에 더 민감하게 반응하며 변화를 만들고자 하는 내적 동기가 크다. 물론 이런 감정은 모든 연령대에서 느낄 수 있지만, 청년기에는 그 강도가 특히 높다.

25세까지의 뇌 발달: 뇌는 아직 완성되지 않았다

청년기의 뇌에서는 무슨 일이 벌어질까? 법적으로는 만 18세부터 성인이지만, 뇌는 그렇게 단번에 어른이 되지 않는다. 청년기의 뇌는 사춘기 때 시작한 성장의 마지막 스퍼트를 올리고 있다. 대표적 예로 회색질이 계속 줄어든다. 이 영역에는 뇌의 일꾼인 뉴런이 모여 있는데, 여기서 나타나는 감소는 뇌의 퇴보가 아니라 정보를 더 효율적으로 처리하기 위한 가지치기다. 특히 행동을 조절하거나 미래를 계획하는 뇌 영역에서 이런 변화가 두드러진다. 반면 백색질-뇌의 신경망을 연결하는 경로-은 이십대 중반까지 계속 증가한다. 이처럼 상이한 변화가 동시에 일어나기 때문에, 우리는 뇌가 완전히 성장하는 시점을 25세쯤으로 본다. 물론 이 나이는 평균일 뿐 그 시점은 사람마다 조금씩 다르다. 사춘기가 모두에게 동시에 시작되거나 끝나지 않듯 뇌의 성숙에도 개인차가 있다. 이후의 삶에서도 뇌는 계속 변화한다. 다만 그 변화의 정도가 청소년기나 청년기만큼 크지 않다.

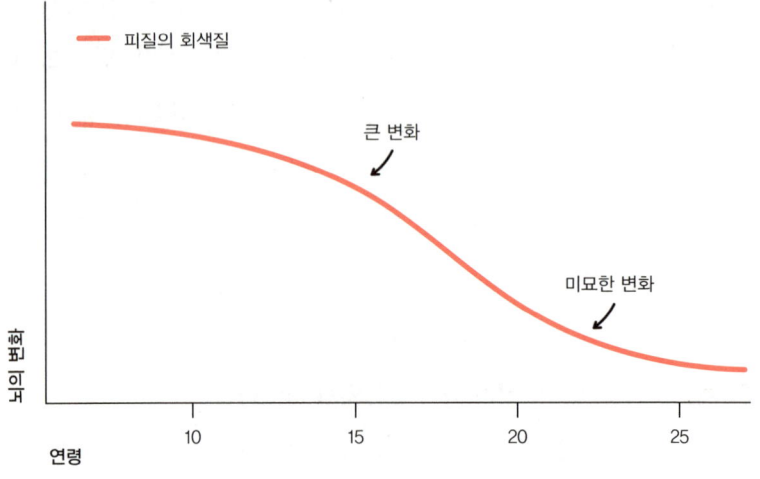

우리는 더 늦게 어른이 된다

많은 연구에서 뇌 발달이 25세 무렵에 정체기를 맞이하며 뇌가 '성숙한' 단계에 도달하는 것으로 본다. 하지만 언제나 그런 것은 아닐 수 있다. 그리고 앞으로 바뀔 가능성도 있다. 미국의 심리학자 제프리 아넷(Jeffrey Arnett)은 이때를 '성인기로 이행하는 시기'라고 했다. 즉 청소년기를 지났지만 학업의 마무리, 수입의 안정, 동거나 결혼 같은 진짜 어른으로서의 책임을 다하지 않는 과도기적 시기다. 아넷은 지난 70년 동안 이런 책임을 지는 연령이 점점 늦춰졌다고 말한다. 그리고 이 추세는 최근 몇십 년 사이에 심화했다. 오늘날의 청년들은 과거보다 더 오래 부모와 함께 살고, 더 늦게 연애나 결혼 생활을 시작한다. 아넷은 그 이유를 사회적 복잡성의 증가에서 찾는다. 사회가 복잡해질수록 어른이 되기까지 시간이 더 필요하다는 것이다. 그렇다면 요즘 청년들의 뇌는 과거의 또래들과 다를까? 이는 확실치 않다. 왜냐하면 뇌를 스캔하고 구조를 비교할 수 있게 된 것이 불과 수십 년 전이기 때문이다. 우리는 1980년대의 스무 살과 오늘날의 동갑내기를 직접 비교할 수 없다. 하지만 아넷은 예전 사람들이 더 빨리 어른이 됐을 것이고, 지금은 뇌 발달조차도 좀더 천천히 진행할 거라고 생각한다. 그런데 늦게 어른이 되는 것이 나쁜가? 빠른 성숙이 과연 항상 좋은 일일까? 아넷을 포함한 학자들은 오히려 지금의 변화가 기회라고 본다. 뇌가 더 오래 발달하면서, 젊은 세대는 배우고 탐색하고 삶을 유연하게 설계할 수 있는 시간을 더 오래 누린다. 그리고 세상을 바꾸려는 의지와 에너지도 더 오래 유지된다. 라라의 과외 선생님 단처럼.

 **뇌 상식—성숙은 문화마다 다르다**

흥미로운 사실 하나. 모든 나라가 어린 시절이 언제 끝나는지를 같은 기준으로 판단하지는 않는다. 즉 청년기의 시작은 문화적으로 규정되는 측면이 크다. 예를 들어 네덜란드에서는 18세부터 술을 마실 수 있지만 벨기에는 16세, 미국은 21세부터 가능하다. 이런 차이는 각 국가에서 성인의 권리를 감당할 수 있다고 여기는 연령의 암묵적 기준이 다름을 보여준다. 이는 법률에서도 드러난다. 점점 더 많은 연구에서 청소년에게 성인과 같은 법적 책임을 지게 해서는 안 된다고 말하고 있다. 네덜란드는 이런 내용을 형법에 반영했지만 미국은 아직 하지 않았다. 또 다른 사례도 있다. 미국에서는 25세 미만이 차량을 빌릴 때 보험료가 더 비싸다. 통계적으로 이 연령대의 운전자들이 교통사고를 더 많이 내기 때문이다.

청년과 미래에 대한 전망

이 시대는 젊은 세대에게 꽤 큰 압박을 가하고 있다. 최근 몇 년만 하더라도 코로나 팬데믹, 곳곳에서의 전쟁, 심각한 주택난, 위기 수준의 기후 문제 등 세계적 문제가 끊이지 않는다. 젊은이들은 기후 위기를 해결해야 한다는 무언의 압력을 느끼지만 정작 이를 위한 정치적 권한이나 영향력은 부족하다. 청년층은 전체 유권자 중에서도 소수에 불과하며, 법적으로 18세가 되어 투표권을 얻더라도 실제 행사할 기회는 몇 년 후에나 찾아오기도 한다.

이런 현실은 청년들에게 특히 뼈아프다. 연구에 따르면 사람들은 이십대 초반에 사회적 변화를 불러오고자 하는 욕구가 가장 크다. 하지만 실질적 기회는 부족하고 체감하는 영향력도 적기 때문에 좌절감을 느끼기 쉽다. 이처럼 하고 싶은 것과 할 수 있는 것 사이의 불균형은 이 시기에 두드러진다. 이는 이전 세대에게도 있었던 일이며, 종종 사회적 긴장과 변화를 이끄는 원동력이 되기도 했다. 사회를 변화시키고 싶고 행동하고 싶은데 잘 안된다는 좌절감은 다양한 형태로 나타난다. 어떤 이들은 청년 고립 문제를 해결하기 위한 활동을 기획하거나, '흑인 목숨도 소중하다(Black Lives Matter)' 같은 사회 운동이나 '멸종에 대한 저항(Extinction Rebellion)' 같은 기후행동주의에 참여하기도 한다. 반면 불안과 초조함이 무력감으로 이어지기도 한다. 실제로 통제할 수 없는 위기 상황에 대한 무력감인 '기후 불안(climate anxiety)'은 기성세대보다 젊은 세대에게서 더 자주 나타난다.

이상적인 나

이런 현실 속에서도 사회 문제를 해결하는 데 기여할 수 있는 가능성을 실제로 보는 것은 청년들에게 힘이 된다. 예를 들어 청년 운동에 참여하거나 친구들과 함께 플라스틱 없는 행사를 기획하는 일 등이다. 자신이 어떤 문제를 해결하는 데 헌신하고 싶은지는 매우 개인적인 영역이다. 정체성을 형성해나가는 과정에서 '나는 누구인가?'와 함께 '나는 어떤 사람이 되고 싶은가?' 하는 물음도 생긴다. 내가 쓴 책《자신감 세대》에서도 언급했듯 사람은 실제 자기의 이미지와 함께 이상적 자기상, 즉 '이상적인 나'에 대한 그림도 갖고 산다. '이상적인 나'

는 개인의 가치관에 따라 달라진다. 누군가에게는 가족을 돌보는 것이 가장 중요하고, 다른 누군가에게는 세계적 문제를 해결하는 것이 삶의 목표다. 예를 들어 라라의 과외 선생님인 단은 캄보디아의 맹그로브숲 보호 활동에 참여할 계획을 세우고 있다. 그런 활동이 자신이 뭔가를 바꾸고 있다는 실감을 주기 때문이다.

정체성을 형성하는 과정에는 내가 지금 어떤 사람인지뿐만 아니라 어떤 사람이 되고 싶은지에 대한 질문도 따라온다.

청년과 소셜 미디어

소셜 미디어는 청년들로 하여금 스스로가 덜 유능하다고 느끼게 할 수 있다. 다른 사람들이 나보다 잘 살고 있는 것처럼 보일 때 상대적 박탈감을 느끼는 것이다. 그런데 소셜 미디어와 정신 건강 사이의 관계는 일방향이 아니다. 많은 연구에서 소셜 미디어를 자주 사용할수록 기분이 나빠진다는 결과가 나오지만, 반대로 이미 기분이 좋지 않은 청년들이 소셜 미디어를 더 자주 찾기도 한다. 다시 말해 외로움이나 불안의 원인이 항상 소셜 미디어는 아니지만, 소셜 미디어가 이런 감정을 악화시킬 수 있다. 하지만 오늘날 청년들이 마주한 문제는 소셜 미디어에만 국한되지 않는다. 고용의 불안정성, 지역 공동체 및 사회 조직의 해체, 세계적 위기는 청년들에게 앞길이 보이지 않는다는 감각을 심는다. 네덜란드 국립공중보건·환경연구소(Rijksinstituut voor Volksgezondheid en Milieu, RIVM)의 최근 보고서에 따르면 청년의 44퍼센트가 외로움을 느낀다.

잘 될 거야

그럼에도 불구하고 청년들은 주로 낙관적이다. 연구에 따르면 모든 연령대의 사람들이 보통 미래를 기대하며 살아간다. 우리는 좋은 일이 일어날 확률이 나쁜 일보다 높다고 생각한다. 물론 지나친 낙관주의는 위험할 수 있다. 예컨대 "나는 괜찮을 거야"라는 믿음으로 음주나 약물 사용 후 운전하는 것이다. 반면 낙관이 너무 부족하면 우울감으로 이어지기 쉽다. 청년들은 미래에 대해 과도한 긍정적 기대를 품을 수도, 반대로 부정적 전망에 빠질 수도 있지만 긍정적 편향이 더 자주 나타난다. 전 세계적으로 18~22세의 청년들이 위험 감수 행동을 가장 많이 하는 것으로 알려져 있다. 낙관주의가 그 배경이 되는 셈이다.

이런 경향은 뇌과학적으로도 설명이 가능하다. 사람들이 미래의 긍정적 사건을 상상하면 부정적 사건에 비해 뇌의 내측 전전두 피질과 편도체가 더 활성화한다. 내측 전전두 피질은 현재와 과거와 미래의 '나'를 생각할 때 자주 관여한다. 편도체는 자전적 기억과 관련한 정서에 중요한 역할을 한다. 어떤 연구에서는 참가자들이 미래에 대해 낙관적일수록 내측 전전두 피질이 더 활성화했다는 결과가 나왔다. 다시 말해 청년들의 뇌는 꿈꾸고 계획하는 데 유리하게 설계돼 있다.

뇌를 이해하고 활용하는 법

불확실한 미래와 마주하기

청년들이 낙관적이라도 오늘날처럼 복잡한 사회에서 미래에 대한 불안감을 느끼는 것은 자연스러운 일이다. 다행히 이런 불안을 완화하고 회복력을 기르는 방법이 있다. 자기 결정 이론에 따르면 인간은 세 가지 핵심 욕구를 충족할 때 건강하게 성장할 수 있다.

첫 번째 핵심 욕구는 '자율성'으로, 스스로 선택하고 결정할 수 있다고 느끼는 것이다. 두 번째는 자신이 어떤 일을 잘한다고 느끼는 '유능감', 세 번째는 타인들과 맺는 관계가 의미 있다고 느끼는 '연결감'이다. 이 세 가지는 자기 결정 이론에서 성장의 필수 조건이다.

청년이 말하는 청년의 필요

요즘 청년들은 '청년에게 무엇이 필요한지'를 잘 알고 있다. 이들은 창의적이고 혁신에 대한 감각이 탁월하다. 연구에 따르면 청년들이 가장 원하는 것은 자기 계발의 기회다. 그것이 꼭 거창할 필요는 없다. 예컨대 자신이 자란 동네에서 어떤 활동을 직접 기획해보거나 학교의 교과 과정을 구성하는 데 참여하는 것도 좋다. 그러나 이런 기회는 공평하게 주어지지 않는다. 예를 들어 가정이 경제적으로 불안정한 청년은 이런 기회를 누릴 가능성이 낮다. 청년은 혼자 성장할 수 없다. 자신의 안녕을 위해 할 수 있는 일을 최대한 하더라도 사회적 구조의 지지 없이는 건강한 성인으로 자라기 어렵다. 사회가 청년을 위한 토대를 마련해줘야 청년도 사회를 위한 역할을 온전히 해낼 수 있다.

소피

16

우정
그것은 착각이 아니다

21시 – 치즈스틱 한 접시

"샴페인 한 병 어때, 얘들아?" 술집 주인은 순식간에 얼음통을 가져다주고, 밝은 여성 세 명의 잔을 채운다. 소피는 속으로 다짐한다. 물 많이 마셔야지. 동네 축제에서 이미 술을 좀 마셨기 때문이다. 하루가 정신없이 지나갔지만, 오늘 이 약속만큼은 놓치고 싶지 않았다. 타냐와 킴은 그를 기다리고 있었고, 언제나 그렇듯 친구들과의 이런 밤은 그의 에너지를 북돋아주기 때문이다.

소피는 점심시간에 있었던 일을 친구에게 이야기한다. 동료들이 자신을 버리고 간 줄 알았는데, 단지 회의가 있던 것뿐이라고. "나는 왜 이렇게 불안한 걸까?" 이야기 끝에 소피는 좌절한 듯 말한다. 친구들은 팔을 벌려 그를 꼭 안는다. "정말 모르겠다, 소피." 킴이 말한다. "너는 내가 아는 여자 중에 가장 웃기고 매력적이야." "소피에게, 지구에서 제일 멋진 여자에게!" 아이리스가 잔을 들고 외친다. "그리고 나도 축하해줘. 드디어 핌이랑 끝냈거든." "뭐라고?" 소피와 타냐는 눈을 크게 뜨고 킴을 바라본다. "응, 이제 끝낼 때가 됐어. 더는 이중생활 못 하겠더라." 킴은 한숨을 내쉰다. 소피와 타냐는 고개를 끄덕인다. 킴의 남편이 그의 불륜을 알게 되는 건 시간문제였다. 세 사람은 치즈스틱을 주문하고, 킴의 이별 이야기를 하나하나 들춰가며 이 밤을 보낸다.

평생 친구(가 될 수도, 아닐 수도)

우정은 특별한 관계다. 가족과 달리 친구는 스스로 선택한다. 친구는 연인과도 다르다. 물론 연인도 선택하는 관계지만, 보통 연애는 배타적이고 결혼이나 동거나 가정 같은 틀을 따르게 된다. 이웃이나 동료도 친구와는 다르다. 친구는 만남을 의식적으로 결정하는 관계인 데 비해 이웃과 동료는 일상에서 자연스럽게 마주친다. 우리는 친구를 만나려고 기꺼이 시간을 내고 노력을 기울인다. 이는 가족도 연인도 아닌, 나만의 사회적 관계망이 필요하다는 뜻이다. 생각해보면 참 신기한 일이다.

친구는 완충재다

우정은 어느 정도의 상호 투자를 전제한다. 길에서 우연히 말을 건네는 사람과 달리 친구에게는 기대가 생긴다. 즉 당장 보상받을 필요는 없지만 언젠가는 뭔가 돌아올 것이란 믿음이 있다. 예컨대 친구가 여행에서 돌아오는 날 공항에 데리러 가면서 몇 달 뒤 내가 이사할 때 친구가 도와줄 거라고 기대하는 식이다. 이런 신뢰와 상호성은 친구 관계를 지탱하는 기반이다. 친구는 단순히 함께 활동하는 사람이 아니다. 그런 목적이라면 아무나 괜찮을 테니까. 친구는 내가 신뢰하고 기대할 수 있는 사람이다. 이런 상호성은 먼 미래에 실현될 수도 있고, 반드시 구체적일 필요도 없다. 예를 들어 친구의 이별이나 직장 문제에 몇 달 동안 귀 기울여주는 것도 우리 사이가 잘 유지될 거라는 믿음이 있기 때문이다. 이처럼 우정은 이타적 행동, 즉 친사회적 행동에 크게 의존한다. 이는 내게 직접 이익이 없더라도 타인을 위해 뭔가를 하는 행동이다. 친구란 서로를 위해 자발적으로 시간을 내고 마음을 쓰는 존재인 것이다. 이런 이타적 행동으로 우정에 투자하고 나면, 그 다음 단계는 신뢰다. 신뢰는 우정을 유지하는 접착제와 같다. 킴이 남편과 바람피운 상대 사이에서 얼마나 갈등하는지를 소피와 타냐에게만 털어놓은 것도 두 사람이 자신을 배신하거나 단정하지 않을 것이라는 신뢰가 있기 때문이다. 그런 신뢰는 우정 안에서 상호 관계를 더 단단하게 만든다. 게다가 우정은 심리적 보호막 역할도 한다. 파티에 초대받지 못하거나 운전 중 누군가와 다투고 기분이 꺼림칙할 때, 친구는 그 고통을 완화해줄 수 있다. 소피가 점심시간에 직장에서 있었던 일 때문에 또다시 과거처럼 소외당하는 느낌이 들었다고 얘기했을 때, 친구들의 반응은 소피에게 위로가 됐다. 우정은 일상의 완충재로 기능한다. 힘든 사회적 경험도 곁에 친구가 있어준다는 사실만으로 좀 더 쉽게 흘려보낼 수 있다.

연구와 실험

뇌가 친구와 지인을 구분한다는 사실은 어떻게 밝혀졌을까? 레이던 대학교의 베르나 귀로을루(Berna Güroğlu) 교수는 '우정의 뇌'를 연구하는 전문가다. 그는 뇌가 진정한 친구와 그저 그런 지인을 구별하는 방식을 알아냈다. 귀로을루 교수는 연구에 참여한 젊은 성인들을 대상으로 같은 학과 동료들 중 누구와 우정을 나누는지, 누구와 중립적 관계인지, 그리고 누구를 싫어하는지까지 조사했다. 그는 2008년에 이미 뇌가 친구를 특별하게 인식한다는 사실을 세계 최초로 발견했다. 참가자들은 조이스틱을 친구의 사진 쪽으로 움직일 수 있었는데, 이때 뇌의 보상 관련 영역과 사회적 뇌가 활발하게 작동하는 것으로 나타났다. 이는 지인이나 존경하는 유명인을 향해 조이스틱을 움직일 때보다 훨씬 강한 반응이었다. 연구팀은 다른 실험에서 친구에게 친사회적 행동을 할 때 '사회적 뇌 네트워크', 특히 뇌의 측두엽-두정엽 접합부가 활성화하는 것을 발견했다. 하지만 그 행동이 친구가 아닌 또래를 향할 때는 이 영역이 거의 작동하지 않았다. 6장에서 이미 다룬 바와 같이 측두엽-두정엽 접합부는 신뢰와 깊은 관련이 있는 영역이다. 또한 귀로을루 교수는 참가자들이 친구에게 친사회적이지 않은 행동을 할 때 뇌에서 어떤 일이 일어나는지도 알아냈다. 이 실험에서 참가자들은 가상 화폐를 나누는 게임을 했는데 때때로 자기 이익을 위해 돈을 더 많이 차지하기도 했다. 이때 뇌 영역 중 섬엽이 활성화했다.

이 섬엽은 불쾌감이나 놀람처럼 강한 신체적 반응을 불러일으키는 자극에 반응하는 영역이다. 친구에게 불친절하게 행동할 때 이 영역이 작동하는 것은 이건 옳지 않다는 뇌의 경고다.

독재자 게임

앞에서 살펴봤듯 우정은 본질적으로 '친사회적 행동'을 필요로 한다. 친사회적 행동이란 당장 나에게 이득이 없더라도 타인을 위해 기꺼이 뭔가를 해주는 것이다. 심리학자들은 이런 행동이 실제로 어떻게 나타나는지 알아보려고 실험실에서 다양한 방법을 활용했는데 그중 하나가 독재자 게임(dictator game)이다. 이 게임의 구조는 단순하다. 참가자에게 10유로가 주어지고, 그중 얼마를 타인에게 나눠줄지 스스로 정할 수 있다. 나머지는 자신이 갖는다. 이때 상대는 전혀 영향을 미칠 수 없으므로 참가자는 독재자처럼 마음대로 결정할 수 있다. 사람들은 대체로 낯선 상대에게도 친사회적 행동을 보였고, 나눠준 액수는 평균 3유로였다. 그런데 상대가 친구인 경우에는 상황이 달라졌다. 가진 돈의 절반에 해당하는 5유로를 건네는 경우가 많았다. 이는 그리 이상한 일이 아니다. 우리는 친구에게 일정한 수준의 상호성을 기대하며, 지금 내가 친구에게 베푸는 행동이 언젠가 어떤 형태로든 되돌아올 거라고 믿기 때문이다. 이를테면 "이번엔 내가 5유로 줄 테니, 다음 주에 내가 이사할 때 도와줘"라는 암묵적 기대가 형성되는 것이다. 이처럼 친구와의 관계는 주고받으며 다져지고, 그만큼 친구는 실질적 자산이기도 하다.

친구를 향한 신뢰

신뢰는 우정을 지속시키는 접착제 역할을 한다. 과학자들은 실험을 통해 이 사실을 검증했다. 한 연구에서는 9~18세의 아동 및 청소년들에게 또래들을 자신과의 관계에 따라 세 집단으로 나누게 했다. 첫 번째 집단은 친구들, 두 번째 집단은 중립적이거나 싫어하는 아이들, 세 번째 집단은 모르는 아이들이었다. 참가자들은 각 집단을 얼마나 신뢰하는지 평가했다. 그 결과 9세 아동들조차 친구에게는 무려 80~100퍼센트 수준의 신뢰를 보냈다. 친구에 대한 높은 신뢰는 청소년기 내내 이어졌고, 친구들 역시 거기에 호응했다. 성인을 대상으로 한 후속 연구에서도 비슷한 경향이 나타났다.

친구와 함께 느끼는 감정

우정이 우리를 보호해준다는 사실은 과학적으로도 입증됐다. 한 실험에서 연구진은 참가자들이 (8장에서 살펴본) 사이버볼 게임 도중 배제당할 때 뇌 활동을 측정했다. 이때 흥미로운 점은 뇌의 통증 반응이 평소 친구가 많은 사람일수록 약하다는 것이다. 우정은 고통을 경험할 때 더 두텁고 단단한 보호막을 제공한다.

반대의 상황에서도 뇌는 민감하게 반응한다. 즉 친구가 상처받는 모습을 보면 우리는 그 아픔을 마치 내 일처럼 느낀다. 친구가 사이버볼 게임에서 소외당하는 장면을 본 참가자들의 뇌에서는 고통과 관련한 영역이 강하게 활성화했다. 낯선 사람이 같은 일을 당할 때보다 훨씬 크게 반응한 것이다. 이는 우리의 사회적 뇌가 움직인 결과다. 사회적 뇌는 타인의 감정에 감정이입할 수 있게 하는 시스템으로, 특히 친구에게 깊이 공감하는 사람일수록 이런 반응은 더 민감하고 **빠르다**. 이런 감정적 공명은 우정을 유지하고 계속 투자하게 하는 핵심 메커니즘이다.

뇌 상식 — 몇 명의 친구가 있어야 할까

우리는 보통 친구가 얼마나 많을까? 연구에 따르면 사람들은 대부분 3~4명의 친한 친구와 10~20명의 덜 친밀한 친구가 있다. 물론 이상적인 친구의 수는 사람마다 크게 다르다. 여성은 대체로 남성보다 더 넓은 사회적 관계망을 유지하지만, 남성의 우정은 좀더 오래가고 안정적인 경향이 있다. 10~15퍼센트의 성인이 친구가 전혀 없다고 답한 연구도 있다. 이들은 파트너나 가족 관계에 집중하느라 우정에 투자할 시간이나 여유가 부족한 경우가 많다. 하지만 이런 상황은 본인의 선택이 아닐 수도 있다. 문제는 현대 사회에서 가족의 규모가 줄어들고, 이혼이나 독립이 흔해진 것이다. 이런 변화 속에서 우정은 더 중요한 사회적 자원이 됐다. 그래서 친구가 없는 자신이 비정상이라고 생각하면서 외로움과 슬픔을 느끼기도 한다. 하지만 다행히 우정은 정해진 형태가 있는 것이 아니다. 위에서 얘기했듯 오래가는 우정은 상호성에 기반한다. 예를 들어 동호회나 운동 또는 취미 모임에 참여할 수 있다. 모든 우정에 깊은 정서적 교류가 필요한 것은 아니다.

닮은 사람에게 끌리는 이유

우리는 보통 비슷한 사람과 친구가 된다. 나이, 성별, 교육 수준, 관심사 등의 공통점이 있을수록 우정이 쉽게 형성된다. 이런 현상의 이유는 크게 두 가지다.

- 첫 번째 이유는 '욕구'다. 우리는 본능적으로 유사성이 있는 사람에게 더 편안함을 느낀다.
- 두 번째 이유는 '기회'다. 즉 우리는 자주 접하는(사회학자들은 이를 '공급'이라고 부른다) 사람들과 닮았기 때문에 쉽게 친구가 되는 것이다. 예를 들어 대학 시절에는 연령대와 교육 수준이 비슷한 친구를 가까이서 만날 수 있다.

대학생 때의 친구 관계는 종종 인생 전체에 영향을 줄 만큼 중요한 기반이 되기도 한다. 하지만 인생에 이직, 이혼, 출산 등의 변화가 찾아올 때 우리는 새로운 유형의 친구를 원하게 된다. 예를 들어 여성은 육아를 시작하는 시기에 친구 관계가 일시적으로 느슨해지기도 하고, 시간이 지나 이런 관계를 재개할 때는 예전과는 다른 사람과 친해질 수도 있다. '지금의 나'와 잘 맞는 사람에게로 자연스럽게 옮겨가는 것이다. 사회학자 베아테 푈커(Beate Völker)의 연구에 따르면 친구 관계는 나이가 들수록 더 동질적이다. 즉 교육 수준, 성별 등이 유사한 사람과 친구가 되는 경향이 강해진다. 이는 노년기에 주로 가는 장소―공연장, 운동 모임 등―에서 만나는 사람들의 특성이 비슷하기 때문일 수도 있다.

연구와 실험

나이가 들수록 비슷한 친구를 사귄다는 것은 장기 연구에서 밝혀진 사실이다. 푈커는 18~64세의 사람들을 20년 이상 추적하며 이들의 친구 관계를 조사했다. 참가자들에게 설문지를 받고 인터뷰에서 "최근 사적인 이야기를 나눈 사람은 누구입니까?" 같은 질문을 하면서 사회적 연결망을 분석한 결과, 친구 관계는 전 연령대에서 안정적으로 유지되는 편이었다. 하지만 노년층은 확실히 사회적 관계망의 규모가 더 작았다.

뇌를 이해하고 활용하는 법

우정을 소중히 여겨야 한다는 것은 분명하다. 친구는 우리에게 보호막이 돼주고 자존감을 북돋아준다. 덕분에 우리는 더 단단하고 회복력 있는 사람이 될 수 있다. 무엇보다 우리는 친구를 신뢰할 수 있다. 흥미로운 사실은 우리의 친구들 대부분이 우리와 배경이나 성향이 비슷하다는 것이다. 비슷한 사람과 친구가 되기 쉬운 이유는 단순하다. 사람들은 그런 친구를 원하고 그런 사람들과 더 많이 마주치기 때문이다. 그렇기 때문에 때론 나와 전혀 다른 사람과의 우정을 의식적으로 추구해볼 필요가 있다. 푈커는 우리가 속한 사회적 '거품' 밖의 우정이야말로 서로 다른 문화나 삶의 방식 사이에 다리를 놓을 수 있기 때문에 중요하다고 말한다. 생각해보면 나이, 성별, 종교, 문화가 달라도 우리는 서로에게 배우고 기댈 수 있다. 익숙지 않다는 이유로 외면하던 사람들과의 관계가 우리의 시야를 넓히고 삶의 지평을 확장할 수 있다. 실질적 측면에서 볼 때도 시각이 나와 다른 친구는 문제를 해결하는 데 새로운 접근을 제시해준다. 나와 너무 닮은 친구들은 내 생각을 반복해줄 뿐인지도 모른다. 이렇듯 다양한 사람과 관계를 맺으려는 노력은 단지 개인적 성장을 위한 것이 아니다. 일상에서 다른 사람의 관점을 자주 떠올릴 수 있으면 낯선 이를 더 따뜻이 대하게 된다. 연구에 따르면 이런 변화는 사회 전반의 친사회적 행동을 늘린다.

17

치매
혼란스러워진 뇌

22시 – 형제

빗방울이 다시 부슬부슬 떨어지기 시작했지만 볼스트라트에는 여전히 사람들의 목소리가 들린다. 몇몇 열혈 이웃들은 비 따위에 아랑곳하지 않고 반쯤 빈 잔들 사이로 이야기를 나눈다. 그 잔들엔 이내 빗물이 고인다. 케네스와 안스가 함께 단 전구에서 잔잔한 빛이 흘러나와 길가에 늘어선 플라타너스 가지를 몽환적으로 비춘다. 케네스는 큰형 욘과 팔짱을 낀 채 집으로 향한다. 욘은 케네스보다 열두 살 위로, 마치 아버지 같은 존재였다. 욘이 먼저 네덜란드로 이주했고 케네스는 곧바로 뒤따랐다. 두 사람은 평생을 붙어 다녔다. 하지만 이제 욘은 초기 치매 진단을 받았다. 케네스는 일주일에 두 번씩 형을 찾아간다. 오늘 밤은 형이 그의 집에서 묵는다.
"오늘 재밌었지, 형? 안스가 형한테 관심 엄청 주던데. 질투 나." 형의 어리둥절한 표정을 보고 케네스가 덧붙인다. "내 옆집 사는 안스 말이야……." "아, 그래그래." 욘이 안도한 듯

웃는다. 하지만 대화 내용은 기억나지 않는다. "근데 우리 지금 어디 가는 거지, 케네스?" "내 집이야, 형. 바로 여기잖아. 기억 안 나?" 욘은 고개를 끄덕이지만 집은 낯설기만 하다. 자신이 왜 여기에 있는지도 잘 모르겠다. "내가 너네 집에서 잔다고? 근데 내 짐은?" 케네스는 미소 지으며 설명해준다. 오후에 이미 함께 짐을 정리했다고. 파자마, 칫솔, 필요한 건 다 준비되어 있다고. 욘은 다시 고개를 끄덕인다. 기억이 돌아온 듯한 표정을 짓고 케네스의 손을 꼭 잡는다. "맥주 한 잔 더 할까?" "형이라면 언제든지." 케네스는 형의 외투를 벗겨 걸어놓고 문 위에 걸린 커다란 액자 속 사진을 흘끗 본다. 아루바의 바닷가에서 두 형제가 함께 찍은 사진이다. 케네스는 이제 막 걷기 시작한 아이였고, 욘의 든든한 어깨 위에 올라타 활짝 웃고 있다.

치매의 영향

치매는 뇌에 발생하는 심각한 질환으로, 많은 사람들이 직간접적으로 경험하게 된다. 환자 본인에게 미치는 영향도 크지만, 사랑하는 사람이 치매에 걸렸을 때 느끼는 고통 또한 크다. 치매에는 인지 기능의 저하가 따른다. '인지 기능'이란 정보를 이해하고 처리하는 능력을 뜻한다. 치매는 대개 기억력 감퇴로 시작한다. 예를 들어 케네스의 형 욘은 낮에 이미 짐을 갖다 놓은 것을 기억하지 못한다. 그가 수없이 들른 케네스의 집도 더 이상 낯익지 않다. 이처럼 치매는 일상의 구조를 무너뜨린다. 전에는 별생각 없이 자연스럽게 하던 일이 점점 어려워진다. 예컨대 공과금을 납부하거나, 마트를 찾아가거나, 전자레인지를 돌리는 일이 헷갈리기 시작한다. 병이 심해지면 양치질이나 옷 입기 같은 기본적 행동조차 혼자서는 어려워진다. 그렇기에 이 질환의 무게는 환자뿐만 아니라 가족과 돌보는 이들 모두가 지게 된다.

아직은 치료법이 없다

과학자들은 치매의 원인과 뇌에 미치는 영향을 오랫동안 연구해왔지만 아직 밝혀지지 않은 부분이 많다. 현재로서는 치매를 완치할 수 있는 약이나 치료법이 존재하지 않는다. 다만 연구자들은 한 가지 가능성에 주목한다. 치매와 관련해 단백질이 작용하는 메커니즘을 더 깊이 파악한다면 언젠가 그 실마리를 찾을 수도 있다. 또한 최근 연구에서는 건강한 생활 습관과 정신적 활동이 치매의 발생률을 낮추는 것으로 밝혀졌다. 규칙적 운동, 사회적 교류, 꾸준한 공부, 독서 같은 활동이 뇌를 더 건강하게 만든다. 이는 건강한 뇌가 치매에 대한 저항력이 높다는 희망적 메시지를 전한다.

 **뇌 상식 — 숫자로 보는 치매**

65세 이상 인구의 약 8퍼센트가 치매를 겪고 있다. 치매는 주로 노년기에 발병하는 질환이다. 80세 이상이 되면 4명 중 1명이 치매의 영향을 받으며, 90세를 넘기면 그 비율은 40퍼센트를 넘긴다.

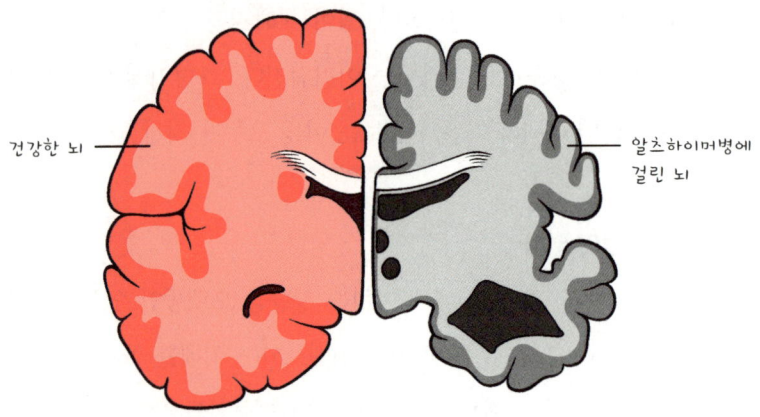
건강한 뇌 / 알츠하이머병에 걸린 뇌

노화와 뇌의 변화

나이가 들면 뇌는 서서히 작아진다. 이는 자연스러운 과정이며, 노년기의 뇌에 대한 20장에서 더 자세히 다룰 것이다. 뇌가 줄어든다고 해서 반드시 삶의 질이 크게 떨어지는 것은 아니다. 인지 기능의 큰 저하 없이 100세까지 선명한 정신을 유지할 수 있다. 실제로 많은 100세 노인들이 삼십대 때 못지않은 인지 능력을 유지한다. 하지만 치매는 노화로 인한 뇌의 일반적 위축과는 차원이 다르다. 이 질환은 뇌세포 자체를 손상시키고 일부는 사라지게 한다.

치매의 다양한 형태

치매는 단일한 질환이 아니다. 여러 형태가 있으며 그중 가장 흔한 유형은 '알츠하이머병'이다. 전체 치매 환자의 약 70퍼센트가 여기에 해당한다. 알츠하이머라는 이름은 독일의 정신과 의사이자 병리학자인 알로이스 알츠하이머(Alois Alzheimer)에게서 따왔다. 그는 1906년 치매로 사망한 환자의 뇌를 해부하다가 '엉킨 섬유'처럼 보이는 구조물을 관찰했는데, 이는 나중에 단백질 침착물로 밝혀졌다. 현재는 알츠하이머병이 뇌에 미치는 영향이 더 잘 알려져 있다. 알츠하이머병으로 인한 초기의 변화는 뇌의 기억 중추인 해마에서 시작된다. 그래서 가장 먼저 나타나는 증상도 기억력 감퇴다. 병이 점차 뇌의 다른 영역으로 퍼지면 일상적 활동이 점점 어려워진다. 알츠하이머병의 원인은 세포 간 단백질을 운반하는 데 생기는 이상으로 보인다. 알츠하이머가 1906년에 이미 이런 단서를 밝혀냈지만, 이후 과학자들은 그 과정을 더 정밀하게 파헤칠 수 있게 됐다. 오늘날의 연구에 따르면 알츠하이머병 환자의 뇌에는 제 기능을 하지 못하는 운반 단백질이 쌓이고, 그 조각들이 딱딱하게 굳어져 응집된 형태로 남는다. 이렇게 뇌 속에 '플라크'라는 단백질 덩어리가 형성돼 뇌의 기능을 점점 손상시킨다. 또한 알츠하이머병 환자의 뇌에서는 염증 반응이 함께 나타나는 경우가 많다.

하지만 알츠하이머병이 치매의 전부는 아니다. 전체 치매 환자의 약 16퍼센트는 '혈관성 치매'를 겪는다. 이 경우 뇌 전체의 백색질 연결망이 손상되어 주로 정보를 처리하는 속도에 영향을 준다.

또 다른 형태로는 '전두측두엽(이마관자엽) 치매'가 있다. 전체 치매 환자의 약 14퍼센트가 이 유형에 해당한다. 치매는 일반적으로 고령에 발병하지만, 비교적 이른 나이에도 드물게 나타날 수 있다. 그런 경우는 전두측두엽 치매일 가능성이 높다. 전두측두엽 치매의 증상은 40~60세에 처음 나타날 때가 많으며, 유전적 요인이 작용할 확률이 알츠하이머병보다 더 크다.

전두측두엽 치매가 발생하면 뇌에서는 어떤 일이 벌어질까? 이름 그대로 뇌의 전두엽과 측두엽이 가장 먼저 손상된다. 그래서 증상 또한 알츠하이머병과는 사뭇 다르게 나타난다. 전두엽은 우리의 행동을 조정하고 성격에 핵심 역할을 하는 영역이다. 전두측두엽 치매를 앓는 사람들은 계획을 세우거나 일정을 조율하는 데 어려움을 겪고, 자제력이 약해져 평소보다 무모한 선택을 하거나 사소한 일에도 화를 낸다. 성격 자체가 바뀌는 것이다. 그리고 이 질환은 언어 능력에도 영향을 준다. 단어를 잘 떠올리지 못하거나 뒤섞어 쓰는 등 표현에 어려움을 겪는 경우가 많다. 특히 사회적으로 가장 활동적인 시기인 중년층의 경우 발병 초기에 소진이나 스트레스로 오인하기 쉽다. 전두측두엽 치매라는 진단은 많은 이들에게 큰 충격으로 다가온다.

치매일까, 아닐까

기억력에 문제가 있다고 모두 치매로 이어지는 것은 아니다. 경도 인지 장애(mild cognitive impairment, MCI)라는 중간 단계가 있다. 이 단계의 노인들은 치매 초기 증상을 보이지만, 실제로 치매로 진행하는 경우는 일부에 불과하다. 어떤 사람들은 몇 년이 지나면 오히려 증상이 완화되기도 한다. 그래서 이 시기의 증상은 진단하기 애매하고 앞으로 어떤 방향으로 진행할지 예측하기도 어렵다. 기억력 저하는 치매의 전조일 수 있지만 다행히 그렇지 않은 경우도 많다. 경도 인지 장애가 있으면 알츠하이머병처럼 해마에서 손상이 나타나는데, 알츠하이머병과 달리 뇌의 다른 영역은 비교적 온전하게 유지된다. 실제로 경도 인지 장애 환자들을 대상으로 한 대규모 추적 연구에서는 처음 뇌를 스캔하고 수년 후 다시 촬영했을 때 해마가 변화한 정도가 치매로 발전할 확률을 예측하는 지표로 나타났다. 즉 해마의 손상이 심한 사람일수록 향후 치매로 진단받을 가능성이 높았다. 하지만 이는 어디까지나 가능성일 뿐 현재로서는 이 정보를 토대로 정확한 진단을 내릴 수 없다. 아직 예측력을 충분히 확보하지 못했기 때문이다. 지금까지 밝혀진 바로는 인지 능력 저하의 심각도가 예측의 가장 유의미한 지표다. 다시 말해 증상의 강도로 치매의 발병 여부를 판단하는 것이 더 신뢰할 만하다. 다행스러운 점은 경도 인지 장애의 악화를 늦추는 방법이 있다는 것이다. 예를 들어 연구에 따르면 규칙적 신체 활동이 도움이 된다. 사회 활동에 적극적으로 참여하는 것도 인지 기능 저하에 대응하는 데 효과적이다.

 **뇌 상식—경도 인지 장애의 증상**

간단한 질문을 통해 경도 인지 장애의 징후를 점검해볼 수 있다. 경도 인지 장애가 있으면 일상생활이나 업무에는 큰 지장이 없을 수 있지만, 전체 상황을 파악하거나 정리하는 능력이 전보다 떨어진다.

· 요즘 들어 뭔가를 더 자주 잊어버린다.
· 약속, 생일, 중요한 날을 종종 깜박한다.
· 대화 중에 맥락을 놓친다.
· 결정하는 과정이 복잡하게 느껴진다.
· 익숙한 장소에서 길을 잃는 느낌이 든다.
· 전보다 쉽게 짜증이 나고 불안해진다.
· 주변 사람들이 변화를 알아차린다.

이 중 몇 가지에 해당한다고 해서 경도 인지 장애로 단정할 수는 없다. 병원을 방문해 정확한 진단을 받아야 한다.

뇌를 이해하고 활용하는 법

음악의 힘

알츠하이머병으로 잊은 기억을 음악으로 되살리는 아름다운 방법이 있다. 이런 기억은 구체적 사건의 형태가 아니어도 마음속에 남아 있는 경우가 많다. 알츠하이머병을 포함한 치매 환자들이 음악에 보이는 반응은 인상적이다. 특히 자신에게 중요한 의미가 있는 멜로디를 들으면 더욱 그렇다. 치매가 깊어진 상태에서도 익숙한 노래를 따라 부르거나 그 멜로디에 맞춰 움직인다. 또한 음악은 기억의 연상으로 이어진다. 음악은 뇌의 정서 중추뿐만 아니라 아직 치매의 영향을 받지 않은 영역을 활성화하며 여기에는 해마의 앞부분인 전방 해마도 들어간다. 해마는 수백만 개의 뇌세포를 포함하며, 여러 하위 영역으로 구성된다. 전방 해마에는 치매가 있어도 접근할 수 있다. 또한 전전두 피질의 가운데, 특히 운동 피질 주변의 영역도 음악을 경험하는 데 핵심이다. 이 영역도 치매의 영향을 덜 받는 것으로 보인다. 음악은 병을 치료하지 못해도 환자에게 깊은 정서를 느낄 기회를 주며, 그 정서를 매개로 주변 사람들과 소통할 수 있게 해준다.

음악은 뇌의 정서 중추뿐만 아니라, 아직 치매의 영향을 받지 않은 뇌 영역을 활성화한다.

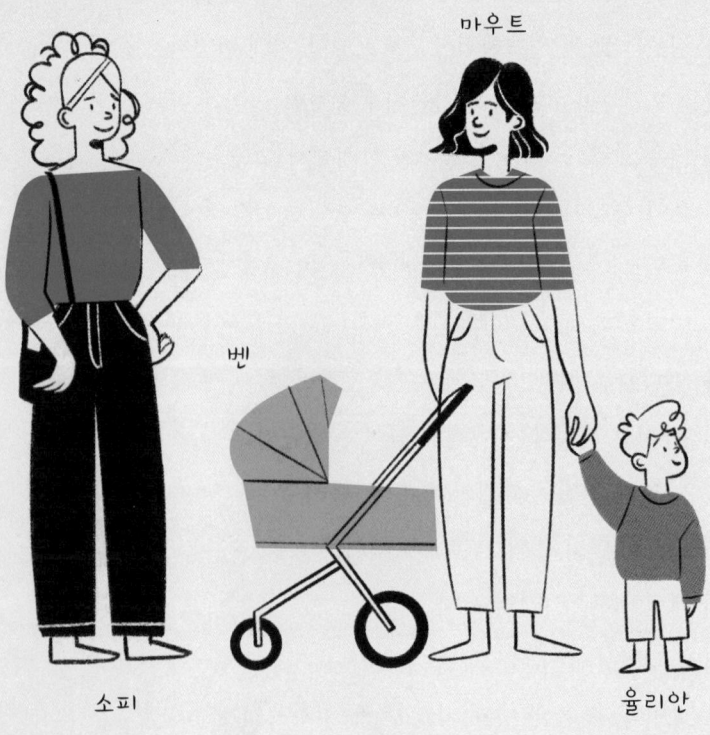

마우트

벤

소피   율리안

18

사랑과 성
뇌 안에 깃든 욕망

23시 – 뱃속의 나비

"쉿, 여러분. 시간이 늦었어요. 조금만 조용히 말해요." 마우트는 베이비 모니터를 힐끗 본다. 벤과 율리안은 조용히 잠들어 있고, 마우트는 몇몇 이웃 그리고 이들의 가족과 함께 여전히 집 앞에 앉아 있다. 분위기가 너무 좋아서, 아이를 낳은 후 극단적으로 일러진 취침 시간은 진작 지나버렸다. 그때 누군가의 손이 그의 어깨에 닿는다. 마우트는 고개를 든다. "여기 앉아도 될까요?" 전류가 온몸을 스친다. "네, 네, 물론이죠." 마우트는 더듬거리며 대답하고 자리를 조금 옮긴다. 사실 그는 내내 곁눈으로 이 여자를 보고 있었다. 이웃 남자의 여동생이라는 얘기를 들은 적 있다. "전 라우라예요." 마우트는 웃으며 아이스티를 한 모금 마시려 한다. 하지만 반쯤은 셔츠 위로 흘러내린다. 어휴, 대체 왜 이러는 걸까. 꼭 십대 같다. 그러나 부정할 수 없다. 이 반짝이는 여자가 곁에 앉자, 마우트는 뱃속에 나비가 날아다니는 걸 느낀다. 그는 분명히 다짐했다. 혼자 육아를 하기로 결심하면서, 적어도 처음 5년은 연애는 생각하지 않겠다고. 감정에 휘둘릴 여유가 없다고. 어린아이들에게는 안정이 필요하고, 육아에는 모든 시간과 에너지를 쏟아부어도 모자라기 때문이다.

한편 레스토랑에서는 소피와 친구들이 이야기를 나누고 있다. 이 모임은 늘 그렇듯 섹스 이야기로 마무리된다. 킴은 연인과의 불타는 밤을 더 이상 보낼 수 없다는 사실을 아쉬워하지만, 타냐와 남자 친구는 식어버린 성생활에도 별 불만이 없고 인생에는 더 중요한 일들이 있다고 여긴다. 소피는 이런 주제에 대해 이야기할 때면 언제나 살짝 쭈뼛거리게 된다. 그래도 그는 애시윈에 대해 이야기한다. 지금 함께하고 있는 이 남자는 이혼의 아픔을 겪은 후 다시는 없을 줄 알았던 사랑을 느끼게 해준 사람이다. 라라의 아버지와 이혼한 후 행복할 수 없을 줄 알았던 그에게 애시윈은 기적 같은 존재다. 소피는 마음속으로 다짐한다. 오늘 밤은 꼭 그의 품에 안겨야지.

사랑과 섹스는 이성의 작용이 아니다

누군가를 보며 가슴이 뛰고, 뱃속에 나비가 날아다니는 듯한 감정을 느끼는 건 철저히 뇌의 작용이다. 우리는 사랑이 가슴에서 시작된다거나 욕망이 몸에서 일어난다고 생각하곤 한다. 하지만 사실 이런 감정은 뇌 깊숙한 곳에서 비롯한다. 사랑에 빠지고 누군가에게 끌리는 과정은 가장 정교하게 설계된 진화적 시스템이다. 성적 욕망이나 접촉에 대한 갈망은 모든 사람이 아는 본능적 감정이다. 이 감정은 도파민, 노르아드레날린, 바소프레신, 테스토스테론 같은 호르몬이 활성화하면서 증폭된다. 반대로 세로토닌은 성욕을 억제하는 역할을 한다. 하지만 이런 호르몬은 그냥 작동하지 않는다. 자극이 있어야 한다. 다시 말해 누군가를 만나야 욕망이 생긴다.

타이밍

마음이 끌리는 사람을 만나는 일은 계획처럼 흘러가지 않는다. 연애할 생각이 없는데 누군가에게 반하기도 하고, 연애하고 싶은데 마땅한 상대가 없을 수도 있다. 마우트는 누군가를 찾고 있지 않았다. 그는 아이 둘을 키우는 엄마고 연애나 설렘이 자기 일이 아니라고 여겼다. 하지만 동네 축제에서 만난 라우라에게 뜻밖의 끌림을 느낀다. 계획은 없었지만 감정은 이미 반응하고 있다. 누군가에게 강하게 끌리고 사랑에 빠지는 경험은 예고 없이 불쑥 찾아온다. 이때 우리는 그 감정을 이성으로 통제할 수 없다. 왜냐하면 끌림은 이성적 사고의 영역이 아니라 뇌의 깊은 정서 시스템에서 비롯하기 때문이다. 그 중심에 있는 것이 복측 선조체. 이 영역은 돈을 따거나 맛있는 음식을 먹을 때처럼 강한 감정을 유발하는 자극에 반응하는 뇌의 보상 중추다. 복측 선조체는 우리가 어떤 사람에게 강하게 끌릴 때도 활성화한다. 그래서 마우트가 이웃의 여동생 라우라에게 끌리는 것이다. 이성으로는 지금 누군가를 만나는 게 맞지 않다고 생각하지만, 그의 복측 선조체는 정서적으로 반응하고 있다.

연구와 실험

우리는 어떻게 상대에게 끌리는 걸까? 이를 탐구하려고 네덜란드의 과학자 마리스카 크렛(Mariska Kret) 교수가 특별한 실험을 기획했다. 장소는 음악 축제인 로우랜드(Lowlands)와 과학 축제 현장. 연구진은 서로 모르는 사람들을 블라인드 데이트 형식으로 만나게 하고 이들이 좁은 공간에 마주 앉아 있을 때 심박수, 땀 반응, 웃음과 시선 교환의 횟수를 측정했다. 그 결과 두 사람이 서로에게 얼마나 웃음을 보냈는지보다 더 강력한 끌림의 예측 지표는 심박수와 땀 반응이 얼마나 동기화했는지였다. 마음이 아니라 몸이 먼저 반응한 것이다. 우리는 머리로 판단하기 전에 몸으로 이 사람이 나와 맞는지를 느끼는 셈이다.

향기와 유전자 거리의 마법

하지만 끌림은 심박수나 땀 반응에만 의존하지 않는다. 냄새, 즉 땀이나 침에 들어 있는 화학 물질인 페로몬도 중요한 역할을 한다. 이 물질은 별다른 향이 없지만, 뇌의 특정한 영역을 자극해 상대에게 매력을 느끼게 만든다. 이런 시스템은 자신과 유전적으로 거리가 먼 상대에게 끌리도록 설계돼 있다(이렇게 되면 건강한 자손을 낳을 가능성이 높아진다—옮긴이). 그래서 남동생의 땀이 묻은 티셔츠에서는 악취가 나지만 애인의 티셔츠는 그렇지 않은 것이다. 이는 실험실에서 쥐를 대상으로 한 연구를 통해 밝혀진 바 있다. 30년 전 남성의 땀이 묻은 티셔츠로 진행된 연구에서도 같은 결과가 나왔다. 이를 입증한 유명한 실험이 있다. 연구팀은 남성 참가자들에게 이틀 동안 같은 티셔츠를 입게 한 뒤, 여성들에게 그 티셔츠의 냄새를 맡게 했다. 그 결과 자신과 유전자가 판이한 남성의 땀 냄새를 더 매력적으로 느끼는 경향이 나타났다. 물론 사랑의 선택은 단순히 땀 냄새로만 이뤄지지 않는다. 하지만 과학은 끌림의 첫 순간, 우리 몸이 생각보다 훨씬 먼저 반응하고 있음을 말해준다.

섹스에 대한 욕망은 뇌에서 시작된다

누군가에게 끌리기 시작할 때 우리는 '이 사람이 진짜 괜찮은 사람일까?' 하고 자문한다. 그래서 처음에 천천히 알아가는 시간을 갖기도 한다. 하지만 그런 감정은 일정한 시간이 지나면, 혹은 아주 빠르게 성적 욕망으로 변한다. 이런 욕망 역시 뇌의 작용이며, 계획해서 생겨나는 것이 아니라 자동적 반응처럼 찾아온다. 주역은 거울 뉴런이다. 협력과 공감 능력에도 중요한 역할을 하는 이 뇌세포는(13장 참고) 상대의 입장에 감정이입하고 이해하고 모방하며 나아가서 끌림과 성적 욕망까지 만들어내는 힘이 있다. 즉 누군가에게 강하게 끌리는 것은 우리의 의식적 선택이 아니며, 뇌는 이렇게 작동한다. 자각하기도 전에 뭔가를 원하는 것이다. 또한 뇌에 영향을 미치는 호르몬과 신경 전달 물질이 성적 동기를 좌우한다. 그중에서도 도파민이 핵심 역할을 한다. 이 호르몬은 뇌의 보상 시스템을 자극하며 욕망과 갈망을 만들어낸다.

 **뇌 상식 — 남성과 여성의 차이?**

남성은 하루 종일 섹스를 생각한다는 말을 들어봤을 것이다. 하지만 과학은 이런 통념에 의문을 제기한다. 연구에 따르면 남성은 '욕구 전반'에 대해 자주 생각한다. 즉 남성은 평균적으로 여성보다 섹스, 수면, 음식 등 기본 욕구를 자주 떠올리지만 성욕이 특별히 두드러지는 것은 아니다.

연구와 실험

사랑을 느낄 때 뇌는 어떻게 반응할까? 우리는 MRI 스캔 덕에 뇌가 사랑하는 사람을 볼 때 기뻐한다는 걸 알게 됐다. 연구진은 사랑에 푹 빠진 사람들에게 MRI 스캐너 안에서 연인의 사진과 친구의 사진을 번갈아 보여주었다. 그 결과 연인의 사진을 볼 때 뇌의 감정 중추에서 '따뜻한 여운'이 더 강하게 나타났다. 거울 뉴런이 성적 욕망에 관여한다는 사실 역시 과학적으로 증명됐다. 이는 남성을 대상으로 한 연구에서 먼저 확인했다. 남성의 경우 성적 이미지에 대한 신체의 반응을 비교적 쉽게 측정할 수 있기 때문이다. 실험에서는 포르노 영상을 보여주었고, 80퍼센트의 남성에게 신체적 반응이 나타났다. 이때 뇌에서 활성화한 부분은 운동과 관련한 거울 뉴런 영역이었다. 즉 거울 뉴런이 본 것을 머릿속에서 모방하고 있었던 것이다. 진화생물학자들에 따르면 여성은 임신이라는 큰 '부담'을 지기 때문에 성관계에 신중해지는 경향이 있다. 이는 일반적으로 남성이 먼저 다가가는 이유를 설명해주지만, 항상 그런 건 아니다. 다른 연구에서는 접근이 성공할 가능성에 대해 남성이 여성보다 더 낙관적인 경향도 확인했다.

무의식적 흥분: 도파민의 역할

욕망과 갈망에 결정적 영향을 미치는 뇌 속 물질은 도파민이다. 이런 사실 역시 실험으로 밝혀졌다. 사람들에게 성적 이미지와 기분 좋은 이미지(결혼식, 행복한 사람들, 귀여운 강아지 등)를 보여주고 반응을 측정한 결과, 성적 자극이 뇌의 보상 중추에서 훨씬 강한 반응을 일으켰다. 다음엔 참가자들이 지각하지 못할 만큼 짧게 성적 이미지를 보여주고, 바로 건물이나 풍경 같은 중립적 이미지로 넘어갔다. 연구자들의 의문은 뇌가 무의식적으로 본 성적 자극에도 반응할지였다. 답은 '그렇다'였다. 참가자들은 성적 이미지를 인지하지도 못했지만 그들의 보상 중추는 활성화했고, 이는 도파민의 영향이 있을 때 특히 명확했다. 연구진은 이 반응이 도파민 때문인지를 확인하기 위해 참가자들을 세 집단으로 나눴다. 각각 도파민 촉진제를 복용한 집단, 도파민 억제제를 복용한 집단, 아무 효과도 없는 약물(플라세보)을 복용한 집단이었다. 그 결과 의식하지 못한 성적 이미지에 도파민을 촉진한 집단이 가장 강하게, 도파민을 억제한 집단이 가장 약하게 반응했다. 즉 뇌는 우리가 인지하지 못하는 자극에도 몰래 흥분하는 것이다. 겉으론 아무렇지 않게 발표를 듣고 있는 것 같더라도 말이다. 뒤집어 말하면 성적 욕망은 마음먹는다고 생기는 게 아니며, 일정한 환상과 자극이 필요하다.

PET 스캐너 속의 오르가슴

우리는 종종 인간에겐 과학으로 측정할 수 없는, 내밀한 사적 경험이 있다고 생각한다. 하지만 과학자들에겐 인간의 모든 행동이 탐구의 대상이며, 참가자들 역시 과학을 위해 놀라운 협조를 한다. 20여 년 전 네덜란드의 한 연구팀은 양전자 방출 단층 촬영(PET)이라는 기법을 사용해 오르가슴을 느낄 때 뇌의 활동을 측정했다. PET는 혈류 변화를 시각화할 수 있으며 침습을 최소화한 뇌 영상 기술이다. 이 연구에 참가한 남성 참가자들은 스캐너 안에서 파트너로부터 성적 자극을 받아 사정했다. 그동안 뇌의 보상 중추와 신체의 감각에 관여하는 영역인 섬엽이 활성화했다. 반면 뇌의 주요 정서 중추인 편도체의 활동은 억제됐다. 여성을 대상으로 한 후속 연구에서도 유사한 결과가 나왔다. 오르가슴 상태에서 뇌의 보상 영역부터 운동 피질까지 광범위한 연결망이 활발히 활동했다. 흥미로운 점은 이성을 담당하는 전전두 피질이 욕망을 억제한다는 것이다. 과학자들은 전전두 피질을 일시적으로 비활성화하는 실험을 통해 이 영역이 억제되면 흥분이 높아지는 것도 밝혀냈다. 이 원리를 일상에서 경험할 수 있는 예가 알코올을 섭취했을 때다. 술을 마시면 전전두 피질의 활동이 줄어들며 자제력이 흐려진다. 그래서 우리는 '이 사람이 누군지도 모르는데 괜찮을까?'라는 합리적 판단 대신 욕망에 따라 행동하게 되는 것이다. 이는 무분별하거나 위험한 성적 접촉으로 이어질 수 있다. 즉 술에 취한 상태에서의 원나잇 스탠드는 알코올로 인해 뇌의 통제가 느슨해지기 때문에 발생하는 결과다.

섹스는 어떻게 시작되는가

성에 대한 관심은 사춘기에 시작된다. 14~18세에 남녀 모두에게서 호르몬인 테스토스테론이 활성화하면서 성적 관심이 본격적으로 생겨난다. 이 시기부터 키스 및 포옹과 관련한 옥시토신의 작용도 경험한다. 청소년들은 사춘기를 기점으로 함께 다양한 실험을 하지만, 성관계를 처음 경험하는 연령은 평균 18세다. 이 시기는 사람에 따라 더 이르거나 늦을 수 있다. 성에 대한 관심은 평생 지속한다. 다만 보통 남녀 모두 45~55세에 성욕이 다소 줄어들 수 있다. 이는 호르몬의 변화나 삶의 바쁜 리듬 때문으로 보인다. 하지만 나이가 들어도 성생활에서 즐거움을 느낄 수 있다.

 **뇌 상식 — 뇌에서 이끌림의 방향이 보인다**

우리가 누구에게 끌리는지는 뇌 활동을 통해서도 확인할 수 있다. 남성 이성애자, 동성애자, 양성애자의 뇌 반응을 비교한 연구에 따르면 선호하는 성별의 이미지를 볼 때 보상 중추인 선조체가 더 강하게 반응했다. 이성애자 남성은 여성의 이미지, 동성애자 남성은 남성의 이미지, 양성애자 남성은 양쪽 모두에 반응을 보인 것이다.

뇌를 이해하고 활용하는 법

장기적 관계는 어떻게 유지될까

연애 초기의 두근거림과 강렬한 욕망은 대부분 시간이 지나면서 잦아든다. 마우트가 라우라를 보고 뱃속에서 나비가 날아다니는 느낌을 받는 그런 시기는 오래가지 않는다. 하지만 이후에도 많은 사람이 신뢰를 바탕으로 한 장기적 일부일처 관계를 지속한다. 이런 관계에는 키스펩틴이라는 신경 전달 물질이 중요한 역할을 한다. 이 호르몬은 시상하부에 직접 작용하며 성관계할 때 생식과 관련한 중요한 호르몬을 분비시킨다. 예를 들면 에스트로겐이나 테스토스테론 같은 호르몬이다. 하지만 키스펩틴의 영향은 시상하부에만 미치지 않는다. 과학자들은 키스펩틴을 투여한 뇌에서 어떤 변화가 일어나는지 연구했다. 그 결과 키스펩틴이 시상하부와 감정 중추뿐만 아니라 내측 전전두 피질과 설전부에도 영향을 준다는 사실이 밝혀졌다. 이런 뇌 영역은 자기 및 타인에 대한 공감과 관련이 있다. 그래서 연구자들은 키스펩틴을 타인과 유대감을 느끼게 해주는 신경 전달 물질로 본다. 이 물질은 뇌의 다양한 시스템을 작동시키는 스위치 역할을 하며, 이로 인해 파트너와 연결돼 있다는 느낌이 더 강해진다. 파트너에게 느끼는 깊은 유대감은 자녀나 가족에 대한 사랑과 비슷하다. 이는 진화적 관점에서도 큰 이점이다. 장기간 서로를 보호하며 함께하게 해주기 때문이다. 그렇게 시간이 지나며 열정적 욕망은 줄어들어도, 다른 형태의 친밀감이 그 자리를 대신한다. 정말 멋진 시스템 아닌가?

19

약물과 알코올
우리는 왜 그것을 원할까

0시 — 한 잔만 더

애시윈은 또다시 창밖을 내다본다. 오늘만 벌써 백 번째인 것 같다. 거리 축제를 마친 이웃들은 여전히 바깥에 앉아 담소를 나누고 있다. 하지만 그가 기다리는 아들 지미는 오지 않았다. 바비큐 파티에 나타나지도 않았고, 메시지에도 아무 응답이 없다. 지미는 열일곱 살이다. 이제 곧 성인이 된다. 그렇지만 애시윈은 지금도 아들과 연락할 수 없으면 마음이 불안해진다. 졸업 후 세계여행을 가겠다던 지미의 말이 떠오른다. 정말 떠난다면 앞으로는 이런 불안이 더 잦아질지도 모른다. 오랜만에 담배 생각이 난다. 끊은 지 오래고 다시 피우고 싶다는 욕구도 거의 없었지만, 오늘만큼은 다르다. 아들을 걱정하며 기다리는 이 시간, 애시윈은 담배 한 개비가 간절해진다. 단지 니코틴 때문이 아니다. 그 순간의 긴장과 초조함을 가라앉히기 위한 무의식적 반응이다. 현관문이 열린다. 혹시 지미인가 싶었지만, 들어선 건 소피였다.

소피는 열쇠를 문에 꽂으며 속으로 생각한다. '롤러스케이트를 신은 채로 오지 않아서 다행이야.' 친구 킴을 집까지 데려다주느라 먼 길을 돌아왔는데 킴은 꽤 취해 있었고 소피에게 몸을 기대며 끌려오다시피 했다. 이런 상황은 이제 습관이 됐다. 킴은 참 착한 친구지만 모임이 끝날 무렵이면 꼭 "한 잔만 더 하자"고 제안한다. 그리고 그 마지막 한 잔은 결국 세 잔이 된다. 소피와 타냐는 이미 차로 바꿔 마신 지 오래일 때도 킴은 늘 그 마지막 잔을 든다. 물론 소피가 절제의 화신은 아니다. 평일 저녁, 퇴근 후의 여유 속에서 마시는 화이트 와인을 그는 즐긴다. 그것이 주는 작은 위로가 있다. 하지만 몇 주 동안 전혀 마시지 않아도 무방할 만큼 술에 대한 의존은 없다. 어두운 복도를 지나던 소피가 실수로 운동 가방에 걸려 넘어진다. "아야!" 소리를 들은 애시원이 황급히 다가오다, 현관 바닥에 앉아 있는 아내를 보고 놀란다. "무슨 일이야?" 소피는 장난스럽게 대답한다. "그냥 좀 쉬고 있었어." 민망함을 유머로 넘기려는 시도였다. 그 말을 들은 두 사람은 서로를 바라보다 동시에 웃음을 터뜨린다. 그 순간 애시원은 잠시나마 지미에 대한 걱정을 잊는다.

보상이라는 이름의 욕망

사람들은 담배가 해롭다는 걸 안다. 술과 약물도 마찬가지다. 그런데도 그것들을 갈망한다. 그 이유는 간단하다. 뇌가 그것들을 '보상'으로 인식하기 때문이다. 술이나 담배나 마약 같은 물질은 뇌의 '원함(wanting)' 시스템을 자극한다. 단순히 '좋아함(liking)'이라는 감정보다 갖고 싶다거나 하고 싶다는 충동이 더 강하게 작동한다. 이는 신경

과학자 테리 로빈슨(Terry Robinson)과 켄트 베리지(Kent Berridge)가 수십 년간의 연구를 통해 입증했다. 대부분의 경우 우리는 좋아하는 것을 원한다. 기분 좋은, 즉 '좋아서 원하고, 원하니까 즐거운' 경험이다. 그러나 중독 상태에 빠지면 이 균형이 무너질 수 있다. 더 이상 즐기지 않는 것을 간절히 원하게 된다. 이 기묘한 현상 뒤에는 도파민이라는 신경 전달 물질이 있다. 앞서 운동, 휴식, 식사, 성에 관한 내용을 다룰 때도 등장한 도파민은 뇌의 보상 회로를 자극하는 물질로 우리가 뭔가에 끌리고 그것을 얻기 위해 행동하도록 만든다. 다시 말해 도파민은 '원함'을 만들어내고, 그 욕망은 동기가 된다. 도파민은 뇌 중심부인 뇌간과 기저핵(바닥핵)에서 생성하며, 그 수용체는 복측 선조체에 밀집해 있다. 이 구조 덕분에 우리는 어떤 것을 간절히 바라고 얻기 위해 움직인다. 도파민은 동기에 중요한 물질인 것이다. 하지만 원한다고 해서 모든 것을 즉시 얻을 수는 없다. 때로는 욕망을 조절하는 능력도 필요하다. 이런 역할을 하는 것이 전전두 피질이다. 예를 들어 식당에서 옆자리 손님의 디저트가 탐나도 우리는 그것을 훔쳐 먹지 않는다. 군침이 돌지만 충동을 억누를 수 있는 것은 전전두 피질 덕이다. 흥미로운 점은 이 두 시스템—욕망을 만드는 도파민 보상 회로와 자제력을 담당하는 전전두 피질—이 적대적 관계가 아니라는 것이다. 오히려 이들은 협력할 때 가장 큰 성과를 낸다. 예컨대 운동선수가 경기에서 승리를 거머쥘 때 도파민 시스템은 트로피를 향한 욕망을 키우고, 전전두 피질은 전략을 세워 목표에 다다르게 만든다. 술이나 마약처럼 뇌에 직접 영향을 미치는 물질은 복측 선조체와 전전두 피질 모두에 작용한다.

우선 마약이나 알코올, 니코틴 같은 물질은 뇌의 보상 중추인 복측 선조체에 '강한 욕망'을 일으킨다. 이런 갈망은 도파민의 작용으로 인해 단시간에 일어난다. 처음 술을 마실 땐 낯선 맛이 부담스럽게 느껴질 수 있지만, 그 뒤에 찾아오는 기분 좋은 느낌이 이를 빠르게 덮어버린다. 엑스터시 같은 강한 마약은 도파민 외에 세로토닌 같은 신경 전달 물질 시스템에도 영향을 준다. 엑스터시의 주요 성분인 MDMA는 뇌에 '세로토닌과 도파민이 넘쳐난다'는 착각을 일으킨다. 이 때문에 뇌의 여러 영역이 유기적으로 소통하지 못하고 혼란스러운 방식으로 신호를 주고받는다. 단순히 어떤 물질이 너무 많거나 적은 것이 아니라, 시스템의 소통 방식 자체가 뒤틀리는 것이다.

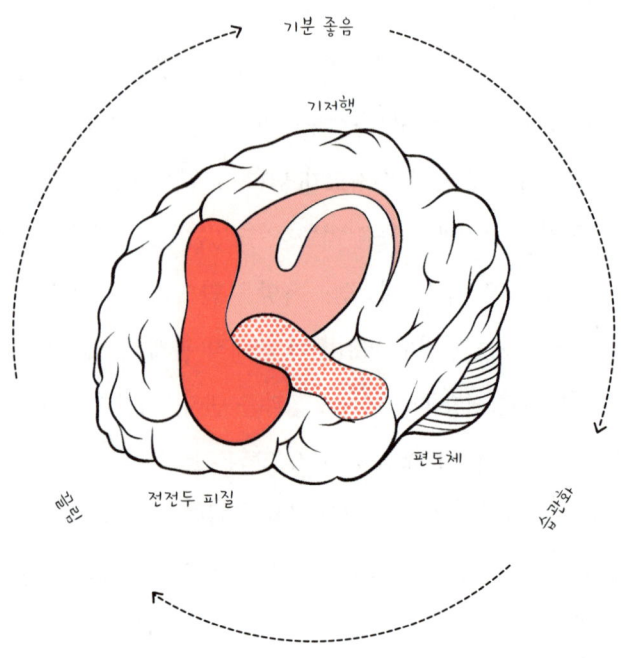

이런 약물의 또 다른 효과는 '이완'이다. 술은 전전두 피질의 기능을 일시적으로 저하시켜 자제력을 흐트러뜨린다. 그래서 사람들은 스트레스가 심한 날에 술을 찾는다. 예를 들어 소피는 일이 많은 날 저녁 한 잔의 화이트 와인으로 머릿속을 비우곤 한다. 그러면 그날 있던 일이 중요치 않게 느껴지며 모든 것이 한결 가벼워진다.

하지만 시간이 지나면 '익숙함'이 더 큰 영향을 미친다. 이를 과학적으로는 '습관화'라고 한다. 특히 중독에 취약한 사람들에게는 이 습관화가 매우 위험할 수 있다. 특정한 자극에 반복적으로 노출되면, 뇌는 자극과 '원함'을 자동으로 연결한다. 가령 맥주병 하나만 봐도 주의가 그쪽으로 쏠리고, 과거의 쾌락적 경험이 저절로 떠오른다. 술잔을 손에 들기 전부터 뇌는 도파민을 분비한다. 욕망이 행동보다 먼저 시작되는 셈이다.

중독

중독된 사람들은 익숙해진 강한 끌림을 더 이상 제어할 수 없다고 느낀다. 예를 들어 담배에 든 니코틴은 도파민 분비를 증가시키고, 그 결과 뇌의 보상 시스템이 점차 둔감해진다. 그러면 좋은 기분을 유지하기 위해 더 많은 니코틴이 필요해지고, 이 과정에서 의존성이 심해진다. 술도 마찬가지다. 사용의 반복은 습관이 되고 결국 중독으로 이어진다. 중독의 기준은 여러 가지다. 원래 계획보다 자주 혹은 더 많이 사용하거나, 끊고 싶어도 끊지 못하거나, 일상생활에 지장이 생길 때 등이다. 중독에서 벗어나기 어려운 이유는 뇌가 알코올 또는 니코틴 사용에 적응했기 때문이다. 같은 보상을 느끼기 위해 점점 더 많은 양이 필요해지는 내성이 생기는 것이다. 술이나 담배를 끊는 순간 뇌 속 스트레스 및 감정 중추, 대표적 예로 편도체가 작동한다. 그래서 많은 사람이 불쾌한 감정을 피하려고 사용을 반복한다.

뇌 상식 — 커피

커피를 마신다고 술에서 깨는 건 아니다. 많은 사람이 그렇게 생각하고, 영화에서도 술에 취한 사람이 커피를 마시는 장면이 흔히 등장하지만, 커피가 정신을 맑게 해준다는 건 신화에 가깝다. 커피 속 카페인에 각성 효과는 있지만, 알코올로 저하한 반응 속도나 운동 능력을 회복시키지는 못한다. 알코올 분해는 오직 시간만이 해결해 줄 수 있는 문제다. 커피를 포함해 어떤 것도 그 과정을 단축할 수 없다.

알코올과 약물의 영향

술을 마시면 반응 속도가 느려지고, 행동의 결과를 깊이 생각하지 않게 된다. 뇌 연구에 따르면 몇 잔의 술만 마셔도 실수를 인지하는 능력이 눈에 띄게 떨어진다. 술에 취한 사람은 기분이 좋고 흥겹다고 생각하지만, 주변 사람들은 전혀 다르게 볼 수 있다. 예를 들면 자기는 잘 춤추고 있다고 생각하는데 실제로는 다른 사람들과 계속 부딪치는 것이다. 특히 운전할 때는 이런 통제력 상실이 매우 위험하다.

알코올과 약물이 뇌 발달에 어떤 장기적 영향을 미치는지에 대한 연구는 진행 중이다. 현재까지 많은 연구가 동물 실험을 통해 이뤄졌다. 동물에게는 알코올의 양을 정확히 통제해서 투여할 수 있지만, 인간에게는 그렇게 할 수 없기 때문이다. 일부러 누군가를 과음하게 하고 그 영향을 관찰하는 것은 윤리적으로 허용할 수 없는 일이다. 특히 청소년에게는 더더욱 그렇다. 하지만 사람들의 알코올 소비는 사회적 기준이나 기대 같은 다양한 변수의 영향을 받기 때문에, 사람을 대상으로 한 연구도 필요하다. 이런 연구는 주로 종단 연구로 진행된다. 참가자를 장기간 추적 관찰하면서 처음 술을 마시기 전과 마신 후의 변화를 비교하는 방식이다. 이런 연구는 알코올이 뇌 발달에 미치는 영향을 뒷받침한다. 자기 보고식(스스로 작성한 설문) 연구를 기준으로 할 때, 청소년이 술을 많이 마실수록 뇌의 회색질이 더 빨리 감소한다. 특히 전전두 피질과 해마에서 이 변화가 두드러진다. 이 두 영역은 각각 통제력과 기억력에 관여한다. 또한 이런 영향은 폭음할 때 특히 강하게 나타난다. 다만 이런 결과를 해석할 때 주의할 점도 있다. 연구에 참여한 사람들은 음주 전부터 성격이나 행동 특성에 차이가 있을 수 있다. 예를 들어 원래 충동적인 사람이 술을 더 자주 마실 가능성이다. 그렇다면 이 변화가 술 때문인지, 성격 때문인지 구분하기 어려워진다. 그럼에도 불구하고 알코올이 뇌에 미치는 영향에 경각심을 가져야 한다. 뇌 발달뿐만 아니라 건강 전반에 간 질환, 암, 심혈관계 질환 같은 부정적 영향을 주며, 중독이 삶을 흔들 수 있기 때문이다.

통계로 본 음주

전체 성인 중 약 80퍼센트는 술을 마신 경험이 있으며, 많은 사람이 권장량을 초과해 마신다. 네덜란드 보건위원회의 기준(하루 1잔 이하)을 비교적 잘 지키는 집단은 고령층이다. 과도한 음주는 주로 젊은 층에서 나타난다. 18~19세 남녀 중 20퍼센트 이상이 폭음 수준의 음주를 한다. 25세가 넘으면 이 비율은 10퍼센트 이하로 줄어든다. 과음의 기준은 여성은 주당 14잔 초과, 남성은 21잔 초과다. 폭음은 남성이 한 번에 6잔 이상, 여성이 4잔 이상을 일주일에 1회 이상 마시는 경우를 말한다. 남성과 여성의 기준이 다른 이유는 체중과 체성분의 차이 때문이다. 일반적으로 남성의 체중이 더 무겁고, 여성은 체지방 비율이 더 높다. 지방 조직은 알코올을 흡수하지 않기 때문에, 예를 들어 체중이 65킬로그램인 여성이 90킬로그램인 남성과 같은 양을 마신다면 여성의 혈중 알코올 농도는 거의 두 배에 이를 수 있다.

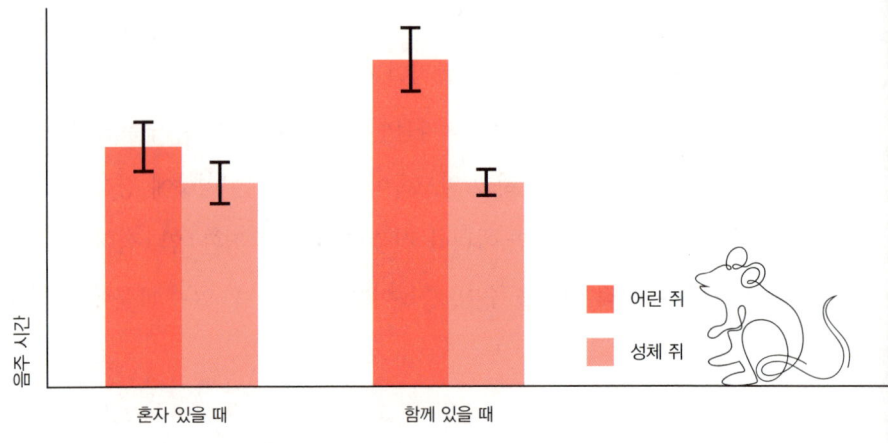

쥐들은 또래가 있을 때 더 많이 마신다

 **연구와 실험**

우리가 청소년기에 또래 집단의 압력 때문에 술을 마시는 이유를 어떻게 알 수 있을까? 그 답은 동물 실험에서 찾을 수 있다. 쥐도 인간처럼 또래 압력을 경험하고 사춘기를 겪는다. 그리고 우리와 마찬가지로 사춘기에 위험을 더 감수하려는 경향을 보인다. 예컨대 어린 쥐들은 새로운 환경을 탐색하려 하고 집을 떠나기도 하며, 그 과정에서 여러 위험에 노출된다. 연구자들은 쥐도 또래의 영향을 받는지 알아보기 위해 어린 쥐(사춘기 쥐)와 성체 쥐를 두 집단으로 나눠 술을 원하는 대로 마실 수 있는 환경에 배정했다. 각 집단의 절반은 혼자 있었고, 나머지 절반은 또래 쥐들과 함께 있었다. 실험 결과는 명확했다. 사춘기 쥐들은 혼자 있을 때보다 또래와 함께 있을 때 더 많은 알코올을 섭취했다. 특히 어린 수컷 쥐들은 또래가 주변에 있을 때 음주량이 크게 늘었다. 반면 성체 쥐들은 그런 변화를 나타내지 않았다. 이 쥐들은 또래가 있든 없든 음주량에 큰 차이가 없었다. 이 연구의 생물학적 시사점은 쥐와 인간 모두에게 또래 압력의 메커니즘이 작용하며, 이는 사춘기에 더 위험할 수 있다는 것이다.

뇌를 이해하고 활용하는 법

치명적 조합

진부한 표현 같지만 "예방이 치료보다 낫다"는 말은 사실이다. 보통 젊은이들은 단순한 호기심에서 알코올이나 전자 담배를 시작한다. 어떤 맛일지, 어떤 효과가 있을지 궁금해서 시도하는 것이다. 흡연이 폐암의 주요 원인이라는 사실은 널리 알려졌지만, 여전히 많은 청소년이 매년 첫 담배를 피운다. 25세 이하의 청소년들이 흡연을 시작하는 가장 큰 이유는 자극을 받기 위해서다. 그러고 나면 담배에 대한 충동을 억제하기 어려운 경우가 많다. 처음으로 술을 마시거나 담배를 피우는 시기는 대부분 사춘기다. 법적으로 금지된 일을 해보는 것 자체가 흥미롭고 짜릿하게 느껴지기 때문이다. 네덜란드에서는 18세 미만, 벨기에에서는 16세 미만에게 알코올이나 담배 판매가 금지되는데, 이것이 오히려 청소년의 호기심을 자극하기도 한다. 본인이 원하지 않더라도 친구들의 권유로 한두 번은 시도하는 경우가 흔하다. 이런 것이 또래 압력이다. 특히 사춘기에는 그 영향이 훨씬 강하다. 청소년들은 또래의 격려에 매우 민감하게 반응하고, 말 한마디가 담배, 술, 심지어 마약에까지 이르게 할 수 있다. 문제는 이 시기의 뇌가 중독에 취약하다는 것이다. 중독성 물질을 일찍 시작할수록 나중에 중독으로 이어질 가능성이 높다. 게다가 알코올은 학습 능력과 기억력을 포함해 뇌 발달에 악영향을 끼친다. 알코올, 담배, 약물은 청소년기의 뇌에 매우 위험한 조합이다.

나쁜 습관 끊기

이미 나쁜 습관이 들어 중독까지 진행됐다면 벗어나기가 쉽지는 않다. 하지만 불가능한 것은 아니다. 심리학자 레이나웃 비르스(Reinout Wiers) 교수는 알코올 중독자의 습관적 접근 편향을 훈련으로 되돌릴 수 있다고 말한다. 접근 편향이란 무의식적으로 알코올에 끌리는 반응이다. '마시고 싶다'는 생각이 자동으로 드는 것이다. 치료 프로그램의 참가자들은 조이스틱을 알코올 관련 이미지를 피해 다른 이미지로 움직이도록 훈련받는다. 이를 통해 뇌가 저절로 반응하던 패턴을 바꾸는 것이다. 물론 이런 훈련은 중독에서 벗어나려는 동기가 있는 사람에게만 효과적이고, 다른 치료와 병행하면 더 도움이 된다.

중독이 아니라도 술을 습관처럼 마시는 자기 모습이 불편한 사람도 많다. 예컨대 술을 마신 다음 날 업무에 집중이 안 되거나 친구들이 "넌 술 마시면 별로야" 하는 반응을 보일 때다. 가끔 과음한다고 뇌 구조가 곧장 바뀌지는 않지만 사고, 폭력, 대인관계의 악화 등 실질적 피해를 입을 수 있다. 그리고 과음이 반복되면 결국 뇌 기능에도 영향을 준다. 이런 문제를 줄이기 위해 습관을 바꾸고자 한다면 첫걸음은 습관을 인정하는 것이다. 많은 사람이 이 단계를 어려워한다. 여기서 성공했다면 술 대신 '술 없는 1월(Dry January)' 같은 캠페인이나 친구들과 함께하는 활동으로 시간을 보내는 것이 효과적이다. 앞서 얘기했듯 또래 압력은 음주의 주원인이며 성인에게도 작용한다. 하지만 스스로를 통제하며 혼자가 아니라고 느낄 수 있다면 나쁜 습관을 바꾸는 데 훨씬 유리하다.

20

노인의 뇌
나는 괜찮습니다

1시 — 정원에서 마시는 차

밤이 깊었지만 케네스는 설거지를 하고 있다. 욘은 먼저 잠자리에 들었고, 케네스는 부엌을 정리하고 싶었다. "아버지, 그냥 식기세척기 쓰세요." 일흔 살인 그의 머릿속에 아들 애시윈의 목소리가 들린다. 하지만 케네스는 손으로 하는 게 편하다. 식기세척기의 여러 버튼과 설정을 익히는 것도 귀찮고, 세제 캡슐을 사는 것도 자꾸 잊는다. 장보기 목록도 만들지 않는다. 안경이 있어야 목록을 읽을 텐데 늘 안경을 어디에 뒀는지 깜박한다.

창밖을 보니 거리에는 적막이 흐른다. 축제는 성공적으로 마무리됐지만, 안스와 더 많은 대화를 나누지 못한 건 아쉬웠다. 괜찮다. 언젠가는 기회가 있을 것이다. 젊었을 땐 여성의 관심을 얻기 위해 애쓰다가 좌절하곤 했지만 이제는 그런 일에 조바심 내지 않는다. 안스가 이웃으로 이사 온 지도 벌써 4년이 지났을까? 세세한 시간 계산도 중요치 않다. 손자의 눈에서 분노의 불꽃이 피어오를 때면 케네스는 그런 감정이 얼마나 멀어졌는지를 새삼 느낀다. 며느리 소피의 떨리는 목소리도 떠오른다. 아이들 데리러 가는 걸 깜빡했을 때, 마치 그 애들을 절벽에서 떨어뜨린 듯한 자책감에 눈물을 펑펑 흘리던 모습. 요즘 세대는 뭐든 완벽하게 해내려다 보니 실패가 세상의 끝처럼 느껴지는 모양이다. 케네스는 그들에게 자신의 느긋함을 조금이라도 전해주고 싶다.

설거지를 마친 후 그는 정원에서 차를 한 잔 더 마시기로 한다. 밤하늘은 맑고 별이 가득하다. 그때 휴대전화가 진동한다. 놀랍게도 안경이 가슴 주머니에서 바로 발견된다. 안스의 메시지다. "이야기를 더 못 해서 아쉽네요. 내일 커피 어때요?"

뇌가 줄어든다?

노화는 누구에게나 달갑지 않은 개념이다. 특히 뇌 기능이 떨어질까 봐 걱정하는 사람이 많다. 그러나 노화가 곧 뇌 기능의 저하를 의미하는 것은 아니다. 또렷하게 말하는 구십대 노인을 보면 특별하다고 느끼지만, 오히려 그게 정상에 가까운 모습이다. 뇌는 상당히 오랫동안 건강을 유지하는 능력을 지니고 있다. 물론 나이가 들면 뇌에 변화가 생긴다. 하지만 생각만큼 비극적인 변화는 아니다. 몇몇 기능은 약해지지만 그 과정에서 긍정적 변화도 함께 일어난다. 우선 뇌가 점점 작아진다. 25~50세에는 뇌의 크기와 부피가 비교적 일정하게 유지되지만, 그 후부터는 서서히 줄어들기 시작한다. 80세를 넘어서면 그 속도는 더 빨라진다. 다만 흔히 사용하는, '뇌세포가 죽는다'는 표현은 오해다. 뇌세포도 근육, 뼈, 다른 세포와 마찬가지로 손상과 마모를 겪는다. 뇌세포는 사라지는 게 아니라 작아지고 기능이 조금씩 약해지는 것이다. 특히 전전두 피질과 해마처럼 기억, 계획, 정서의 조절을 담당하는 부위에서 감소가 두드러진다. 반면 후두엽 피질(뒤통수엽겉질) 같은 뒤쪽 영역은 비교적 잘 보존된다. 신경 회로를 연결하는 백색질, 특히 신호 전달 속도를 높여주는 수초도 줄어든다. 또 하나의 변화는 대뇌 피질의 주름이 더 깊어지는 것이다.

느려지는 사고 속도

이런 변화는 거창하게 들리지만 삶에 주는 영향은 생각보다 적다. 물론 어떤 인지 능력은 감소한다. 예를 들어 작업 기억, 즉 당장 필요한 정보를 잠시 기억하는 능력은 줄어든다. 그래서 케네스가 늘 식기세척기 세제를 깜박하는 것이다. 누구나 마트에서 한두 가지는 빠뜨리지만, 나이가 들면 그 빈도가 잦아진다. 계획 능력도 약해진다. 가령 손님에게 대접할 음식 재료를 제때 준비하는 일이다. 또 하나는 사고의 속도다. 머릿속에서 반응이 일어나는 속도가 느려진다. 그리고 일화 기억, 즉 특정한 사건에 대한 기억력도 약해진다. 반면 절차 기억, 예를 들어 자전거나 운전처럼 몸으로 익힌 기억은 거의 변하지 않는다. 많은 팔십대가 여전히 능숙하게 자전거를 타고 차를 운전하는 이유다.

이 모든 변화는 사실 삼십대부터 시작한다. 기억력은 삼십대 이후로 점차 떨어지고, 특히 60세가 지나면 그 속도가 빨라진다. 컴퓨터 게임처럼 빠른 반응이 필요한 작업에선 이십대부터 속도가 저하한다. 다만 60세가 넘으면 이런 현상에 가속도가 붙을 뿐이다. 즉 뇌의 변화는 갑자기 찾아오는 게 아니다. 70세나 80세가 된다고 갑자기 기능이 멈추지 않는다. 여전히 마음이 편치 않을 수 있지만 안심해도 좋다. 다음에는 희망적 이야기가 이어진다. 정말로.

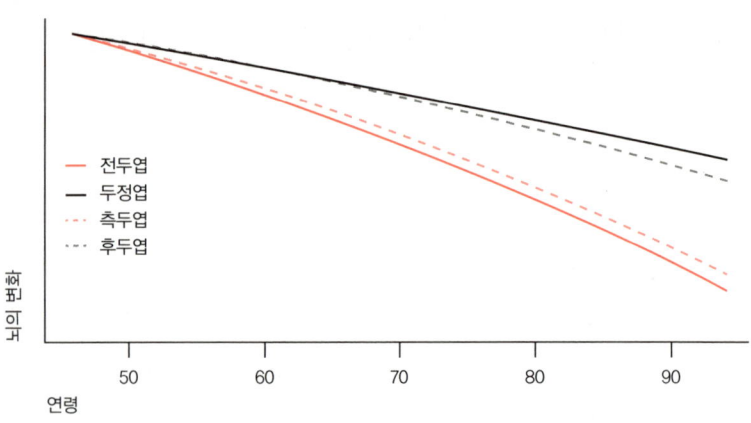

노년기 뇌의 적응력

나이 든 사람들의 뇌가 특별한 점은 기억력과 정보 처리 속도의 감소에 적응한다는 것이다. 아르헨티나의 신경과학자 로베르토 카베사(Roberto Cabeza)는 노화에 따른 뇌 후방과 전방의 역할 변화(Posterior-Anterior Shift in Aging, PASA) 효과를 발견했다. 그는 노인들에게 MRI 스캐너 안에 누운 채 다양한 인지적 과제를 수행하게 했고, 젊은 사람들과는 다른 뇌 활동 패턴을 확인했다. 노인들은 사고 과제를 수행할 때 젊은 사람들보다 전두엽(전방)의 활동이 더 활발하게 나타났다. 카베사에 따르면 노인들은 원하는 결과에 도달하기 위해 '전력 질주'를 하기 때문에 전두엽이 더 많이 작동하는 것이다. 반면 젊은이들은 이런 인지 과제를 반복 학습한 후 자동으로 처리하며, 주로 후방의 뇌 영역(후두엽 등)을 활용한다. 이처럼 나이가 들면 뇌 활동의 중심이 뒤쪽에서 앞쪽으로 이동하며 빈틈을 효율적으로 보완한다. PASA 효과가 클수록 노인의 인지적 과제 수행 능력도 좋았다. 즉 노년의 뇌는 느려졌을지라도 필요한 순간에 자원을 집중할 줄 아는, 영리한 효율적 뇌다. 비록 정보를 처리하는 속도는 떨어질 수 있지만, 전두엽은 적시에 더 열심히 작동해 그 차이를 메운다.

뇌 상식 — 온라인 활동

나이가 들어도 인터넷을 활발히 사용하는 사람들은 그렇지 않은 사람들보다 인지 기능이 덜 저하한다는 연구 결과가 있다. 이는 네덜란드의 고령화에 대한 연구인 암스테르담 노화 종단 연구(Longitudinal Aging Study Amsterdam, LASA)에서 밝혀졌다. 예를 들어 정보를 얻기 위해 인터넷을 탐색하거나 구글에 검색하는 행동이 뇌의 유연성을 유지해준다. 연구자들에 따르면 이런 활동은 뇌를 훈련시키는 효과가 있다.

세월이 주는 지혜

우리의 뇌는 나이가 들면서 변화에 적응하며, 노화에는 생각보다 이점이 훨씬 많다. 그중 하나가 경험이다. '축적된 경험'이 뇌 속에 고스란히 남아 우리는 그 지식의 보고에서 언제든지 필요한 것을 꺼내 쓸 수 있다. "세월이 지혜를 만든다"는 말에 과학적 근거가 있는 것이다.

연구에 따르면 노인들은 세계에 대한 지식과 어휘력이 젊은이들보다 뛰어나다. 시간이 지날수록 풍부해지는 이런 지능을 결정 지능이라고 한다.

또한 나이가 들수록 '정서가 더 안정'되고 균형이 잡힌다. 불쾌한 일을 겪어도 쉽게 휘둘리지 않으며, 예전 경험을 바탕으로 감정을 조절할 줄 안다. 젊은 시절보다 긴장, 질투, 죄책감을 덜 느끼며 이는 과학적으로도 확인됐다. 스탠퍼드 대학교에서 실시한 연구에 따르면 60세 이상의 노인들은 20~40대보다 부정적 감정을 덜 느낀다고 한다. 물론 70세 이후에는 신체적 불편함 때문에 부정적 감정이 다소 늘어나지만, 그 수치는 여전히 젊은 층보다 낮았다. 세월이 흐르며 케네스가 한결 느긋해지고 사소한 일에 흔들리지 않게 된 것은 세월의 흐름 속에 자연스럽게 얻은 태도다.

게다가 노인들은 일반적으로 더 '온화하고 친절한 성향'이다. 한 가지 이유는 나이가 들면 불쾌한 상황을 피할 수 있는 선택지가 많아지기 때문이다. 삼십대에는 경력을 쌓기 위해 많은 스트레스와 갈등을 감수해야 하지만, 노년기에는 자신에게 맞는 환경을 선택할 수 있고 어떤 상황이 즐거움을 주는지도 더 잘 안다. 또한 사고의 속도가 느려지는 만큼 충동적 행동이 줄어든다. 덕분에 불필요한 갈등이나 감정적인 상황에 휘말릴 일이 적고, 삶의 태도도 전반적으로 평온해진다. 보통 나이 든 사람들은 삶을 보다 긍정적으로 바라본다.

'사회적 통찰력'도 노인의 강점이다. 대규모 연구에서 참가자들에게 타인의 관점을 얼마나 이해하는지와 갈등을 어떻게 해결하는지를 물었을 때, 노인들은 청년들보다 성과가 훨씬 뛰어났다. 그 이유는 간단하다. 노인들은 자신이 모든 걸 알 수 없다는 사실을 받아들이기 때문이다. 그래서 사람들은 갈등을 겪을 때 노인에게 중재를 부탁한다. 그들은 집단의 '현자'로서 다툼의 현장에 평정과 통찰을 가져다준다.

연구와 실험

노인들이 왜 부정적 감정에 영향을 덜 받는지가 실험에서 밝혀졌다. 미국 스탠퍼드 대학교의 연구진은 연령대가 다양한 참가자들에게 교통사고나 장례식 같은 부정적 상황이 담긴 사진을 보여줬다. 일부 사진에 대해서는 상황에 몰입해보라고 지시했고, 다른 사진에 대해서는 장면을 "달리 해석하라"고 했다. 예컨대 장례식을 영화 속 한 장면으로 상상하는 식이다. 이 실험은 MRI 스캐너 안에서 이뤄졌기 때문에 참가자들의 뇌가 어떻게 반응하는지 실시간으로 확인할 수 있었다. 그 결과 부정적 장면을 재해석하는 상황에서 노인들의 전전두 피질은 젊은이들보다 더 활성화했다. 이 현상은 두 가지로 해석할 수 있다. 첫째로 PASA 효과, 즉 나이가 들수록 후두엽보다 전두엽을 더 많이 활용해 인지적 과제를 처리함을 보여준다. 둘째로 노인들은 삶의 경험을 쌓으며 자연스럽게 부정적 사건을 덜 심각하게 수용하도록 학습했을 수 있다. 다시 말해 이들은 인생의 다양한 고비를 이미 겪었고, 대부분의 어려움은 지나가며 나중에 돌이켜보면 별일이 아님을 안다.

뇌를 이해하고 활용하는 법

노인을 긍정적으로 바라보기

노인들에게 전하고 싶은 말이 한마디 있다면 젊은 사람들과 계속 어울리라는 것이다. 미국의 문화심리학자 엘렌 랭어(Ellen Langer)는 저서 《늙는다는 착각》에서 노인들은 젊은 세대와 교류할 때 활력과 강인함을 더 느낀다고 설명한다. 동시에 사회도 노인들에게 더 많은 신뢰를 보내야 한다.

노인에 대한 인식을 좀더 긍정적으로 개선할 필요가 있다. 노인은 "짜증을 잘 낸다" "불평이 많다"는 식의 고정관념이 흔하지만, 이는 과학적으로 뒷받침되지 않는다. 이런 고정관념은 단순한 인식 이상의 영향을 미친다. 뇌과학자 안드레 알레만(André Aleman) 교수는 노인에 대한 자기 충족적 예언의 위험을 지적한다. 정당하든 아니든 어떤 평가를 계속 반복하면 스스로도 믿게 되고, 그 믿음이 현실이 되어버린다는 것이다. 예를 들어 노인은 외롭다는 통념이 있지만 실제 연구 결과를 보면 노인이 청년보다 외로움을 더 자주 느낀다는 증거는 없다.

우리가 노인을 대할 때의 언어와 태도가 조금만 변해도 상황은 훨씬 나아질 수 있다. 낙관적 분위기는 노인의 건강에 긍정적 영향을 주고, 인지 기능의 저하도 늦출 수 있다. 다시 말해 노인은 "괴팍하다"거나 "약하다"는 말을 반복하는 건 누구에게도 도움이 되지 않는다. 이 장에서 확인했듯 대개 노인의 뇌에는 문제가 없다. 오히려 이들은 풍부한 경험과 지혜를 바탕으로 삶을 더 균형 있게 바라보는 능력을 갖추고 있다.

21

반사회적 공격 행동
나쁜 습관에서 범죄까지

2시 – 경찰서에서

아들 지미를 기다리다 잠든 애시윈은 전화기 진동 소리에 잠에서 깼다. "아빠, 나 경찰서야. 데리러 와줄 수 있어? 다 설명할게." 아내 소피는 잠든 듯했고, 애시윈은 조용히 방을 빠져나와 잠옷 위에 재킷만 걸친 채 차를 몰았다. 경찰서에 도착하니 창백한 미아와 얼굴이 붉어진 지미가 기다리고 있었다. "너희 괜찮니?" 두 아이가 애시윈을 안심시켰고 그는 안도의 한숨을 내쉬었다. 하지만 아들의 얼굴은 여전히 분노로 일그러져 있었다. 지미와 미아가 밤에 집으로 돌아가는데 동네 광장에서 늘 무리 지어 다니는 남자아이들이 시비를 걸었다. 그들은 자전거로 두 아이 주변을 빙빙 돌며 음란한 말을 내뱉었다. "아빠도 걔네 알아. 늘 사고 치던 애들이야. 그중에 올리비에도 있었어!"

아, 올리비에. 애시윈은 놀랍지 않다고 생각했다. 예전에는 올리비에가 집에 드나들곤 했다. 애시윈은 그 애가 늘 "엄마는 요리할 시간이 없다"며 주방을 뒤지던 모습을 기억한다. 그리고 밤 10시에도 초인종을 누르고 지미와 나가 놀 수 있는지 물었다. 대부분의 아홉 살짜리들은—지미처럼—한참 전부터 잠들어 있을 시간인데 말이다.

결국 지미는 참지 못하고 화를 냈지만, 다행히 이웃이 소란을 듣고 경찰에 신고해 큰일은 막을 수 있었다. 지미가 상대는 네 명이란 사실을 간과한 것이다. "같이 가도 되죠?" 접수대의 여성이 고개를 끄덕였고, 애시윈은 두 아이를 품에 안았다. "자, 이제 가자. 푹 자야지."

반사회적 행동이란

반사회적 행동은 타인의 권리를 무시하거나 사회에 해를 끼치는 행동을 통틀어 가리키는 말이다. 공격성도 여기에 들어간다. 정도의 차이는 있지만 우리 모두 이런 행동을 가끔 한다. 운전 중 누군가 갑자기 끼어들 때 욕하거나, 급한 상황에서 새치기를 당했을 때 짜증을 내는 것처럼 말이다. 심리학에서는 이런 공격성을 두 가지로 나눈다. 하나는 반응적 공격성, 다른 하나는 도구적 공격성이다. 일상에서 가장 많이 나타나는 형태는 반응적 공격성이다. 이는 위에서 언급한 상황처럼 무언가 또는 누군가에게 자극받았을 때의 감정적 반응이다. 예컨대 누군가 나를 무시했다거나 공격했다고 느끼는 순간, 우리는 깊이 생각하지 않고 말이나 행동으로 즉각 화를 낸다. 미아와 함께 있던 지미가 또래들에게 희롱당하자 참지 못하고 맞선 상황이 이에 해당한다. 상대편이 훨씬 많아 피해를 볼 것 같은데도.

한편 도구적 공격성은 성격이 다르다. 이 공격은 보다 계산적·의도적이다. 즉 어떤 목적을 이루려는 수단으로 폭력을 쓰는 경우다. 꼭 물리적 폭력일 필요는 없다. 누군가를 때리거나 욕하는 것뿐만 아니라 교묘하게 조종하거나 압박하는 것도 여기에 해당한다. 예컨대 회사의 최고경영자가 자기 이익을 위해 직원들의 권리를 침해하는 전략을 냉정하게 짜는 경우가 있다.

또한 사람들은 자기상이 위협받을 때 방어하려고 공격적으로 변하기도 한다. 누군가 내게 대놓고 망신을 줬다면 되갚아주고 싶은 충동이 들 수 있다. 예를 들면 그의 자전거를 망가트리거나 뒷말을 퍼뜨리는 식이다. 이를 자기방어적 공격성이라 부른다. 나를 깎아내린 상대를 벌함으로써 상처받은 자존심을 회복하려는 것이다. 따돌림이나 괴롭힘은 이런 맥락에서 비롯할 때가 많다.

연구와 실험

사람들이 자기상을 회복하려고 공격적으로 반응한다는 사실은 어떻게 알 수 있을까? 심리학자들은 이를 뒷받침하는 실험에서 자기방어적 공격성을 관찰했다. 이 실험은 8장에서 언급된 바 있으며 거절에 따른 뇌의 사회적 고통에 대한 것이었다. 참가자들은 집단에서 소외되는 경험을 한 뒤, 다른 사람들과 동전을 나눠 갖는 과제를 받았다. 그 결과 참가자들은 게임에서 자신을 따돌린 사람에게 낯선 사람보다 훨씬 적은 수의 동전을 줬다. 심지어 자신이 아니라 친구가 따돌림을 당한 경우에도 비슷한 반응을 보였다. 이런 결과는 때때로 사람들이 사회적 위계를 회복하려고 공격적 행동을 한다는 것을 보여준다. 이는 일종의 보복이자 빚을 청산하는 것으로 이해할 수 있다.

사이코패스

충동적으로 반응하고 싸움을 일삼는 사람들은 규칙을 어기거나 범죄를 저지를 가능성이 높다. 이런 유형의 행동은 반사회적 문제 행동으로 분류된다. 여기에 '냉담하고 무정한 특성(callous-unemotional traits)'도 함께 나타나는 경우 문제는 더 심각해진다. 이런 사람들은 죄책감을 거의 느끼지 않고, 타인의 안위에 무관심하며, 감정 표현이 매우 얕다. 이런 성향은 미래의 반사회적 행동을 예측하는, 강한 위험 요소로 작용한다. 다시 말해 이런 특성이 있는 사람들은 나쁜 행동을 계속할 가능성이 크다. 대중적으로는 이들을 '사이코패스' 또는 '소시오패스'라고 부른다. 연구에서는 일탈 행동을 평생 지속한 사람들의 뇌가 일반인과 다르게 작동하는 것으로 드러났다. 네덜란드와 영국의 과학자들은 어린 시절부터 경찰과 마찰을 빚은 청소년들을 장기간 추적 연구했다. 그 결과 반사회적 행동을 일관적으로 하는 성인은 뇌 활동의 양상 자체가 달랐다. 반사회적 행동을 하는 사람들은 자존감이 낮은 경우가 많았다. 더불어 타인의 신호를 부정적으로 왜곡하는 경향이 강했다.

연구와 실험

반사회적 행동을 하는 사람이 자존감이 낮다는 사실은 뇌과학 실험으로 입증됐다. 연구자들은 반사회적 행동을 한 청년들과 그렇지 않은 청년들에게 "나는 다른 사람을 돕는다" "나는 매력적이다" 같은 문장을 보여주고 자신에 대해 생각하게 했다. 이때 반사회적 행동을 한 사람들은 자기상과 관련한 뇌 영역인 내측 전전두 피질의 활성도가 확연히 낮았으며, 특히 사회적 자기상에 있어 그랬다. 또한 이들은 뇌 수준에서 봤을 때 자신의 특성에 대해 생각하는 것을 더 어려워했다.

참을성 테스트: 열까지 세기

반사회적 성향이 있으면 타인의 행동을 더 부정적으로 해석하고 과격하게 반응한다는 것이 다른 실험에서 밝혀졌다. 이 실험에서 참가자들은 버튼을 눌러 자신에 대한 부정적 평가를 온라인에 남긴 상대의 귀에 소음이 들리게 할 수 있었다. 실험 결과 일상에서 반사회적 행동을 많이 하는 사람일수록 버튼을 더 세게 눌러 상대가 심한 소음을 듣게 했다. 흥미로운 점은 '스톱 그룹(stop group)'이라고 불리는 참가자들, 즉 과거에는 반사회적 행동을 했지만 이후 개선된 청년들의 경우 버튼을 덜 강하게 누른 것이다. 또한 이들의 전전두 피질은 낯선 사람에게서 받은 피드백에 더 활성화했다. 이들의 뇌에서는 통제 시스템이 더 잘 작동하고 있었다. 쉽게 말해 이들은 반응하기 전에 '열까지 셀 수 있는' 정신적 제어력이 보다 강한 셈이다.

뇌 상식 — 온라인에서의 반사회적 행동

요즘은 온라인에서도 반사회적·범죄적 행동이 나타나고 있다. 예를 들면 협박, 사기, 신분 도용, 보이스 피싱, 기만 등이다. 하지만 이런 사이버 범죄에 대해서는 아직 밝혀지지 않은 부분이 많다. 지금까지 진행된 대규모 연구들은 주로 절도나 강도 같은 오프라인 범죄에 초점을 맞췄다. 그러나 온라인 사기나 사이버불링—온라인에서의 괴롭힘—같은 범죄는 대개 익명성을 바탕으로 하기 때문에 추적이 어렵다. 이런 형태의 사기는 매우 개인적이다. 많은 사람이 스마트폰을 늘 갖고 다니기 때문에 원치 않는 메시지가 언제든 일상으로 침입할 수 있다. 그래서 길거리의 범죄는 줄어들어도 온라인 범죄는 오히려 증가할 수 있게 된 것이다.

한 번 범죄자는 영원한 범죄자일까

법을 위반하는 행동은 대부분 십대 시절에 나타난다. 청소년기는 자신의 한계를 시험하고, 때론 법의 경계까지 넘나들며 세상을 경험하려는 시기다. 지미가 마주한 무리 역시 예외가 아니다. 밤늦게까지 거리를 어슬렁거리며 친구들과 어울리는 청소년은 흔하다. 그중 일부는 타인을 불편하게 하거나 '말썽'을 일으키기도 한다. 물론 거리에서 시간을 보내는 청소년이 다 그렇지는 않다. 문제를 일으키는 청소년 대부분은 25세 이하이며 알코올 남용, 기물 파손, 절도 같은 사건은 주로 15~19세에 집중된다. 사실 누구나 십대에 규칙을 어기거나 작은 잘못을 저지른 기억 하나쯤은 있다. 남의 물건을 몰래 가져왔다거나, 하지 말라는 행동을 했다거나 하는 것이다. 들켰든 들키지 않았든 그런 경험은 '그땐 그랬지' 하는 식으로 기억된다. 중요한 점은 대다수의 청소년이 시간이 지나면서 이런 반사회적 행동을 멈춘다는 것이다. 성인이 되어 사회의 일원으로 자리를 잡는 과정에서 그 시절의 일탈은 철없던 시절의 흔적이 된다. 이런 현상을 연령-범죄 곡선(age-crime curve)이라고 한다. 하지만 예외는 있다. 소수는 청소년기를 지나서도 규범을 무시하는 행동을 이어간다. 이를 지속적인 반사회적 행동(persistent antisocial behavior)이라고 부른다. 이런 행동을 하는 사람들은 사회적 규칙에 적응하는 데 어려움을 겪고, 정신 건강 문제를 경험할 가능성이 높고, 중독에 취약하고, 범죄에 연루될 확률도 더 높다.

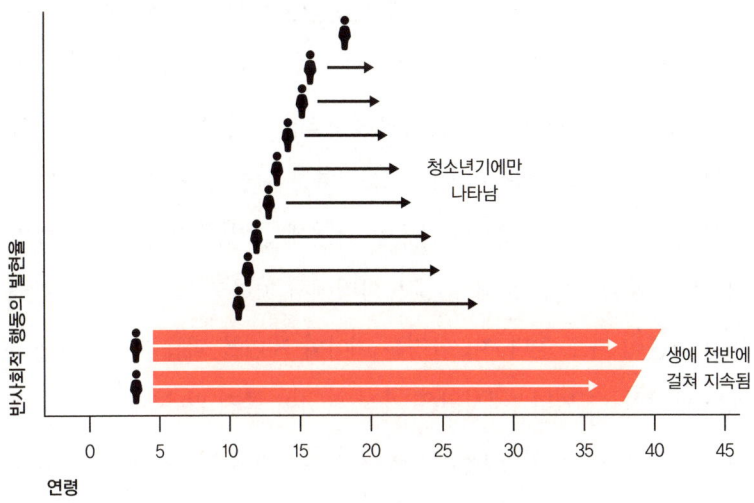

연구와 실험

이른 나이에 경찰과 접촉하며 이후에도 반사회적 행동을 지속하는 청소년들에게서 나타나는 양상은 어떻게 알 수 있을까? 뉴질랜드에서는 이런 청소년들의 범죄나 일탈 행동, 그리고 이들이 잘못된 길을 계속 갈 것인지를 예측하기 위한 대규모 연구가 수행됐다. 이 연구는 '더니던 연구(the Dunedin Study)'라고 부르며, 1972년에 태어난 사람들을 현재까지 추적 조사하고 있다. 연구자들은 어린 시절 반사회적 행동을 한 청소년들과 그렇지 않은 청소년들에게서 특정한 패턴을 발견했다. 반사회적 행동을 장기간 한 참가자들은 어릴 때 가정에서 갈등을 겪은 경우가 많았으며 성인이 된 후에도 중독 문제를 경험하고, 직업을 찾거나 의미 있는 관계를 형성하는 데 어려움을 겪었다. 이런 문제들은 함께 나타나곤 했다. 다시 말해 오랫동안 반사회적 행동을 한 사람들은 삶의 다양한 문제를 겪는 경우가 많았다. 반면 청소년기에만 법의 경계를 넘는 행동을 한 참가자들은 그렇지 않았다. 이들에게 반사회적 행동은 청소년이라면 어느 정도 하는 위험 감수 행동의 극단적 형태였을 것이다(10장 참고). '불우한 가정에서 자란 범죄자'라는 클리셰에는 이유가 있다. 문제가 있는 가정에서 자란 사람은 잘못된 길로 빠질 확률이 다소 높다. 이 설명은 미아와 지미를 괴롭힌 올리비에에게도 해당할 수 있다. 애시원은 가정 환경이 좋지 않은 것 같은 그에게 연민을 느낀다. 이런 배경이 올리비에의 현재 행동과 관련이 있을 수 있다. 그렇다고 해서 올리비에가 반드시 범죄자가 된다는 뜻은 아니다. 어린 시절이 불우했다고 해서 모두 범죄자가 되지는 않는다.

반사회적 행동과 뇌

이전에도 언급했듯 네덜란드와 영국의 연구자들 또한 더니딘 연구와 마찬가지로 경찰과 이른 시기에 접촉한 청소년들을 장기적으로 추적 조사했다. 이들은 참가자들을 세 집단으로 나눴다. 첫 번째는 반사회적 행동을 장기간 하는 '지속형 집단', 두 번째는 청소년기에는 반사회적이었지만 이후에는 그런 성향에서 벗어난 '회복형 집단', 세 번째는 반사회적 행동을 보인 적이 없는 집단이다. 연구 결과에 따르면 지속형 집단의 반사회적 성인은 뇌 활동이 다른 집단과 다르게 나타났다. 예를 들어 복측 선조체는 일반적으로 보상을 받을 때 활성화하는데, 이 집단은 실험에서 돈을 받았을 때조차 여기의 반응이 둔했다. 반면 돈을 잃었을 때는 공포나 위협과 관련한 편도체가 더 강하게 반응했다. 즉 이들의 뇌는 보통 사람들과 다르게 작동했다.

하지만 이런 결과를 해석할 때는 주의점이 있다. 첫째, 반사회적 행동의 지속형과 회복형을 정확히 구분하기가 쉽지 않다. 어디까지가 지속형이며 무엇을 반사회적 행동이라고 정의해야 할지 불명확하기 때문이다. 둘째, 지금까지의 과학적 연구 결과는 비일관적이다. 어떤 연구에서는 반사회적 성향이 있는 사람들의 정서 반응이 더 강하게 나타났지만 다른 연구에서는 그렇지 않았다. 현재 과학자들은 정서를 자극하는 상황을 규명하려고 연구 중이다. 이런 연구가 어려운 이유는 반사회적 행동을 지속하는 사람들은 삶 전반에 걸쳐 여러 문제를 동시에 겪는 경우가 많기 때문이다. 그래서 이들의 행동을 특정한 뇌 구조의 이상으로만 설명하는 것은 성급한 판단일 수도 있다.

소년과 소녀

반사회적 행동은 남성과 여성 모두에게서 관찰할 수 있지만, 일반적으로 남성에게서 더 자주 나타난다. 과학계는 아직 그 이유에 대해 명확한 결론에 도달하지 못했다. 우리가 아는 사실 중 하나는 범죄가 사회경제적으로 어려운 지역, 즉 저소득인 동네에서 더 많이 발생한다는 것이다. 그런데 이런 환경적 요인은 남성과 여성에게 모두 영향을 미치기 때문에, 왜 여기에서 남성 청소년이 여성보다 범죄에 더 자주 연루되는지는 여전히 설명하기 어렵다. 쌍둥이를 대상으로 한 연구에서는 환경적 요인이 남성에게 여성보다 크게 작용하는 것으로 드러났다. 이는 남성 청소년이 또래 집단의 압력에 영향을 더 쉽게 받기 때문일 것이다. 집단의 압력은 반사회적 행동을 유발하는 주요인이다. 특히 경미한 지적 장애가 있는 청소년일수록 주변의 영향을 더 쉽게 받는다.

하지만 남성의 범죄율이 더 높은 데는 다른 이유도 있을 수 있다. 바로 남성의 행동이 더 쉽게 반사회적이라고 판단되기 때문이다. 즉 같은 행동을 해도 여성이기 때문에 관대하게 바라보는 경우가 있다는 것이다. 예를 들어 소녀들이 길거리에 무리 지어 서서 사람들에게 야유를 보내도, 소년들이 같은 행동을 할 때보다 경찰에 신고당하는 건수가 적을 수 있다. 네덜란드청소년연구소(Nederlands Jeugdinstituut)의 조사에 따르면 2021년에 처음으로 여성과 남성의 행동 문제 보고 비율이 같아졌다. 2017년 이전의 모든 보고서에서는 행동 문제가 주로 남성에게 발생하는 것으로 나타났다. 이는 반사회적 행동이 여성과 남성에게 전부 나타날 수 있음을 시사한다.

뇌를 이해하고 활용하는 법

반사회적 행동=신호

청소년의 반사회적 행동을 그들이 살아온 결과로만 바라보는 경우가 많지만, 네덜란드청소년연구소는 이런 행동이 다른 문제의 신호일 수 있다고 말한다. 특히 어린아이들의 경우가 그렇다. 반사회적 행동을 하는 아이들은 가정 폭력 속에서 자라는 경우가 많고, 지적 장애나 학습 지연의 영향도 더 자주 받는다. 무엇이 누구에게 효과가 있는지를 정확히 알기는 매우 어렵다. 하지만 연구자들이 모두 동의하는 사실은 있다. 아이가 도움을 받을수록, 특히 전문적 도움을 일찍 받을수록 긍정적 결과를 얻을 가능성이 크다는 것이다. 예를 들어 암스테르담의 예방개입팀(Preventie Interventie Team)은 학교나 가정에서 어려움을 겪고 분노하거나 공격적인 반응을 자주 보이는 아동들에게 도움을 준다. 이런 개별적 접근과 함께 사회적 프로그램도 의미가 크다. 네덜란드의 '새로운 기회(De Nieuwe Kans)'나 벨기에의 일반복지센터(Centrum Algemeen Welzijnswerk, CAW) 산하 청소년 프로그램처럼, 이들이 쉽게 접근할 수 있는 공간에서 활동가들과 만나 이야기를 나누고 지지받을 수 있는 환경은 매우 소중하다. 이런 프로그램은 문제를 겪고 있는 청소년들이 삶의 방향을 찾을 수 있도록 돕기 위한 것이다. 이를 통해 그들이 생활을 정비하고 궁극적으로 일자리를 찾을 수 있도록 지원한다.

소피

22

폐경기
여성의 뇌에 찾아오는 거친 시기

3시 – 갑작스러운 열감

소피는 이불을 확 젖혔다. 더는 참을 수 없었다. 요즘 들어 자주 그렇듯 한밤중에 잠에서 깼고 다시 잠들기가 어려웠다. 그는 물을 한 잔 마시러 나갔다. 옆자리는 비어 있었다. 애시윈은 어디 있는 걸까? 혹시 그도 잠이 오지 않아 산책하러 간 걸까. 그런 적이 몇 번 있었기 때문이다. 애시윈은 평생 가벼운 불면증을 안고 살아왔지만, 소피에게는 처음 겪는 일이었다. 원래는 잠귀가 밝지도 않았고, 규칙적으로 깊게 자는 편이었다. 그런데 최근 몇 달 사이 모든 게 변했다. 처음에는 단순히 스트레스나 바쁜 일정 때문이라고 생각했다. 의사도 그의 말에 동의하며 '속도를 조금 늦추라'고 조언했다. 하지만 소피는 속으로 생각했다. 아이가 여럿 있는 가족을 돌보고 일도 만만치 않은 상황에서 그게 어디 쉬운 일인가. 그리고 오늘 저녁 친구들과 대화를 나눈 뒤로는 그저 스트레스 탓이라고 생각하지 않게 됐다. 이젠 분명히 폐경기의 전조라고 느낀다. 친구 타냐의 말처럼 잠을 설치는 것도 폐경기 증상일 터이다.

요즘 소피의 친구들 사이에서 폐경기는 그야말로 뜨거운 이슈다. 타냐가 말한 불쑥불쑥 치솟는 열감과 안면 홍조를 떠올리며 소피는 생각한다. 제발 이 시기가 빨리 지나가기를. 이 끊어진 밤들은 몸과 마음을 모두 갉아먹는다. 아이들이 갓난아기이던 시절 밤잠을 설치던 때가 떠오른다. 그때는 '피곤하다'는 말의 의미가 새롭게 다가왔다. 문틈으로 딸아이가 미소 지으며 자고 있는 모습이 보인다. 지금은 열세 살이 된 라라. 신생아였을 때 소피를 밤새 깨우곤 하던 아이가 라라였다. 물론 그 모든 수고는 충분히 가치가 있었다. 소피는 지금도 딸이 얼마나 사랑스러운지를 새삼 느끼곤 한다. 물론 요즘 들어 라라는 사소한 일에 예민하게 반응하기도 한다. 그런데 소피는 이제 그것조차 이해할 수 있을 것 같다. 요동치는 호르몬은 사람을 확실히 변화시킨다.

호르몬 체계의 대변동

폐경기는 여성의 뇌가 격렬한 변화를 겪는 시기다. 하지만 우리는 이 사실을 충분히 인식하지 못한 채 지나치는 경우가 많다. 대부분의 사람들이 폐경이 여성의 생식 기관에 주는 영향은 잘 안다. 생리가 멈추는 것은 여성이 더 이상 가임기가 아님을 의미한다. 하지만 폐경은 단순히 임신이 불가능해지는 문제를 넘어 여성의 뇌에도 깊은 영향을 미치는 복합적 변화를 불러온다. 갑작스러운 열감, 이유 없는 우울감, 밤마다 반복되는 불면, 머릿속이 뿌연 느낌까지. 폐경기의 여성들이 겪는 다양한 증상은 뇌가 호르몬 변화의 영향을 받으면서 발생한다.

이 시기는 역(逆)사춘기라고 부를 만하다. 사춘기에는 생리를 시작하면서 비가임 상태에서 가임 상태가 되고, 역으로 폐경기에는 가임 상태에서 비가임 상태로 돌아간다. 이 변화는 2년에서 10년까지 지속하며, 그동안 여성의 호르몬은 새 균형점을 찾아 나선다.

공감의 폭이 넓어진 이유

요즘 소피가 딸 라라의 기분을 더 잘 이해하게 된 데는 이유가 있다. 엄마와 딸 모두 호르몬의 소용돌이 속에 있기 때문이다. 라라는 사춘기를, 소피는 폐경기를 겪고 있다. 두 시기는 모두 인생에서 가장 극적인 호르몬 변화를 동반한다. 임신과 출산이 대표적 예다. 라라의 변덕스러움, 마우트가 아이를 낳고 겪는 감정 기복은 모두 소피가 경험하는 폐경기의 정서적 반응과 관계있다. 하지만 모순적이게도 우리는 사춘기나 임신에 비해 폐경기에 대해 아는 것이 너무 적고, 공감도 부족하다. 폐경은 전 세계 인구의 절반에게 영향을 주는 보편적 현상인데도, 사회적으로는 가장 덜 알려져 있고 이해받지 못한다. 실제로 폐경기 여성은 세계적으로 가장 빠르게 증가하는 집단이다. 이제 이 시기에 대해 제대로 이해할 필요가 있다. 폐경이란 무엇이며, 여성의 뇌에 어떤 영향을 미치고, 이 시기가 왜 인생의 중요한 전환점이 되는지 알아야 한다.

 **뇌 상식 — 히스테리라는 오명**

'폐경'이라는 단어는 1821년에 처음 등장했다. 프랑스의 의사 샤를 드가르단(Charles de Gardanne)이 여성이 더 이상 생리를 하지 않는 시기를 명확히 정의하려고 만든 용어다. 그 덕에 폐경 증상이 심한 여성들이 치료받을 수 있는 계기가 생겼다. 이전에는 폐경기에 여성들이 겪는 뇌의 변화와 감정의 기복에 대해 근거 없는 해석이 난무했다. 땀이 비 오듯 흐르거나 사소한 일에 욱하거나 무기력에 빠지면 '히스테리'라는 딱지가 붙었다. 이 말은 그리스어로 자궁을 뜻하는 '히스테리아(hysteria)'에서 유래했으며, 여성의 감정적 문제를 자궁 탓으로 돌리던 시대적 편견을 반영한다. 여성들은 제정신이 아닌, 통제 불가능한 존재로 취급당하곤 했다.

폐경이란 무엇인가

폐경을 영어로 '메노포즈(menopause)'라고 한다. 하지만 네덜란드어로 'menopauze'는 여성의 마지막 생리, 즉 어느 한 시점을 의미할 뿐이다. 이 단어는 고대 그리스어의 'pausis(멈춤 또는 일시 정지)'와 'men(달, 월경)'이 합쳐진 것이다. 그렇다면 네덜란드어에서 폐경의 과정 전체를 '전환기(overgangsfase)'라고 부르는 것은 오히려 더 적절한지도 모른다. 왜냐하면 폐경은 단순히 생리가 끝나는 것 이상이기 때문이다. 이는 훨씬 더 큰 변화의 일부이며, 몇 년에 걸쳐 이어지는 인생의 전환기다. 산부인과 의사이며 '갱년기 구루'로 알려진 도렌 판데이컨

(Dorenda van Dijken)은 《금기의 단어(Het Verboden Woord)》라는 책에서 이렇게 말한다. "폐경은 마지막 월경을 의미해요. 전환기는 그 전후의 시기 전체를 가리키죠. 전환기는 마지막 생리를 하기 전에 이미 시작되고, 그 후에도 몇 년간 이어질 수 있어요. 대부분의 여성들이 불편함을 겪는 시기가 바로 전환기, 특히 마지막 생리를 전후하는 몇 년입니다. 이 시기를 우리는 폐경 이행기라고 부르죠."

정리하면 여성의 생애와 폐경기에는 다음과 같은 단계가 있다.

- **폐경 전기**는 생리 주기가 아직 규칙적이고 모든 것이 '정상'으로 보이는 시기다.
- **폐경 이행 전기 및 후기**는 생리가 점차 불규칙해지기 시작하고, 마지막 생리 후까지 이어지는 시기다. 보통 이 시기에 여성들이 가장 많은 증상을 경험한다.
- **폐경**은 엄밀히 말하면 단 한 번의 순간, 즉 여성의 마지막 생리가 있는 시점이다. 여성은 보통 46~55세에 이 순간을 맞는다.
- **폐경 후기**는 마지막 생리 이후의 시기, 곧 나머지 인생의 전부를 의미한다. 이 시기에도 여전히 다양한 증상이 나타날 수 있다. 몸이 완전히 새로운 호르몬 수치에 적응해야 하기 때문이다.

28일 주기

전환기의 각 단계를 이해하려면 먼저 폐경 이행 전기에 성호르몬이 어떻게 작동하는지를 알아야 한다. 중요한 성호르몬인 에스트로겐과 프로게스테론은 약 28일간 이어지는 월경 주기 동안 끊임없이 변화한다. 이 두 호르몬은 11장에서 엄마의 뇌를 설명할 때도 등장했다. 이런 호르몬은 주기의 특정한 시점마다 상승하고 하강한다. 난소에서 난자가 자라기 시작하면 에스트로겐이 자궁 내막의 성장을 자극한다. 이는 임신하는 경우 수정란이 자궁 안에 잘 자리 잡을 수 있도록 준비하는 과정이다. 에스트로겐 수치가 충분히 높아지면 배란이 일어난다. 이때가 수정이 이뤄져야 하는 시점이다. 그리고 28일 주기의 후반부에는 프로게스테론이 중요한 역할을 맡는다. 두 호르몬은 함께 자궁 내막을 일정한 두께로 유지해 임신 시 태반이 자랄 수 있는 환경을 만든다. 하지만 주기 말에 임신이 되지 않은 것으로 판명되면, 호르몬 수치가 급격히 내려가고 자궁 내막은 떨어져 나간다. 이 과정이 월경, 즉 생리다.

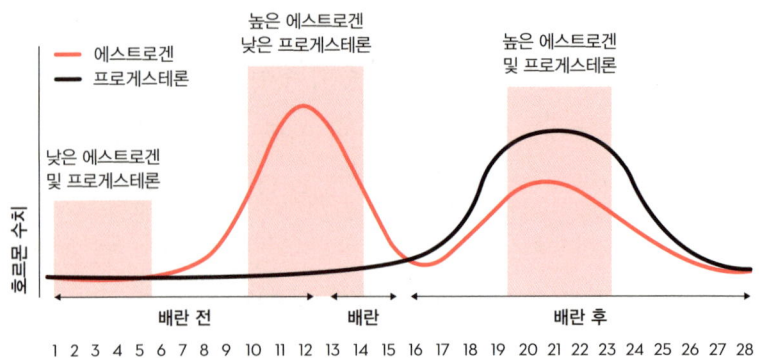

호르몬 롤러코스터

첫 생리를 시작한 후 여성의 뇌에서는 약 30년 동안 정교한 호르몬 작용이 조화롭게 이뤄진다. 하지만 이 균형은 폐경을 맞으며 흔들린다. 더 이상 난자가 만들어지지 않기 때문에 에스트로겐 수치는 점차 감소한다. 그러나 이런 변화는 어느 날 갑자기 일어나지 않는다. 수년에 걸쳐 서서히 진행되는 과정이다. 특히 폐경 이행 전기 및 후기에는 에스트로겐 수치가 큰 폭으로 요동친다. 이 시기에는 에스트로겐뿐만 아니라 다른 호르몬들도 변동이 극심하고, 여성은 신체적·정신적으로 롤러코스터에 탄 듯한 경험을 한다. 그중 가장 잘 알려진 증상은 열감이다. 열감은 말 그대로 갑자기 몰려오는 뜨거운 열기로, 얼굴에 도는 홍조로 끝날 수도 있고 심한 경우 땀이 비 오듯 쏟아질 수도 있다. 이런 상태는 대부분 몇 분 내로 누그러지지만, 길게는 30분 이상 지속되기도 한다. 이런 열감은 체온을 조절하는 뇌 속 시상하부에 에스트로겐이 미치는 영향 때문이다. 호르몬 수치가 급변하면서 시상하부가 제대로 작동하지 못하고, 그래서 종잡을 수 없이 땀이 나는 것이다. 전체 여성의 80퍼센트 이상이 크고 작은 열감을 경험한다.

기분의 변화

폐경의 특징은 열감이나 밤에 흘리는 땀과 같은 신체적 불편함만이 아니다. 많은 여성이 폐경 이행 전기 및 후기 동안 감정의 기복을 경험한다. 여성 5명 중 1명은 우울감을 겪을 정도로 기분의 변화가 심해진다. 이 시기에 수면의 질도 눈에 띄게 떨어지는데, 이는 야간의 각성과 땀 때문에 더 악화한다. 숙면의 부족은 기분뿐만 아니라 인지(학습 능력)에도 영향을 준다. 잠은 두 가지 모두를 잘 유지하는 데 필수이기 때문이다. 이때 많은 여성이 브레인 포그를 겪는데, 이는 기억력

많은 여성이 폐경 이행 전기 및 후기에 브레인 포그를 경험한다.

이 평소보다 일시적으로 떨어지는 것이다. 그러나 여기서는 일시적이라는 대목이 중요하다. 폐경이 완전히 끝나고 호르몬이 균형을 찾으면 이런 인지적 어려움도 서서히 사라진다.

뇌에서 일어나는 일

폐경기에 접어든 여성의 뇌에서는 어떤 변화가 일어날까? 의외일 수도 있지만 과학자들은 난소나 뇌 중 어느 한쪽에 집중해서 연구하는 경우가 많다. 그러나 이 두 기관은 호르몬을 통해 신호를 끊임없이 주고받으며 서로의 기능에 깊은 영향을 준다. 예를 들어 뇌 속의 작은 내분비샘인 뇌하수체는 난소를 작동시키는 호르몬을 만들어낸다. 역시 중요한 부분인 시상하부는 자율 신경계를 조절한다. 이 두 시스템은 뇌와 신체 사이의 소통을 담당한다. 여기서 중요한 점은 에스트로겐이 생식 계통에만 영향을 주는 호르몬이 아니라는 것이다. 에스트로겐은 뇌 전체에 강력한 영향을 미친다.

- 에스트로겐은 '변연계' '해마' '전전두 피질' 등 다양한 뇌 영역에 작용한다.
- 뇌세포의 '성장과 생존' '가소성' '신호 전달'을 돕는다.
- 세로토닌 같은 신경 전달 물질에도 영향을 주므로 '기분의 변화'와도 관련한다.
- '에너지'를 공급한다.

이처럼 다양한 기능을 담당하는 호르몬 수치가 폐경기를 거치며 흔들리면, 그 여파가 뇌 기능에 영향을 주는 것은 당연한 일이다. 많은 여성이 겪는 다양한 증상은 뇌가 변화에 적응하려 애쓰는 과정에서 나타나는 것이다.

갱년기와 기억력

신경과학자 리사 모스코니(Lisa Mosconi)의 연구에 따르면 폐경 이행 전기 및 후기부터 폐경 후기까지 여성들의 뇌에서 회색질이 줄어든다.

이는 아직 폐경기가 아닌 여성들과 비교할 때 두드러지는 특징이다. 우리는 뇌의 부피가 25~50세에 안정적으로 유지되다가 이후 서서히 감소한다는 것을 안다. 하지만 폐경기를 맞은 여성의 경우 이 감소가 좀더 빠르다. 전두엽 및 측두엽 피질, 설전부, 변연계(특히 편도체) 같은 뇌 영역에서 변화가 확인됐다. 흥미롭게도 이는 임신 중의 뇌 변화와 유사하다. 어떤 영역은 폐경 이행 전기 및 후기에만 일시적으로 줄어들었다가 이후 원래 상태로 회복한다. 예를 들면 자전적 기억과 일화 기억을 담당하는 설전부가 있다. 한편 연구 결과에 따르면 여성은 기억력이 뛰어나다. 특히 언제 어디서 누구와 무엇을 했는지 같은 개인적 경험을 잘 기억한다. 그래서 물건을 잘 찾아내는 걸지도 모른다. 이런 능력은 폐경기 동안 약화하지만 이때가 지나면 다시 돌아온다.

연구와 실험

모스코니는 40~65세 여성 180명의 뇌 MRI 스캔을 분석했다. 이들은 폐경 전기, 폐경 이행 전기 및 후기, 폐경 후기로 나뉘었다. 그는 이들의 뇌 이미지를 비교했다. 여성마다 폐경에 접어드는 시기가 다르므로 호르몬의 영향을 연구할 수 있다. 폐경기 증상이 나이에 기인한다고 볼 수 없기 때문이다. 예컨대 43세와 56세 여성이 비슷한 뇌 변화를 겪고 있다면, 원인은 나이보다 폐경기일 가능성이 높다. 이를 확실히 하기 위해 모스코니는 같은 연령대의 남성을 비교군으로 삼았다.

폐경기의 긍정적 변화

사춘기와 임신기가 그렇듯 폐경기는 도전적 시기다. 그러나 이때도 결국 지나간다. 그리고 반드시 부정적인 것만은 아니다. 폐경기를 지나면 많은 여성은 에너지가 늘어나고, 삶에 대한 시야가 더 넓어진다. 감정 조절 능력도 향상한다. 복잡한 감정을 잘 다루게 되고, 공감 능력과 이해력도 전보다 높아지는 경우가 많다. 또 하나의 흥미로운 변화는 손주를 돌보는 데 특화된 뇌 구조가 활성화하는 것이다. 연구에 따르면 이들의 사회적 뇌는 손주를 비롯한 가족에게 더 민감하게 반응한다. 물론 이 모든 변화가 다시 돌봄 노동을 해야 한다는 뜻은 아니다. 많은 여성은 이 시기를 자신을 위한 시간으로 정립하길 원한다. 이제는 드디어 뇌 안에 여유 공간이 생긴다. 꼭 손주를 돌보지 않아도 새로운 경력을 시작하거나 세계를 여행하는 등 당신이 진짜 원하는 삶을 선택할 수 있다.

연구와 실험

폐경기 이후 여성들이 복잡한 감정을 더 잘 다루게 된다는 사실은 MRI 연구를 통해 밝혀졌다. 참가자들에게 다양한 사진을 보여주는 실험에서 폐경기를 지난 여성들은 긍정적 사진을 볼 때 편도체 같은 감정 중추를 더 강하게 활성화했다. 반면 부정적 이미지에 대해서는 반응이 덜했다. 즉 이 여성들의 뇌는 긍정적 자극에 더 크게 반응하고, 더 오래 주의를 기울인다는 뜻이다. 또한 이들은 부정적 사진을 본 뒤에도 아직 폐경기인 여성들보다 전전두 피질을 더 활성화했다. 폐경기를 지나면서 뇌가 인생의 어려움에 더 잘 대처할 수 있도록 적응하는 셈이다.

할머니 뇌

여성이 폐경기를 지나면 손주를 돌보는 데 최적화한 '할머니 뇌'가 형성된다는 점도 MRI 스캔을 통해 밝혀졌다. 연구자들은 여성들에게 자신의 손주, 다른 아이, 낯선 성인의 사진을 차례로 보여줬는데, 그중 손주의 얼굴을 볼 때 사회적 뇌 영역인 내측 전전두 피질과 측두엽-두정엽 접합부가 특히 활성화했다. 놀랍게도 손주와의 유대감이 클수록 이 영역의 반응도 컸다. 이런 공감 능력은 가족 내에서의 새로운 자리, 즉 할머니로서의 역할을 수행하는 데 매우 유용할 것이다.

뇌를 이해하고 활용하는 법

메노스타트

폐경기를 겪는 동안 나타나는 신체적·감정적 변화 때문에, 이 시기를 그저 고통스러운 기간으로만 받아들이기 쉽다. 하지만 앞서 살펴봤듯 폐경기 또한 뇌에 긍정적 변화를 가져오는 전환기다. 사춘기와 임신기가 그런 것처럼 이 시기도 여성의 뇌를 재정비하고 성숙시키며, 중요한 기회를 가져다준다. 이 시기를 거친 여성들은 평균적으로 삶에 더 만족하며, 정신 건강도 향상한다. 물론 폐경기 동안 우울감이나 무기력감이 생기기도 하지만 마지막 생리를 한 시점부터 만족감이 점점 회복되고, 나중에는 폐경기 전보다 높아지는 경우가 많다. 이런 이유로 모스코니는 "메노스타트(menostart)"라는 개념을 제안했다. 메노포즈가 끝이라는 느낌을 준다면, 메노스타트는 새로운 시작이라는 의미를 담고 있다. 월경의 번거로움에서 벗어나고, 감정의 기복이 줄어들고, 경계를 스스로 정하고, 자기에게 집중할 시간이 늘어나는 시점. 그게 폐경기의 참된 얼굴일지도 모른다. 많은 여성은 이 시기를 기점으로 삶의 큰 전환을 맞는다. 여기에는 이사, 새로운 인간관계, 혹은 오래 미뤄왔던 취미나 관심사의 재탐색까지 들어간다.

라라

23

수면
그리고 꿈의 기능

4시 — 라라는 날고 있다

라라는 엄마가 방문 앞에 선 것도 모른 채 자고 있다. 다행이다. 지난주 라라의 담임 선생님은 반 친구들에게 이렇게 당부했다. "이번 주말엔 꼭 충분히 자야 해. 그래야 시험 보는 주에 머리가 맑지." 그래서 라라는 오랜만에 제때 잠자리에 들었고, 가족들보다 먼저 깊은 잠에 빠졌다. 잠든 라라의 얼굴엔 미소가 번져 있다. 지금 라라는 꿈속에서 하늘을 날고 있다. 자주 꾸지는 않지만 가장 좋아하는 꿈이다. 드높은 하늘을 날며 지붕 위를 지나는 느낌은 현실이 아니라도 정말 상쾌하다. 마치 라라가 좋아하는 디즈니 영화 〈피터팬〉 속 한 장면 같다. 이 영화에서 라라가 가장 좋아하는 장면은 피터와 웬디와 그 남동생들이 팅커벨의 요정 가루 덕에 하늘을 날아다니는 장면이다. 그들은 별이 가득하고 짙푸른 런던의 밤하늘 위를 떠다니며 빅벤의 시곗바늘 위에 잠깐 앉기도 한다. 라라는 동생들과 이 장면을 자주 본다. 하지만 악당 후크 선장이 나오는 부분은 동생들이 무서

워해서 꼭 넘겨야 한다.

한편 라라의 옆방에서는 하나와 뮈크가 부모님의 침대에서 만족스럽게 잠들어 있다. 소피와 애시윈은 서로에게 기대 오붓한 시간을 막 보내려던 참이었다. 그런데 갑자기 두 딸이 침대 앞에 나타났다. "무서운 꿈 꿨어요……." 두 아이는 겁먹은 얼굴로 귀엽게 입술을 삐죽이며 말하곤 소피와 애시윈을 애원하듯 바라봤다. "우리도 침대에 같이 누워도 돼요?" 부모님은 기꺼이 자리를 내주었고, 아이들은 놀랄 만큼 금방 꿈나라로 돌아갔다. 이번에는 좋은 꿈을 꾸기를.

수면은 다섯 단계로 이뤄진다

사람이 잠들면 뇌에서는 무슨 일이 벌어질까? 몸은 쉬고 있는데 의식은 어디 있는 걸까? 이 질문은 많은 사람에게 여전히 신비롭다. 꿈은 특히 궁금증을 자극한다. 가령 꿈에서 고인과 대화하는 건 의미가 있을까? 왜 현실에서는 전혀 매력을 느끼지 않는 사람이 나오는 성적인 꿈을 꾸는 걸까? 누군가에게 쫓기는 꿈, 치아가 빠지는 꿈은 무슨 뜻일까? 꿈의 과학적 의미는 아직 명확히 드러나지 않았다. 하지만 뇌과학은 수면과 꿈의 작동 방식에 대해 꽤 흥미로운 사실을 밝혀냈다.

잠자는 동안에는 주변에서 일어나는 일을 의식하지 못하지만, 깨어났을 때는 잠을 잤다는 걸 알고 있다. 왜일까? 우리가 자는 동안에도 모든 감각을 사용하고 있기 때문이다. 우리는 여전히 뭔가를 느끼고, 냄새를 맡고, (눈꺼풀 너머로) 빛을 보고, 소리를 듣는다. 하지만 이때 시상이라는 뇌 속 깊은 곳의 작은 부분이 작동하며 외부에서 들어오는 자극을 전부 차단해준다. 100년도 훨씬 전에 과학자들은 깨어 있는 상태와 자는 상태를 EEG로 구분할 수 있다는 사실을 알아냈다. EEG는 뇌의 전기적 활동을 특수한 장치로 측정하는 방법이다. 1924년 독일의 과학자 한스 베르거(Hans Berger)는 뇌파가 뇌 활동에 대한 정보를 준다는 사실을 처음 발견했다. 과학자들은 이런 뇌 활동 측정을 통해 수면에 다양한 단계가 있다는 것도 밝혔다. 1952년 미국의 과학자 유진 아세린스키(Eugene Aserinsky)는 수면의 여러 단계를 정확히 구분하는 방법을 개발했다. 오늘날 우리는 각 수면 단계가 어떤 역할을 하는지 점점 더 깊이 이해하는 중이다. 이 장에서는 그 내용을 자세히 다룰 것이다. 그래야 당신도 "푹 자는 것"이 왜 그렇게 중요한지 알게 될 테니까. (숙면이 허락된다면 말이다.)

수면의 두 가지 유형: 렘수면과 비렘수면

오늘날 과학자들은 수면을 크게 두 가지로 나눈다.

- '렘(Rapid Eye Movement, REM)수면'은 말 그대로 눈동자가 빠르게 움직이는 잠이다. 이때 뇌는 깨어 있을 때와 거의 비슷한 수준으로 활성화하지만, 근육은 완전히 이완돼 있다. 대부분의 꿈은 렘수면 도중에 꾼다. 그래서 렘수면을 '꿈 수면'이라고 부르기도 한다.
- '비(非)렘수면'은 완전히 이완된 상태의 깊은 잠이다. 1~4단계로 나뉘며 숫자가 커질수록 더 깊은 수면 상태를 가리킨다. 특히 3~4단계는 서파 수면으로 뇌파가 매우 느려진다. 이 단계에서는 꿈을 꾸지 않는다.

연구와 실험

서로 다른 수면 단계가 있다는 건 어떻게 알아냈을까? 1952년경 과학자들이 참가자들의 뇌 활동 속도를 측정하려고 EEG를 실시하다가 발견했다. 참가자들의 머리에 전극이 달린 수영모 같은 장치를 씌웠고, 이를 통해 뇌의 전기적 활동을 측정할 수 있었다. 이런 측정은 피부와 접촉하지 않고 이뤄지기 때문에 참가자들은 아무 감각도 느끼지 못했다.

EEG 수면 측정

수면 주기

우리의 수면은 여러 단계로 나뉘며, 이는 (충분히 잔다면) 밤새 반복된다. '수면 주기'라고 불리는 이 흐름은 약 1시간 30분씩 비렘수면 1~4단계에서 렘수면으로 이어진다. 밤에 충분히 자면 이 주기가 되풀이된다. 많은 사람이 모르는 사실은 이 주기가 밤이 깊어지며 변한다는 것이다. 긴 하루를 마치고 잠들면 먼저 비렘수면의 네 단계를 거쳐 짧은 렘수면에 처음 진입한다. 이 첫 렘수면은 길지 않지만, 시간이 흐를수록 비렘수면은 짧아지고 렘수면은 길어진다. 밤의 끝자락에 이르면 상황이 뒤바뀐다. 대부분의 시간이 렘수면으로 채워지고, 비렘수면은 1~2단계로 얕아진다. 이처럼 우리의 잠은 일정한 리듬을 따르며, 이 리듬은 결코 무작위적이지 않다. 그래서 충분한 수면이 중요하다. 수면 시간이 짧아지면 밤의 마지막에 찾아오는 깊은 렘수면을 놓치게 된다. 과학자들은 렘수면과 비렘수면이 왜 이런 비대칭 구조를 이루는지 아직 모른다. 각 수면 단계가 모두 뇌에 필요한 것은 확실하다.

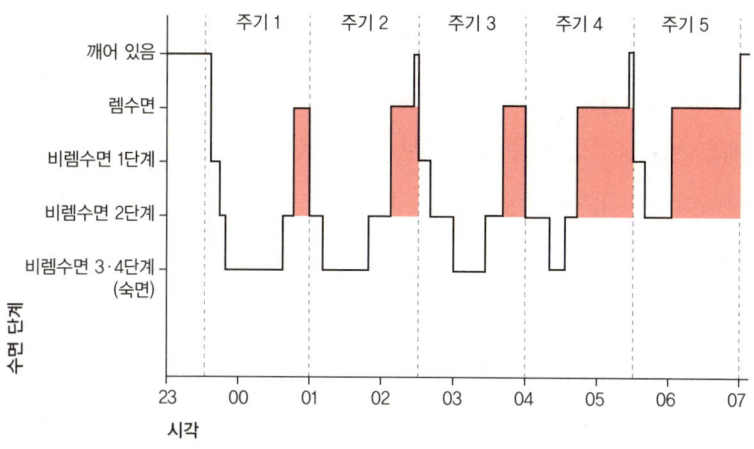

뇌 상식 — 잠결에 난다?

사실 인간은 꿈을 많이 꾸는 존재라는 점에서 특별하다. 수면의 방식은 동물마다 고유하다. 말처럼 서서 자는 종도 있고, 새처럼 한쪽 뇌만 잠들고 다른 한쪽 뇌는 비행을 유지하는 종도 있다. 정말 신기하지 않은가? 그렇지만 인간도 나름의 특이한 점이 있다. 우리는 유인원 같은 고등 동물과 비교해도 수면 시간 중 렘수면의 비중이 유독 높다. 이 렘수면은 창의성과 깊은 관련이 있다. 인간이 독창성을 발휘할 수 있는 것은 렘수면 덕이라고 해도 과언이 아니다.

비렘수면: 심포니

각 수면 단계는 저마다의 방식으로 뇌에 이롭다. 먼저 깊은 수면, 즉 비렘수면에 대해 알아보자. 이 단계는 밤의 전반부를 차지한다. 이때 뇌파는 점점 느려지며 서파 상태에 이르는데, 이는 뇌의 뉴런들이 교향곡을 연주하듯 정교하게 동기화한 상태를 의미한다. 깨어 있을 때 또는 렘수면 중에는 뉴런들이 제각기 바쁘게 움직이지만, 비렘수면 중에는 서로 호흡을 맞추며 하나의 멜로디를 만들어내듯 조화롭게 작동한다. 이 단계는 새로운 정보를 학습하고 기억을 강화하는 데 핵심이다. 시험을 앞두고 밤샘 공부를 하고 싶은 유혹은 크지만 뇌과학은 오히려 그 반대를 권한다. 제대로 된 수면, 특히 비렘수면이 충분해야 학습한 내용을 장기 기억에 잘 저장할 수 있다. 라라의 담임 선생님이 학생들에게 "시험 전에 잘 자라"고 당부한 데는 이유가 있다.

렘수면: 록밴드

렘수면은 전혀 다른 역할을 한다. 이 단계에서 뉴런은 깨어 있을 때처럼 활발하게 활동하지만, 몸의 근육은 완전히 이완된다. 비렘수면이 교향곡이라면 렘수면은 열정적인 록밴드다. 감정, 사고, 상상력이 무대에서 자유롭게 넘실거린다. 이 단계에서 우리는 꿈을 꾼다. 비렘수면은 기억을 저장할 수 있도록 해주고 렘수면은 다음 날을 준비할 수 있도록 도와준다. 렘수면을 하면서 꿈을 꿀 때 뇌의 시각 피질, 해마, 운동 피질, 정서 조절 중추 등 다양한 영역이 활성화한다. 흥미로운 점은 뇌의 조정 센터인 전전두 피질이 렘수면 동안 억제된다는 것이다. 덕분에 우리의 꿈은 제약 없는 자유를 누린다. 꿈에는 규칙이 없다.

연구와 실험

비렘수면이 새로운 정보를 학습하고 배운 내용을 기억하는 데 꼭 필요하다는 사실은 어떻게 밝혀졌을까? 과학자들은 실험 참가자들에게 수면 시간을 다르게 허용하는 실험을 설계했다. 본격적인 수면에 들어가기 전, 참가자들은 특정한 이미지와 그 위치를 기억하는 과제를 수행했다. 그런 다음 이들은 실험실에서 하룻밤을 잤고, 이때 수면의 질과 단계는 EEG를 통해 면밀히 관찰됐다. 잠자는 도중 참가자들을 다양한 시점에 깨워 그 영향을 수면 단계별로 비교했는데, 결과는 명확했다. 비렘수면을 더 많이 한 사람일수록 새로 배운 정보를 더 잘 떠올렸다. 즉 이미지와 그 위치를 더 정확히 기억해냈다. 이럴 때 중요한 역할을 하는 부분이 뇌의 해마다. 이곳은 새로 배운 정보를 일시적으로 저장하는 기능을 담당한다. 실험 참가자들이 잠들기 전 과제를 수행하며 학습한 정보를 해마가 임시로 보관하고 있던 것이다. 잠자는 동안 이 정보는 해마에서 측두 피질로 옮겨졌다. 측두 피질은 장기 저장소 역할을 하는 영역이며 정보가 여기에 저장되면 보다 안정적인 기억으로 남는다. 이런 과정은 수면 전후로 진행된 뇌 스캔으로 확인할 수 있었다.

우리는 왜 꿈을 꿀까

꿈속에서는 하나의 세계가 펼쳐진다. 때론 친구들에게 이야기하고 싶을 만큼 유쾌한 경험이고, 때론 그 내용을 도무지 말하고 싶지 않아 혼자 간직하게 된다. 이렇게 이상한 꿈은 왜 꾸는 걸까? 사실 과학적으로 명확한 답은 없다.

이런 점이 꿈의 세계를 더 신비롭고 매력적으로 만든다. 물론 지크문트 프로이트(Sigmund Freud)는 그렇게 생각하지 않았다. 꿈의 해석을 대표하는 인물로 유명한 그는 1856년에 출생해 1939년에 사망했으며, 정신분석학의 창시자로 평가받는다. 그는 꿈이 억압된 욕망과 무의식의 표현이라고 봤다. 하지만 그의 이론은 오늘날 과학계에서 크게 지지받지 못한다. 왜냐하면 별자리점처럼 주장을 입증하거나 반박할 수 있는 명확한 증거가 없기 때문이다. 과학적으로 우리가 아는 바는 꿈이 최소한 두 가지의 주요 기능을 수행한다는 것이다. 첫 번째로 꿈은 '정서적 경험을 완화'하는 데 도움이 된다. 이 과정에서 중요한 신경 전달 물질이 노르아드레날린이다. 이 물질은 스트레스 반응과 관련이 있지만, 렘수면 중에는 그 활동이 멈춘다. 덕분에 우리는 격한 정서에 대한 기억도 스트레스 없이 떠올릴 수 있다. 즉 하루 동안 겪은 일을 정서적으로 소화할 수 있도록 꿈이 도와주는 것이다.

꿈의 두 번째 기능은 '창의성'이다. 많은 연구 결과에 따르면 사람들은 꿈을 꾼 다음 문제 해결 능력이 좋아진다. 복잡한 과제를 오랫동안 고민했지만 답을 찾지 못하다가, 밤에 자고 일어났더니 해결책이 떠오르는 경우가 있다. "하룻밤 자고 나면 생각이 정리된다"는 격언에는 과학적 근거가 있는 셈이다.

뇌 상식—졸음 운전

졸린 상태로 운전하는 것은 얼마나 위험할까? 과학자 매슈 워커는 잠이 부족한 상태에서 운전하는 것이 음주 운전만큼 위험하며, 어쩌면 더 위험할 수도 있다고 경고한다. 미국 도로교통안전재단(AAA Foundation for Traffic Safety)의 조사에 따르면 밤잠을 5~6시간밖에 자지 않은 사람은 8시간 잔 사람보다 사고를 낼 확률이 두 배 높다. 이 확률은 4~5시간의 수면인 경우 네 배, 4시간 이하로 줄어들면 열 배로 높아진다.

연구와 실험

우리가 꿈을 꾸는 동안 경험을 처리한다는 사실은 어떻게 밝혀졌을까? 과학자들은 이 질문에 답하기 위해 '꿈 보고서' 실험을 진행했다. 실험 참가자들을 렘수면 중에 깨워 막 꿈꾼 내용을 기록하게 했다. 이렇게 수집한 꿈의 내용을 참가자들이 일상에서 경험한 일이나 연구진이 미리 제시한 과제와 비교했다. 이들은 이런 식으로 꿈이 정서적 균형을 잡아주는 동시에 창의적 문제 해결 능력도 향상시킨다는 것을 알아냈다.

뇌 상식 — 시간 감각

꿈을 꾸는 동안에는 시간에 대한 우리의 감각도 달라진다. 예를 들어 알람이 울린 후 "딱 10분만 더" 하고 눈을 감았는데, 다시 알람이 울릴 때는 마치 한 시간이 지난 것처럼 느껴지기도 한다. 왜 그럴까? 쥐를 대상으로 한 실험이 단서를 제공한다. 연구자들은 쥐들에게 미로를 통과하는 법을 학습시키고, 이 쥐들의 뇌에 전극을 연결해 뉴런 활동을 측정했다. 쥐가 렘수면에 들어가자 학습하던 때와 같은 뉴런이 다시 활성화했는데, 그 속도가 훨씬 느렸다. 즉 뇌는 우리가 꿈꾸고 있을 때도 시간을 인지하긴 하지만 '시계'가 매우 느슨하게 작동한다.

뇌를 이해하고 활용하는 법

수면은 필수

수면의 역할은 단순히 피로를 회복하는 데 그치지 않는다. 수면은 뇌가 회복하는 핵심 과정이기도 하다. 연구에 따르면 푹 잔 다음 날에는 감정을 조절하는 편도체와 의사 결정을 담당하는 전전두 피질 사이의 연결이 훨씬 강해진다. 반면 수면 부족 상태에서는 이 두 영역의 협력이 약해져, 감정의 기복이 심해지고 충동적으로 행동할 가능성이 높아진다. 심한 경우 정신병 증세까지 나타날 수 있다. 그럼에도 불구하고 현대 사회에서는 수면이 가장 먼저 희생된다. 자신에게 충분한 휴식을 허락하는 것이 결국에는 가장 큰 생산성과 행복을 가져다준다.

24

행복
과연 무엇일까

5시 — 다시 새로운 하루

볼스트라트 위로 주황빛과 노란빛이 섞인 햇살이 막 비치기 시작했다. 햇빛은 나뭇잎 위 이슬방울을 다이아몬드처럼 빛나게 한다. 어젯밤 거리 축제를 위해 걸어둔, 알록달록한 전구를 끄는 것을 깜박한 모양이다. 그 아래 남겨진 깃발 장식이 아침 바람에 팔랑인다. 하지만 창문을 열어둔 채 잠든 케네스는 그 소리에도 깨지 않는다. 지금 안스 꿈을 꾸고 있기 때문이다. 그들은 천국 같은 해변에 서 있고, 안스는 희고 눈부신 드레스를 입고 환하게 웃으며 그의 청혼에 고개를 끄덕인다. 케네스는 꿈속에서 속삭인다. "당신과 함께할 수 있다니, 난 세상에서 제일 행복한 남자야."

몇 집 건너에서 그의 손자 지미가 다락방 창문으로 떠오르는 해를 바라본다. 전날 밤의 일로 흥분해 좀처럼 잠을 이루지 못했지만 이젠 하품이 나온다. 그가 좋아하는 노래의 끝자락이 흘러나온다. 지미는 무의식중에 귀에 꽂은 이어폰에서 들리는 음악에 맞춰 고개를 천천히 흔든다. 몸의 긴장이 조금씩 풀린다.

한 층 아래에 있는 애시윈은 너무 짧은 밤을 지나 눈을 뜬다. 토요일 아침이라 알람은 맞추지 않았지만, 그의 몸은 이미 부트캠프 시간에 맞춰 일어나는 데 익숙하다. 아니면 옆에 누운 일곱 살 쌍둥이 중 한 명의 팔꿈치가 옆구리를 찌르는 바람에 깬 걸지도 모른다. 어른 둘에 아이 둘까지 자기엔 이 침대가 확실히 좁다. 엉켜 있는 다리, 팔, 머리칼을 바라보며 애시윈은 문득 말로 다할 수 없는 감사의 마음을 느낀다. 사랑하는 아내와 자녀들, 정겨운 집, 이웃에 가득한 친구와 가족들. 삶에서 더 바랄 게 있을까? 그에게는 없다. 인생은 참 아름답다.

행복, 만족감, 의미

사회학자와 심리학자의 관점

"행복은 그 자체로 목표가 아니고 좋은 삶의 부산물이다." 미국의 퍼스트레이디였던 엘리너 루스벨트(Eleanor Roosevelt)의 유명한 말이다. 그런데 과연 누가, 무엇이 우리의 행복을 결정하는 걸까? 그리고 행복이란 어떤 상태를 말할까? 학자들은 자기의 전문 분야에 따라 다양한 해석을 내놓는다. 사회학자들은 행복을 주로 환경이라는 관점에서 설명한다. 예를 들어 별다른 어려움 없이 자랄 수 있는 동네, 좋은 학교가 있는 지역에서 태어난 것을 '운이 좋다', 즉 행복하다고 본다. 또한 나를 이해하고 도와줄 수 있는 롤모델이 주변에 있는 것도 사회학자들의 기준으로는 큰 행운이다. 반면 심리학자들은 행복을 개인 내부의 감정 상태로 본다. 이들에게 행복이란 좋은 환경뿐만 아니라 그 환경 속에서 스스로 얼마나 좋다고 느끼는가에 달렸다. 심리학자 메이커 바르털스(Meike Bartels) 교수는 행복과 삶의 만족에 있어 생물학적 기반이 무엇인지를 연구한다. 그는 행복이란 자기 삶에 만족하고 의미와 통제력이 있다는 느낌이라고 설명한다. 즉 우리의 행복감은 내면의 감정과 이를 강화 혹은 약화할 수 있는 환경이 함께 작용하는 결과라는 것이다.

행복의 비밀

우리는 대부분 행복이 어떤 느낌인지 안다. 하지만 깊은 행복감을 만들어내는 유일한 뇌 영역이나 호르몬은 없다. 지금까지 이 책에서 소개한 거의 모든 뇌 영역이 어떤 식으로든 행복감에 관여하는 것으로 보인다. 일란성 쌍둥이를 대상으로 한 연구에 따르면 행복을 느끼는 기질은 유전자의 영향도 받는다. 어떤 사람들은 더 쉽게 행복을 느끼도록 타고나지만 어떤 사람들은 그렇지 않다. 그러나 '행복 유전자'를 물려받지 않아도 행복할 수 있다. 행복감을 느끼기까지 시간이 좀더 걸릴 뿐이다. 그리고 아무리 쉽게 행복해지는 사람이라도 항상, 하루 종일 행복할 수는 없다.

"당신의 행복이 뭔지 안다면 박수 쳐요(Clap along if you know what happiness is to you)." 가수 퍼렐 윌리엄스(Pharrell Williams)가 부른 노래 〈행복(Happy)〉의 가사처럼 행복이란 지극히 개인적인 것이다. 행복감에 유전적 차이는 있을 수 있지만 무엇이 나를 행복하게 만드는지는 개개인의 고유한 경험이다. 누군가에겐 예술이나 음악, 누군가에겐 갓

끓인 수프 한 그릇, 누군가에겐 타인과 연결돼 있다는 감각이 행복의 원천이다. 애시원은 가족과 친구와 이웃들이 함께 있다는 이유만으로 풍요롭다고 느낀다. 그러나 모든 사람에게 대입할 수 있는 '행복의 공식'은 없다. 자신에 대해 더 알수록 더 적합한 환경을 선택할 수 있고, 행복감을 더 자주 느낄 수 있다.

음악과 예술

어떤 경험은 말로 다 담아내기 어려울 만큼 특별하다. 음악이 그 대표적 예다. 사람들은 음악을 통해 직접 만나지 않고도 감정을 공유한다. 이는 예술 전반에 해당하는 이야기다. 화가가 수백 년 전에 그린 그림에서 그의 의도를 느끼고 깊이 감동하는 순간, 우리는 과거의 인물과 정서적으로 이어지는 셈이다. 지미는 해가 떠오르는 풍경을 보며 좋아하는 음악을 들을 때 몸과 마음이 이완된다고 느낀다. 과학자들에 따르면, 음악을 비롯한 예술을 감상하며 감동하는 경험은 마음이 떠도는 상태, 즉 마인드 원더링(mind wandering)을 유도한다. 이는 우리의 생각이 지금 여기에만 머물지 않고 자유롭게 흐르는 것으로, 정서와 결합하는 독특한 초월 경험이다. 연구에 따르면 음악을 들을 때 활성화하는 뇌 부위는 디폴트 모드 네트워크(default-mode network)다. 이는 우리가 특정한 작업을 하지 않고 생각을 자유롭게 풀어놓을 때 자연스럽게 활성화하는 영역이다. 음악을 통한 마인드 원더링은 심리적 해방감을 주며 깊은 긍정적 감정을 유도한다. 놀랍게도 이런 감정은 슬픈 음악을 들을 때도 생길 수 있다. 특히 우리가 아름답다고 느끼는 음악은 디폴트 모드 네트워크를 자전적 기억을 담당하는 뇌 영역인 설전부와 연결한다. 설전부는 엄마의 뇌를 다룬 11장에도 등장했으며, 자신과 타인에게 공감하는 데 중요한 사회적 영역이다. 또한 음악은 도파민 수용체가 풍부한 뇌 부위를 강하게 자극한다. 앞에서 섹스, 음식, 알코올, 약물과 관련해 다룬 것처럼 도파민은 우리가 쾌감을 느끼도록 하는 신경 전달 물질이다. 음악을 들으면 기분이 좋은 이유도 도파민이다.

뇌 상식 — 음악은 약이 될 수 있다

음악은 단지 위로와 기쁨만 주는 것이 아니다. 실제로 통증을 줄이는 효과도 있다. 연구에 따르면 수술 전후에 음악을 들은 환자들은 스트레스와 통증을 덜 느꼈다. 특히 자신이 좋아하는 음악을 직접 선택할 수 있는 경우 그 효과는 더 컸다. 음악을 들을 때 우리 몸이 분비하는 엔도르핀은 천연 진통제 역할을 한다.

환각 경험과 행복

행복감은 가끔 예상치 못한 순간에 찾아온다. 그중 하나는 환각 경험이다. 많은 사람이 '환각'이라는 단어에서 LSD 같은 약물을 떠올리지만, 이 단어는 그리스어에서 유래했으며 '영혼(psuchē)'과 '드러내다(dēloun)'를 합친 말이다. 즉 '영적 계시'라는 의미를 담고 있다. 1956년 정신과 의사 험프리 오즈먼드(Humphrey Osmond)가 이 용어를 LSD와 연관 지으면서 지금의 이미지가 생겼지만, 환각 경험은 LSD 이전부터 있었다. LSD 같은 마약은 뇌의 세로토닌 수치를 높여 정신이 열린 듯한 느낌을 준다. 이런 경험은 약물 없이도 충분히 가능하다. 영적 경험은 자아를 초월하는 실상으로 묘사되곤 하는데, 종교적 경험과 비슷하지만 반드시 종교와 연관하는 것은 아니다. 예를 들어 명상할 때, 음악을 들을 때, 자연 속을 걸을 때도 정신이 열린 것 같은 감각을 경험할 수 있다. 요가에서 행하는 호흡법 역시 일상적 생각에서 벗어나 새로운 통찰로 이어지기도 한다. 이런 영적 경험은 개인에게 매우 깊은 의미가 있는 경우가 많다.

이는 워낙 복잡하고 주관적인 경험이기에 뇌의 작용과 일대일로 대응시키기는 어렵다. 영적 경험을 할 때 분비되는, 세로토닌 같은 신경 전달 물질은 뇌의 다양한 영역에 영향을 준다. 하지만 과학자들은 흥미로운 사실을 하나 밝혀냈다. 영적 또는 종교적 경험을 할 때 활동이 억제되는 영역이 있다는 것이다. 이곳은 하두정 피질이다. 하두정 피질은 두정엽 아래에 위치한다. 재미있는 점은 이 영역에 회색질이 더 많은 사람일수록 영적 경험을 더 자주 하는데, 반대로 이 영역이 손상된 사람들 역시 비슷한 경험을 자주 한다는 것이다. 왜 이 영역이 중요한지는 아직 명확하지 않다. 다만 하두정 피질은 주의력 조절에 관여한다고 알려져 있다. 명상하거나 호흡할 때 우리는 외부 세계가 아닌 내면에 집중하는데, 이런 집중이 영적 경험과 관련할 수 있다.

또한 하두정 피질은 앞서 언급한 설전부 같은, 자기 성찰과 관련한 뇌 영역들과 바로 이어진다. 결론적으로 우리의 뇌는 약물 없이도 환각 경험을 할 수 있는 구조를 갖추고 있다. 요가, 명상, 예술품 감상, 축제 참여처럼 다양한 방식으로 내면을 여는 경험을 할 수 있다.

다른 사람들

행복을 느끼는 데 있어 다른 사람들의 존재는 매우 중요하다. '행복 호르몬'으로 자주 언급되는 신경 전달 물질이 옥시토신이다. 옥시토신은 신체 접촉, 포옹, 애정 표현, 협력 등으로 인해 분비된다. 다시 말해 이 물질은 사회적 관계, 주변 사람들이 있을 때 가장 잘 작동한다. 사회적 연결망의 크기와 질은 행복을 예측하는 주요소다. 인간은 혼자서는 온전히 행복해질 수 없다. 적어도 가끔은 주변에 누군가 있어야 우리는 정서적 안정감을 느낄 수 있다. 과학자들은 이를 소속감(sense of belonging)이라고 부른다. 이는 내가 어딘가에 속해 있다는, 혹은 누군가와 이어져 있다는 감정이다. 어떤 사람은 큰 집단의 일원이라는 데서 소속감을 느끼고, 어떤 사람은 진정한 친구 한 명과의 관계 속에서 이를 느낀다. 행복감은 우리가 자신에게 맞는 사람이나 환경을 자연스럽게 찾아가도록 돕는 내비게이션 역할도 한다. 인간은 본질적으로 나보다 큰 뭔가의 일부가 되고자 하는 욕구를 지니고 있다. 크든 작든 어떤 집단의 일원이라는 사실은 우리에게 심리적 힘을 주고, 더 행복하게 만들고, 사회에 능동적으로 참여하려는 동기가 된다. 하지만 그 반대의 상황도 있다. 나는 사회의 일부가 아니라고 느끼면 이는 악순환을 낳는다. 소속돼 있지 않다는 감각은 참여하려는 의지를 떨어뜨리고, 결국 더 외롭고 덜 행복한 상태로 이어진다. 연구에 따르면 자기가 의미 있는 참여를 하고 있다고 느낄 때, 즉 타인에게 인정과 존중을 받는다는 감각이 있을 때 행복감은 크게 증가한다. 인간의 가장 깊은 욕구인 '어딘가에 속해 있다는 느낌'이 충족됐기 때문이다.

지혜와 행복

지혜로울수록 더 행복할까? 전통적 서양 철학에서는 지혜를 종교나 철학과 연결 지으며, 이성적 사고의 과정으로 본다. 실제로 '철학을 뜻하는 영단어 'philosophy'는 문자 그대로 풀이하면 '지혜에 대한 사랑'을 뜻한다. 하지만 인도와 중국의 전통에서는 지혜를 정서적 균형으로 이해한다. 이들이 말하는 내면의 평정은 우리가 목적의식, 안녕감, 행복을 느끼는 데 큰 영향을 미친다. 그렇다면 누가 지혜로운 사람일까? 누가 '정서적 균형'을 가장 잘 구현했을까? 이럴 때 우리는 테레사 수녀, 넬슨 만델라, 마하트마 간디 같은 인물을 떠올린다. 이처럼 지혜롭다고 평가받는 사람들의 특징은 뭘까? 과학자들은 지혜를 구성하는 특성을 다음의 여섯 가지로 본다. 이런 특성은 모두 다양한 뇌 영역과 관련이 있으며, 함께 조합해 지혜를 이룬다.

1. 타인에 대한 긍정적 태도와 선한 목적을 추구하려는 의지
2. 삶에 대한 풍부하고 통찰이 담긴 지식
3. 정서적 균형을 유지하는 능력
4. 자기 성찰
5. 불확실한 상황을 견디고 대처하는 능력
6. 연민과 관용

눈치챘겠지만 이런 특성 중 다수를 이 책에서 다뤘다. 결국 지혜는 다양한 경험을 통해 세상과 자신을 이해하고 조화롭게 살아가는 법을 익힌 결과로 볼 수 있다. 일반적으로 지혜는 나이가 들수록 깊어진다. 앞서 노인의 뇌를 다룬 20장에서도 언급했듯 우리는 해가 갈수록 더 많은 경험을 쌓고 이를 바탕으로 정서적 안정과 행복을 누릴 수 있다. 이런 점에서 지혜는 노년기의 큰 자산이자 삶을 더 풍요롭게 하는 요소다.

뇌를 이해하고 활용하는 법

우리는 모두 행복하기를 바란다. 하지만 행복해지려고 애쓰기가 피곤하게 느껴질 때도 있다. 특히 노력이 잘 통하지 않을 때는 더 그렇다. 그런데도 우리는 늘 행복해야 하는 걸까? 오히려 행복하려는 노력이 우리에게 스트레스와 압박감을 안기는 것은 아닐까? 이런 의문이 떠오른다면, 먼저 행복이 단순한 느낌이나 도달해야 할 종착점이 아님을 이해해야 한다. 행복은 목표가 아니다. 그보다는 인생을 앞으로 나아가게 해주는 동력이다. 달라이 라마가 말했듯 **행복에 이르는 길은 없다. 행복이 곧 길이다.** 행복감은 우리가 뭔가를 새롭게 시도하거나 세상에서 제자리를 찾도록 도와준다. 기분이 좋으면 뭔가를 더 잘 해내는 경우가 많다. 그렇다고 매 순간 행복해야 한다거나 대부분의 시간 동안 기뻐야 하는 건 아니다. 행복한 순간들이면 충분하다. 이런 순간들을 잘 간직하고 기억하는 것이 중요하다. 그 기억이 내일을 살아갈 힘이 되고, 다시 하루를 시작할 용기를 주기 때문이다.

감사의 글

내 연구실 문을 열고 들어와 "뇌 속에서 벌어지는 24시간에 대한 책을 써보시는 게 어때요?"라고 제안하던 라노(Lannoo) 출판사의 엘리너 판 란커르(Eline Van Lancker)를 나는 지금도 기억한다. "잠에서 깨는 순간부터 아침을 준비하고 출근하고 일과를 마치고 잠들기까지 뇌에서는 어떤 일이 일어날까?" 이 질문은 나를 단번에 매료시켰다. 내가 수십 년 동안 쌓은, 뇌에 대한 통찰을 한 권의 책으로 풀어낼 수 있다는 것이 큰 기회로 느껴졌다. 나는 이 책을 통해 아기일 때부터 노인이 될 때까지 삶의 다양한 측면을 그려내고자 했다. 우리가 마주치는 아름다운 순간과 도전들이 이 책에 고스란히 담기기를 바랐다.

이 여정에는 저널리스트이자 스토리텔링 전문가이자 작가인 에바 뮈닉이 함께했다. 우리는 곧장 브레인스토밍을 시작했고, 방대한 뇌과학적 지식을 어떻게 이야기에 녹여낼 수 있을지 고민했다. 에바는 볼스트라트 주민들의 이야기를 쓰고, 나는 거기에 과학적 설명과 통찰을 더했다. 이렇게 서사와 과학을 엮는 작업은 매우 흥미로웠다. 이 멋진 공동 작업에 참여해준 엘리너와 에바에게 진심으로 감사드린다.

그동안 수많은 사람들이 나를 응원하고 영감을 주고 성장의 길을 열어줬다. 서문에서도 언급했지만 나는 스물두 살 때 피츠버그 대학교에서 뇌 스캔 기술을 처음 접했다. 그때 딕 제닝스 교수와 비제이 케이시 교수의 연구실에 들어갈 수 있었던 것은 암스테르담 대학교의 마우리츠 판데르 몰런(Maurits van der Molen) 교수 덕분이었다. 그는 나의 미국 인턴십을 위해 동료들에게 추천서를 써주고, 귀국한 후에는 그의 지도 아래 박사 과정을 시작할 수 있도록 해줬다. 그 시절에 배운 바는 지금도 내 연구 인생의 기준점이다. 박사 졸업 후에도 나는 많은 멘토와 동료들로부터 깊은 영향을 받았다. 레이던 대학교의 미힐 베스텐베르흐(Michiel Westenberg) 교수는 내게 처음으로 대학 강사직을 제안해줬다. 5년 전 나는 사회와 더 밀접한 연구를 하고 싶다는 바람으로 로테르담 에라스뮈스 대학교에 연구실을 새로 열었다. 이는 모두 총장의 전폭적 지지 덕택이었다. 나는 이분들에게 연구자로서뿐만 아니라 인간으로서도 큰 배움을 얻었다.

이제 나는 더 이상 신진 연구자가 아니다. 지금까지 25명이 넘는 박사 과정 학생을 지도하고, 많은 박사후연구원들과 함께 일했다. 그리고 2005년부터 2020년까지는 레이던 대학교의 뇌·발달 연구실(Brain and Development Lab)에서, 2020년 이후에는 로테르담의 사회·청년·뇌 과학 통합 연구실(Society, Youth, & Neuroscience Connected, SYNC)에서 활동하고 있다.

또한 나는 '사회 속에서 함께하는 성장(Growing Up Together in Society, GUTS)' 연구 컨소시엄에서 네덜란드 전역의 훌륭한 동료들과 협업한다. 이들과 함께하며 내 관점을 끊임없이 갱신했고, 그 경험은 이 책에 녹아들었다. 내가 지도한 학생들은 현재 대학의 부교수나 교수로, 데이터 관리자로, 정부 기관이나 NGO의 직원으로, 기업가로 활약하고 있다. 이들과 나눈 수많은 대화와 아이디어 덕에 내 일은 한 번도 일로 느껴지지 않았다. 오히려 세상을 계속 탐험하는 것 같았다.

이 책을 집필하면서 많은 동료의 응원을 받았다. 여러 장을 미리 읽고 조언해준 따뜻한 동료들, 줄리아나 로페즈(Julianna Lopez), 베아테 필커, 리스벳 판로쉼, 크리스티안 핀케르스(Christiaan Vinkers), 레이나웃 비르스, 엘셀리너 혹제마, 마리온 판덴 회벌, 안드레 알레만, 스테판 판데르스티헐, 마리스카 크럿, 메이커 바르털스가 이 책을 개선해줬다. 바쁜 시간을 쪼개 고견을 준 이들에게 진심 어린 감사를 전한다.

여기서 끝이 아니다. 이 책은 많은 이들의 세심한 편집과 디자인으로 탄생한 결실이다. 원고를 정성스레 다듬어준 스테피 더켐퍼(Steffi De Kempe), 아름다운 삽화를 그려준 카롤리너 더콕(Caroline De Cock)에게도 깊은 감사를 표한다.

이 책에도 여러 번 썼지만, 우리는 서로가 필요하다. 우리가 마주하는 수많은 도전에도 불구하고 뇌는 연결과 친밀감을 위한 기관이다. 나 역시 곁에 있어주는 따스한 사람들 덕분에 더 나은 사람이 될 수 있었다. 메노(Menno), 사샤(Sascha), 두코(Duco), 여동생 리스벳, 나의 롤모델인 어머니를 비롯해 소중한 가족과 친구들. 이들이 있어 내 하루 24시간은 언제나 특별했다. 여러분도 이 책을 통해 그 특별함을 함께 느낄 수 있길 바란다.

참고문헌

01 운동과 휴식: 뇌도 운동이 필요하다

Bennie, J. A., Chau, J. Y., van der Ploeg, H. P., Stamatakis, E., Do, A. & Bauman, A. (2013). The prevalence and correlates of sitting in European adults—a comparison of 32 Eurobarometer-participating countries. *International Journal of Behavioral Nutrition and Physical Activity,* 11(10), 107.

Carlin, A., Murphy, M. H., Gallagher, A. M. (2016). Do Interventions to Increase Walking Work? A Systematic Review of Interventions in Children and Adolescents. *Sports Medicine,* 46(4), 515-530.

Cheval, B., Tipura, E., Burra, N., Frossard, J., Chanal, J., Orsholits, D., Radel, R., Boisgontier, M. P. (2018). Avoiding sedentary behaviors requires more cortical resources than avoiding physical activity, An EEG study. *Neuropsychologia,* 119, 68-80.

Hossain, M. N., Lee, J., Choi, H., Kwak, Y. S., Kim, J. (2024). The impact of exercise on depression: how moving makes your brain and body feel better. *Physical Activity and Nutrition,* 28(2), 43-51.

Lees, C. & Hopkins, J. (2013). Effect of Aerobic Exercise on Cognition, Academic Achievement, and Psychosocial Function in Children: A Systematic Review of Randomized Control Trials. *Preventing Chronic Disease,* 10, 130010.

Ogilvie, D., Foster, C. E., Rothnie, H., Cavill, N., Hamilton, V., Fitzsimons, C.

F. & Mutrie, N. (2007). Scottish Physical Activity Research Collaboration. Interventions to promote walking: systematic review. *BMJ,* 334(7605), 1204.

Sampaio-Baptista, C., Filippini, N. J., Stagg, C. J., Near, J., Scholz, J., Heidi Johansen-Berg, H. (2015). Changes in functional connectivity and GABA levels with long-term motor learning, *NeuroImage,* 106, 15-20.

Smith, P. J., & Merwin, R. M. (2021) The Role of Exercise in Management of Mental Health Disorders: An Integrative Review. *Annual Review of Medicine,* 27(72), 45-62.

Teixeira, P. J., Carraça, E. V., Markland, D. et al. (2012). Exercise, physical activity, and self-determination theory: A systematic review. *International Journal of Behavioral Nutrition and Physical Activity,* 9, 78.

Windle, G., Hughes, D., Linck, P., Russell, I., Woods, B. (2010). Is exercise effective in promoting mental well-being in older age? A systematic review. *Aging & Mental Health,* 14(6), 652-669.

02 뇌의 형성: 하나의 경이를 들여다보다

Thomason, M. E. (2020). Development of Brain Networks In Utero: Relevance for Common Neural Disorders. *Biological Psychiatry,* 88(1), 40-50.

Thomason, M. E. & Anderson, A. L. (2020). Functional plasticity before the cradle: A review of neural functional imaging in the human fetus. *Neuroscience & Biobehavioral Reviews,* 37(9), 2220-2232.

Turk, E. van den Heuvel, M. I., Benders, M. J., de Heus, R., Franx, A., Manning, J. H., Hect, J. L., Hernandez-Andrade, E., Hassan, S. S., Romero, R., Kahn, R. S., Thomason, M. E. & van den Heuvel, M. P. (2019). Functional connectome of the fetal brain. *Journal of Neuroscience,* 39(49), 9716-9724.

03 낮과 밤: 뇌의 24시간

Dong, C., Shi, H., Liu, P. Si, G. & Yan, Z. (2022). A critical overview of systematic reviews and meta-analyses of light therapy for nonseasonal depression. *Psychiatry Research*, 314, 114686.

Geoffroy, P. A., Schroder, C. M., Reynaud, E. & Bourgin, P. (2019). Efficacy of light therapy versus antidepressant drugs, and of the combination versus monotherapy, in major depressive episodes: A systematic review and meta-analysis, *Sleep Medicine Reviews*, 48, 101213.

Goldstein, A. N., Greer, S. M., Saletin, J. M., Harvey, A. G., Nitschke, J. B., Walker, M. P. (2013). Tired and apprehensive: anxiety amplifies the impact of sleep loss on aversive brain anticipation. *Journal of Neuroscience*, 33(26), 10607-10615.

Goldstein-Piekarski, A. N., Greer, S. M., Saletin, J. M., Harvey, A. G., Williams, L. M., Walker, M. P. (2018). Sex, Sleep Deprivation, and the Anxious Brain. *Journal of Cognitive Neuroscience*, 30(4), 565-578.

Greer, S. M., Goldstein, A. N., Walker, M. P. (2013). The impact of sleep deprivation on food desire in the human brain. *Nature Communications*, 4, 2259.

Touitou, Y., Touitou, D., Reinberg, A. (2016). Disruption of adolescents' circadian clock: The vicious circle of media use, exposure to light at night, sleep loss and risk behaviors. *Journal of Physiology Paris*, 110(4), 467-479.

Walker, M. (2018). *Why we sleep*. Penguin Books. (매슈 워커 지음, 이한음 옮김, 《우리는 왜 잠을 자야 할까: 수면과 꿈의 과학》, 열린책들, 2019.)

04 스트레스: 적정선은 어디인가

Almeida, D. M., Rush, J., Mogle, J., Piazza, J. R., Cerino, E., & Charles, S. T. (2023). Longitudinal change in daily stress across 20 years of adulthood: Results from the national study of daily experiences. *Developmental Psychology*, 59(3), 515-523.

Boehringer, A., Tost, H., Haddad, L. et al. (2015). Neural Correlates of the Cortisol Awakening Response in Humans. *Neuropsychopharmacology*, 40, 2278-2285.

Fairchild, G., Baker, E. & Eaton, S. (2018). Hypothalamic-Pituitary-Adrenal Axis Function in Children and Adults with Severe Antisocial Behavior and the Impact of Early Adversity. *Current Psychiatry Reports*, 20, 84.

Henderson, R. K., Snyder, H. R., Gupta, T. & Banich, M. T. (2012). When does stress help or harm? The effects of stress controllability and subjective stress response on stroop performance. *Frontiers in Psychology*, 3, 179.

Rogerson, O., Wilding, S., Prudenzi, A., & O'Connor, D. B. (2024). Effectiveness of stress management interventions to change cortisol levels: a systematic review and meta-analysis. *Psychoneuroendocrinology*, 159, 106415.

Seddon, J. A., Rodriguez, V. J., Provencher, Y., Raftery-Helmer, J., Hersh, J., Labelle, P. R. & Thomassin, K. (2020). Meta-analysis of the effectiveness of the Trier Social Stress Test in eliciting physiological stress responses in children and adolescents. *Psychoneuroendocrinology*, 116, 104582.

Shields, G. S., Bonner, J. C. & Moons, W. G. (2015). Does cortisol influence core executive functions? A meta-analysis of acute cortisol administration effects on working memory, inhibition, and set-shifting. *Psychoneuroendocrinology*, 58, 91-103.

Spencer, C., Mill, R. D., Bhanji, J. P., Delgado, M. R., Cole, M. W. & Tricomi, E. (2024). Acute psychosocial stress modulates neural and behavioral substrates of cognitive control. *Human Brain Mapping*, 45(8), e26716.

05 아기의 뇌에서 유아의 뇌까지: 거대한 변화의 여정

Barr, R. (2010). Transfer and learning between 2D and 3D sources during infancy: informing theory and practice. *Developmental Review*, 30(2), 128-154.

De Vries, E. E., van der Pol, L. D., Groeneveld, M. G., Mesman, J. (2023). Fathers' and mothers' sensitivity during free play with gendered toys. *Journal of Family*

Psychology, 37(7), 1106-1114.

Gilmore, J. H., Knickmeyer, R. C., & Gao, W. (2018). Imaging structural and functional brain development in early childhood. *Nature Reviews Neuroscience, 19*(3), 123-137.

Huber, E., Ferjan Ramírez, N., Corrigan, N. M., & Kuhl, P. K. (2023). Parent coaching from 6 to 18 months improves child language outcomes through 30 months of age. *Developmental Science, 26*(6), e13391.

Lin, J.-F. L., Imada, T., Meltzoff, A. N., Hiraishi, H., Ikeda, T., Takahashi, T., Hasegawa, C., Yoshimura, Y., Kikuchi, M., Hirata, M., Minabe, Y., Asada, M., & Kuhl, P. K. (2023). Dual-MEG interbrain synchronization during turn-taking verbal interactions between mothers and children. *Cerebral Cortex, 33*(7), 4116-4134.

Lytle, S. R., García-Sierra, A., & Kuhl, P. K. (2018). Two are better than one: Infant language learning from video improves in the presence of peers. *Proceedings of the National Academy of Sciences, 115*, 9859-9866.

McDaniel, B. (2018). Technoference: Parent Distraction With Technology and Associations With Child Behavior Problems. *Child Development, 89*, 100-109.

Swider-Cios, E., Turk, E., Levy, J., Beeghly, M., Vroomen, J., van den Heuvel, M. I. (2024). The association of maternal-infant interactive behavior, dyadic frontal alpha asymmetry, and maternal anxiety in a smartphone-adapted still face paradigm. *Developmental Cognitive Neuroscience, 66*, 101352.

Zhao, T. C. & Kuhl, P. K. (2022). Development of infants' neural speech processing and its relation to later language skills: a MEG study. *Neuroimage, 251*, 119242.

06 신뢰: 당신 뇌 속의 친구 혹은 적

Barth, H., Bhandari, K., Garcia, J., MacDonald, K. & Chase, E. (2014). Preschoolers trust novel members of accurate speakers' groups and judge them favourably. *Quarterely Journal of Experimental Psychology,* 67(5), 872-883.

Campellone, T. R. & Kring, A.M. (2012). Who do you trust? The impact of facial emotion and behaviour on decision making. *Cognition and Emotion,* 27(4), 603-620.

Jordahl, H. (2009). Economic inequality. In: Svendsen, G. T. and Svendsen, G. L. H. (eds.), *Handbook of Social Capital,* Edward Elgar Publishing.

Liberman, Z. & Shaw, A. (2018). Secret to friendship: Children make inferences about friendship based on secret sharing. *Developmental Psychology,* 54(11), 2139-2151.

Mills, K. L., Lalonde, F., Clasen, L. S., Giedd, J. N. & Blakemore, S. J. (2014). Developmental changes in the structure of the social brain in late childhood and adolescence. *Social, Cognitive & Affective Neuroscience,* 9(1), 123-131.

Sutter, S. & Kocher, M. G. (2007). Trust and trustworthiness across different age groups. *Games and Economic Behavior,* 59(2), 364-382.

Sweijen, S. W., van de Groep, S., te Brinke, L. W., Fuligni, A. J., Crone, E. A. (2023). Neural Mechanisms Underlying Trust to Friends, Community Members, and Unknown Peers in Adolescence. *Journal of Cognitive Neuroscience,* 35(12), 1936-1959.

07 배우는 뇌: 집중력을 갖춰가는 초강력 스펀지

Bigler, E. D. (2021). Charting Brain Development in Graphs, Diagrams, and Figures from Childhood, Adolescence, to Early Adulthood: Neuroimaging Implications for Neuropsychology. *Journal of Pediatrics Neuropsychology,* 7, 27-54.

Crone, E. A. & Steinbeis, N. (2017). Neural Perspectives on Cognitive Control Development during Childhood and Adolescence. *Trends in Cognitive Sciences,* 21(3), 205-215.

Ganesan, K., Thompson, A., Smid, C. R., Cañigueral, R., Li, Y., Revill, G., Puetz,

V., Bernhardt, B. C., Dosenbach, N. U. F., Kievit, R. & Steinbeis, N. (2014). Cognitive control training with domain-general response inhibition does not change children's brains or behavior. *Nature Neuroscience,* 27(7), 1364-1375.

Giedd, J., Raznahan, A., Alexander-Bloch, A. et al. (2015). Child Psychiatry Branch of the National Institute of Mental Health Longitudinal Structural Magnetic Resonance Imaging Study of Human Brain Development. *Neuropsychopharmacology,* 40, 43-49.

Maximino-Pinheiro, M., Menu, I., Boissin, E., Brunet, L. A., Barone, C. & Borst, G. (2024). Metacognition as a mediator of the relation between family SES and language and mathematical abilities in preschoolers. *Scientific Reports,* 14(1), 10392.

Steinbeis, N., Haushofer, J., Fehr, E. & Singer, T. (2016). Development of Behavioral Control and Associated vmPFC-DLPFC Connectivity Explains Children's Increased Resistance to Temptation in Intertemporal Choice. *Cerebral Cortex,* 26(1), 32-42.

Stojanoski, B., Wild, C. J., Battista, M. E., Nichols, E. S. & Owen, A. M. (2021). Brain training habits are not associated with generalized benefits to cognition: An online study of over 1000 'brain trainers'. *Journal of Experimental Psychology: General,* 150(4), 729-738.

Van Drunen, L., Dobbelaar, S., Crone, E. A. & Wierenga, L. M. (2024). Genetic and environmental influences on structural brain development from childhood to adolescence: A longitudinal twin study on cortical thickness, surface area, and subcortical volume. *Developmental Cognitive Neuroscience,* 68, 101407.

Vidal-Pineiro, D., Parker, N., Shin, J. et al. (2020) Cellular correlates of cortical thinning throughout the lifespan. *Scientific Reports,* 10, 21803.

08 사회적 통증: 거절과 소외의 감각

Lieberman, M. D. & Eisenberger, N. I. (2009). Neuroscience. Pains and pleasures of social life. *Science,* 323(5916): 890-1.

Sahi, R. S., Gaines, E. M., Nussbaum, S. G., Lee, D., Lieberman, M. D., Eisenberger, N. I. & Silvers, J. A. (2023). You changed my mind: Immediate and enduring impacts of social emotion regulation. *Emotion,* 25(2), 330-339.

Van Harmelen, A. L., van Tol, M. J., van der Wee, N. J., Veltman, D. J., Aleman, A., Spinhoven, P., van Buchem, M. A., Zitman, F. G., Penninx, B. W. & Elzinga, B. M. (2010). Reduced medial prefrontal cortex volume in adults reporting childhood emotional maltreatment. *Biological Psychiatry,* 68(9): 832-838.

Will, G. J., Crone, E. A., van Lier, P. A. & Güroğlu, B. (2016). Neural correlates of retaliatory and prosocial reactions to social exclusion: Associations with chronic peer rejection. *Developmental Cognitive Neuroscience,* 19: 288-297.

Williams, K. D. & Jarvis, B. (2006). Cyberball: a program for use in research on interpersonal ostracism and acceptance. *Behavior Research Methods,* 38(1): 174-180. (킵 윌리엄스 교수의 경험담: https://vimeo.com/62789770.)

09 우울증: 삶이 너무 무겁게 느껴질 때

Barendse, M. E. A., Allen, N. B., Sheeber, L. & Pfeifer, J. H. (2022). The impact of depression on mothers' neural processing of their adolescents' affective behavior. *Social, Cognitive and Affective Neuroscience,* 17(8): 744-755.

Foulkes, L. & Andrews, J. L. (2023). Are mental health awareness efforts contributing to the rise in reported mental health problems? A call to test the prevalence inflation hypothesis. *New Ideas in Psychology,* 69, 101010.

Fuligni, A. J. & Galván, A. (2022). Young people need experiences that boost their mental health. *Nature,* 610(7931), 253-256.

Groenewold, N. A., Opmeer, E. M., de Jonge, P., Aleman, A. & Costafreda, S. G. (2013). Emotional valence modulates brain functional abnormalities in depression: Evidence from a meta-analysis of fMRI studies. *Neuroscience &*

Biobehavioral Reviews, 37(2), 152-163.

Stevens, J. S. & Hamann, S. (2012). Sex differences in brain activation to emotional stimuli: a meta-analysis of neuroimaging studies. *Neuropsychologia,* 50(7), 1578-1593.

10 청소년의 뇌: 한계 넘기

Casey, B. J., Jones, R. M. & Somerville, L. H. (2011). Braking and Accelerating of the Adolescent Brain. *Journal of Research on Adolescence,* 21(1), 21-33.

Chein, J., Albert, D., O'Brien, L., Uckert, K. & Steinberg, L. (2011). Peers increase adolescent risk taking by enhancing activity in the brain's reward circuitry. *Developmental Science,* 14(2), F1-10.

De Dreu, C. K. W., Gross, J., Arciniegas, A., Hoenig, L. C., Rojek-Giffin, M. & Scheepers, D. T. (2024). On being unpredictable and winning. *Journal of Personality and Social Psychology,* 126(3), 369-389.

Duell, N., Steinberg, L., Icenogle, G., Chein, J., Chaudhary, N., Di Giunta, L., Dodge, K. A., Fanti, K. A., Lansford, J. E., Oburu, P., Pastorelli, C., Skinner, A. T., Sorbring, E., Tapanya, S., Uribe Tirado, L. M., Alampay, L. P., Al-Hassan, S. M., Takash, H. M. S., Bacchini, D. & Chang, L. (2018). Age Patterns in Risk Taking Across the World. *Journal of Youth and Adolescence,* 47(5), 1052-1072.

Peper, J. S., Braams, B. R., Blankenstein, N. E., Bos, M. G. N. & Crone, E. A. (2018). Development of Multifaceted Risk Taking and the Relations to Sex Steroid Hormones: A Longitudinal Study. *Child Development,* 89(5), 1887-1907.

Schreuders, E., Braams, B. R., Blankenstein, N. E., Peper, J. S., Güroğlu, B. & Crone, E. A. (2018). Contributions of Reward Sensitivity to Ventral Striatum Activity Across Adolescence and Early Adulthood. *Child Development,* 89(3), 797-810.

Shulman, E. P., Smith, A. R., Silva, K., Icenogle, G., Duell, N., Chein, J. &

Steinberg, L. (2016). The dual systems model: Review, reappraisal, and reaffirmation. *Developmental Cognitive Neuroscience,* 17, 103-117.

Toenders, Y. J., van der Cruijsen, R., Runze, J., van de Groep, S., Wierenga, L. & Crone, E. A. (2024). Mood variability during adolescent development and its relation to sleep and brain development. *Scientific Reports,* 14(1), 8537.

11 어머니의 뇌: 사자 같은 본능과 무장 해제된 감성 사이에서

Ferris, C. F., Kulkarni, P., Sullivan Jr., J. M., Harder, J. A., Messenger, T. L. & Febo, M. (2005). Pup suckling is more rewarding than cocaine: evidence from functional magnetic resonance imaging and three-dimensional computational analysis. *Journal of Neuroscience,* 25, 149-156.

Hoekzema, E., Barba-Müller, E., Pozzobon, C., Picado, M., Lucco, F., García-García, D., Soliva, J. C., Tobeña, A., Desco, M., Crone, E. A., Ballesteros, A., Carmona, S. & Vilarroya, O. (2017). Pregnancy leads to long-lasting changes in human brain structure. *Nature Neuroscience,* 20(2), 287-296.

Hoekzema, E., Tamnes, C. K., Berns, P., Barba-Müller, E., Pozzobon, C., Picado, M., Lucco, F., Martínez-García, M., Desco, M., Ballesteros, A., Crone, E. A., Vilarroya, O. & Carmona, S. (2020). Becoming a mother entails anatomical changes in the ventral striatum of the human brain that facilitate its responsiveness to offspring cues. *Psychoneuroendocrinology,* 112, 104507.

Kim, P., Rigo, P., Mayes, L. C., Feldman, R., Leckman, J. F. & Swain, J. E. (2014). Neural plasticity in fathers of human infants. *Social Neuroscience,* 9, 522-535.

Laurent, H. K. & Ablow, J. C. (2012). The missing link: mothers' neural response to infant cry related to infant attachment behaviors. *Infant Behavior and Development,* 35, 761-772.

Laurent, H. K., Stevens, A. & Ablow, J. C. (2011). Neural correlates of hypothalamic-pituitary-adrenal regulation of mothers with their infants. *Biological*

Psychiatry, 70, 826-832.

Martínez-García, M., Paternina-Die, M., Barba-Müller, E., Martín de Blas, D., Beumala, L., Cortizo, R., Pozzobon, C., Marcos-Vidal, L., Fernández-Pena, A., Picado, M., Belmonte-Padilla, E., Massó-Rodriguez, A., Ballesteros, A., Desco, M., Vilarroya, Ó., Hoekzema, E. & Carmona, S. (2021). Do Pregnancy-Induced Brain Changes Reverse? The Brain of a Mother Six Years after Parturition. *Brain Sciences,* 11(2), 168.

Pawluski, J. L., Hoekzema, E., Leuner, B. & Lonstein, J. S. (2022). Less can be more: Fine tuning the maternal brain. *Neuroscience and Biobehavioral Review,* 133, 104475.

Rocchetti, M., Radua, J., Paloyelis, Y., Xenaki, L. A., Frascarelli, M., Caverzasi, E., Politi, P. & Fusar-Poli, P. (2014). Neurofunctional maps of the 'maternal brain' and the effects of oxytocin: A multimodal voxel-based meta-analysis. *Psychiatry and Clinical Neurosciences,* 68, 733-751.

Spalek, K., Straathof, M., Koyuncu, L., Grydeland, H., van der Geest, A., Van't Hof, S. R., Crone, E. A., Barba-Müller, E., Carmona, S., Denys, D., Tamnes, C. K., Burke, S. & Hoekzema, E. (2024). Pregnancy renders anatomical changes in hypothalamic substructures of the human brain that relate to aspects of maternal behavior. *Psychoneuroendocrinology,* 164, 107021.

van't Hof, S. R., Straathof, M., Spalek, K. & Hoekzema, E. (2023). Theory of mind during pregnancy and postpartum: A systematic review. *Journal of Neuroendocrinology,* 35(7), e13266.

더 읽을거리: https://www.volkskrant.nl/wetenschap/brein-zwangere-vrouw-krimpt-en-verandertblijvend~b20ea897/.

12 멀티태스킹은 존재하지 않는다: 하지만 능숙해질 수 있다

Baumeister, Roy F. (2002). Ego Depletion and Self-Control Failure: An Energy

Model of the Self's Executive Function. *Self and Identity,* 1(2), 129-136.

Hirsch, P., Koch, I. & Karbach, J. (2019) Putting a stereotype to the test: The case of gender differences in multitasking costs in task-switching and dual-task situations. *PLoS One,* 14(8), e0220150.

Mills, K. L., Dumontheil, I., Speekenbrink, M. & Blakemore, S. J. (2015). Multi-tasking during social interactions in adolescence and early adulthood. *Royal Society Open Science,* 2(11), 150117.

Olfers, K. J. F. & Band, G. P. H. (2018). Game-based training of flexibility and attention improves task-switch performance: near and far transfer of cognitive training in an EEG study. *Psychological Research,* 82(1), 186-202.

Ophir, E., Nass, C. I. & Wagner, A. D. (2009). Cognitive control in media multi-taskers. *Proc Natl Acad Sci USA* 106, 15583-15587(2009).

Wilmer, H. H., Sherman L. E. & Chein, J. M. (2017). Smartphones and Cognition: A Review of Research Exploring the Links between Mobile Technology Habits and Cognitive Functioning. *Frontiers in Psychology,* 8, 00605.

Zhao, X., Wang, H. & Maes, J. H. R. (2020). Training and transfer effects of extensive task-switching training in students. *Psychological Research,* 84(2), 389-403.

13 함께한다는 것: 왜 우리는 서로 돕고 싶어 하는가

Borja Jiminez, K. C., Abdelgabar, A. R., De Angelis, L., McKay, L. S., Keijers, C. & Gazzola, V. (2020). Changes in brain activity following the voluntary control of empathy. *Neuroimage,* 216, 116529.

Decety, J. (2010). The neurodevelopment of empathy in humans. *Developmental Neuroscience,* 32(4), 257-267.

Fehr, E. & Schmidt, K. M. (1999). A theory of fairness, competition and coopera-tion. *The Quarterly Journal of Economics,* 114(3): 817-868.

Güroğlu, B., Will, G. J. & Crone, E. A. (2014). Neural correlates of advantageous and disadvantageous inequity in sharing decisions. *PLoS One,* 9(9), e107996.

House, B. R., Silk, J, N., Henrich, J., Barrett, H. C., Scelza, B. A., Boyette, A. H., Hewlett, B. S., McElreath, R., & Laurence, S. (2013). Ontogeny of prosocial behavior across diverse societies. *Proceedings of the National Academy of Sciences,* 110, 14586-14591.

Keysers, C. & Gazzola, V. (2006). Towards a unifying neural theory of social cognition. *Progress in Brain Research,* 156, 379-401.

McGarry, K. A., West, M. & Hogan, K. F. (2021). Perspective-Taking and Social Competence in Adults. *Advances in Cognitive Psychology,* 17(2), 129-135.

Rizzolatti, G. & Craighero, L. (2004). The mirror neuron system. *Annual Review of Neuroscience,* 27, 16901992.

14 식욕: 배고픔은 뇌에서 시작된다

Anderberg, R. H., Hansson, C., Fenander, M., Richard, J. E., Dickson, S. L., Nissbrandt, H., et al. (2016). The stomach-derived hormone ghrelin increases impulsive behavior. *Neuropsychopharmacology,* 41(5), 1199-1209.

Boon, M. & Van Rossum, L. (2019). *Vet belangrijk.* Ambo uitgeverij.

Bouchard, C., Tremblay, A., Després, J. P., Nadeau, A., Lupien, P. J., Thériault, G., Dussault, J., Moorjani, S., Pinault, S. & Fournier, G. (1990). The response to long-term overfeeding in identical twins. *New England Journal of Medicine,* 322(21), 1477-1482.

De Castro, J. M. (2000). Eating behavior: lessons from the real world of humans. *Nutrition,* 16(10), 800-813.

Devoto, F., Mariano, M., Gornetti, E., Paulesu, E. & Zapparoli, L. (2024). Trait food craving predicts functional connectivity between dopaminergic midbrain and the fusiform food area during eating imagery. *Frontiers in Psychiatry,* 15, 1396376.

Frank, G. K. W., Shott, M. E., Stoddard, J., Swindle, S. & Pryor, T. L. (2021).

Association of Brain Reward Response With Body Mass Index and Ventral Striatal-Hypothalamic Circuitry Among Young Women With Eating Disorders. *JAMA Psychiatry,* 78(10), 1123-1133.

Frankort, A., Roefs, A., Siep, N., Roebroeck, A., Havermans, R. & Jansen, A. (2015). Neural predictors of chocolate intake following chocolate exposure. *Appetite,* 87, 98-107.

Leigh, S. J. & Morris, M. J. (2018). The role of reward circuitry and food addiction in the obesity epidemic: An update. *Biological Psycholology,* 131, 31-42.

LeSauter, J., Hoque, N., Weintraub, M., Pfaff, D. W. & Silver, R. (2009). Stomach ghrelin-secreting cells as food-entrainable circadian clocks. *Proceedings of the National Academy of Sciences U S A,* 106(32), 13582-13587.

Romer, A. L., Su Kang, M., Nikolova, Y. S., Gearhardt, A. N. & Hariri, A. R. (2019). Dopamine genetic risk is related to food addiction and body mass through reduced reward-related ventral striatum activity. *Appetite,* 133, 24-31.

Stunkard, A. J., Harris, J. R., Pedersen, N. L. & McClearn, G. E. (1990). The body-mass index of twins who have been reared apart. *New England Journal of Medicine,* 322(21), 1483-1487.

Swami, V., Hochstöger, S., Kargl, E., & Stieger, S. (2022). Hangry in the field: An experience sampling study on hunger, anger, irritability and affect. *PLoS ONE,* 17, e0269629.

Yan, Y., Petersen, J. D., Liuting, L., Juncai, C., Xiyi, L., Guiyuan, J. & Fan, A. (2023). A qualitative study of food sociality in three provinces of South China: social functions of food and dietary behavior. *Frontiers in Nutrition,* 10, 1058764.

15 어른이 되는 것과 이상주의: 청년들이 열정적인 이유

Arnett, J. J. (2000). Emerging adulthood: A theory of development from the late teens through the twenties. *American Psychology,* 55(5), 469-480.

Deci, E. L., & Ryan, R. M. (2000). The "what" and "why" of goal pursuits: Human needs and the self-determination of behavior. *Psychological Inquiry,* 11, 227-268.

Duell, N., Steinberg, L., Icenogle, G., Chein, J., Chaudhary, N., Di Giunta, L., Dodge, K. A., Fanti, K. A., Lansford, J. E., Oburu, P., Pastorelli, C., Skinner, A. T., Sorbring, E., Tapanya, S., Uribe Tirado, L. M., Alampay, L. P., Al-Hassan, S. M., Takash, H. M. S., Bacchini, D. & Chang, L. (2018). Age Patterns in Risk Taking Across the World. *Journal of Youth and Adolescence,* 47(5), 1052-1072.

Fuligni, A. J. & Galván, A. (2022). Young people need experiences that boost their mental health. *Nature,* 610(7931), 253-256.

McGorry, P. D. et al. (2024). *The Lancet Psychiatry,* 11(9), 731-774.

Mills, K. L., Siegmund, K. D., Tamnes, C. K., Ferschmann, L., Wierenga, L. M., Bos, M. G. N., Luna, B., Li, C. & Herting, M. M. (2021). Inter-individual variability in structural brain development from late childhood to young adulthood. *Neuroimage,* 242, 118450.

Sharot, T., Riccardi, A. M., Raio, C. M. & Phelps, E. A. (2007). Neural mechanisms mediating optimism bias. *Nature,* 450(7166), 102-105.

16 우정: 그것은 착각이 아니다

Güroğlu, B., Haselager, G. J., van Lieshout, C. F., Takashima, A., Rijpkema, M. & Fernández, G. (2008). Why are friends special? Implementing a social interaction simulation task to probe the neural correlates of friendship. *Neuroimage,* 39(2), 903-910.

Güroğlu, B., van den Bos, W. & Crone, E. A. (2024). Sharing and giving across adolescence: an experimental study examining the development of prosocial behavior. *Frontiers in Psychology,* 5, 291.

Masten, C. L., Telzer, E. H., Fuligni, A. J., Lieberman, M. D. & Eisenberger, N. I.

(2012). Time spent with friends in adolescence relates to less neural sensitivity to later peer rejection. *Social, Cognitive and Affective Neuroscience,* 7(1), 106-114.

Meuwese, R., Braams, B. R. & Güroğlu, B. (2018). What lies beneath peer acceptance in adolescence? Exploring the role of Nucleus Accumbens responsivity to self-serving and vicarious rewards. *Developmental Cognitive Neuroscience,* 34, 124-129.

Meyer, M. L., Masten, C. L., Ma, Y., Wang, C., Shi, Z., Eisenberger, N. I. & Han, S. (2013). Empathy for the social suffering of friends and strangers recruits distinct patterns of brain activation. *Social, Cognitive and Affective Neuroscience,* 8(4), 446-454.

Schreuders, E., Klapwijk, E. T., Will, G. J. & Güroğlu, B. (2018). Friend versus foe: Neural correlates of prosocial decisions for liked and disliked peers. *Cognitive, Affective and Behavioral Neuroscience,* 18(1), 127-142.

Völker, B. (2022). 'Birds of a feather'—forever? Homogeneity in adult friendship networks through the life course. *Advances in Life Course Research,* 53, 100498.

17 치매: 혼란스러워진 뇌

Aleman, M. (2010). *Het seniorenbrein: De ontwikkeling van onze hersenen na ons vijftigste.* Atlas Contact.

Bäckman, L. Jones, S., Berger, A.-K. Laukka, E. J. Small, B. J. (2004). Multiple cognitive deficits during the transiton to Alzheimder's disease. *Journal of Internal Medicine,* 256(3), 195-204.

Campbell, E. B., Delgadillo, M., Lazzeroni, L. C., Louras, P. N., Myers, J., Yesavage, J. & Fairchild, J. K. (2022). Cognitive improvement following physical exercise and cognitive training intervention for older adults with MCI. *The Journals of Gerontology: Series A Biological Sciences and Medical*

Sciences, 78(3), 554-560.

Del Ser, T., Valeriano-Lorenzo, E., Jáñez-Escalada, L., Ávila-Villanueva, M., Frades, B., Zea, M. A., Valentí, M., Zhang, L. & Fernández-Blázquez, M. A. (2023). Dimensions of cognitive reserve and their predictive power of cognitive performance and decline in the elderly. *Frontiers in Dementia, 2*, 1099059.

Ferreira, L. K., Diniz, B. S., Forlenza, O. V., Busatto, G. F. & Zanetti, M. V. (2011). Neurostructural predictors of Alzheimer's disease: a meta-analysis of VBM studies. *Neurobiology in Aging, 32*(10), 1733-1741.

Hughes, T. F., Flatt, J. D., Fu, B., Chang, C-C. H. & Ganguli, M. (2013). Engagement in social activities and progression from mild to severe cognitive impairment: the MYHAT study. *International Psychogeriatics, 25*(4), 587-595.

Querfurth, H. W. & LaFerla, F. M. (2010). Alzheimer's disease. *The New England Journal of Medicine, 362*(4), 329-344.

Matziorinis, A. M. & Koelsch, S. (2022). The promise of music therapy for Alzheimer's disease: A review. *Annual of the New York Academy of Sciences, 1516*(1), 11-17.

Sadeghi, M. A., Stevens, D., Kundu, S., Sanghera, R., Dagher, R., Yedavalli, V., Jones, C., Sair, H. & Luna, L. P. (2024). Detecting Alzheimer's Disease Stages and Frontotemporal Dementia in Time Courses of Resting-State fMRI Data Using a Machine Learning Approach. *Journal of Imaging Informatics in Medicine, 37*(6), 2768-2783.

18 사랑과 성: 뇌 안에 깃든 욕망

Aron, A., Fisher, H., Mashek, D. J., Strong, G., Li, H. & Brown, L. L. (2005). Reward, motivation, and emotion systems associated with early-stage intense romantic love. *Journal of Neurophysiology, 94*(1), 327-337.

Bendas, J., Hummel, T., & Croy, I. (2018). Olfactory function relates to sexual experience in adults. *Archives of Sexual Behavior, 47*(5), 1333-1339.

Berridge, K. C. & Robinson, T. E. (1998). What is the role of dopamine in reward: hedonic impact, reward learning, or incentive salience? *Brain Research Reviews*, 28(3), 309-369.

Comninos, A. N. et al. (2017). Kisspeptin modulates sexual and emotional brain processing in humans. *Journal of Clinical Investigation*, 127(2), 709-719.

Fisher, T. D., Moore, Z. T., & Pittenger, M. J. (2011). Sex on the Brain?: An Examination of Frequency of Sexual Cognitions as a Function of Gender, Erotophilia, and Social Desirability. *The Journal of Sex Research*, 49(1), 69-77.

Georgiadis, J. R., Kortekaas, R., Kuipers, R., Nieuwenburg, A., Pruim, J., Rinders, A. A. T. S., & Holstege, G. (2006). Regional cerebral blood flow changes associated with clitorally induced orgasm in healthy women. *European Journal of Neuroscience*, 24(11), 3305-3316.

Herz, R. S. & Cahill, E. D. (1997). Differential use of sensory information in sexual behavior as a function of gender. *Human Nature*, 8(3), 275-286.

Holstege, G., Georgiadis, J. R., Paans, A. M. J., Meiners, L. C., Van der Graaf, F. H. C. E. & Reinders A. A. T. S. (2003). Brain activation during human male ejaculation. *Journal of Neuroscience*, 23(27), 9185-9193.

Oei, N., Rombouts, S., Soeter, R. et al. (2012). Dopamine Modulates Reward System Activity During Subconscious Processing of Sexual Stimuli. *Neuropsychopharmacology*, 37, 1729-1737.

Prause, N., Siegle, G. J., Deblieck C., Wu, A. & Iacoboni, M. (2016). EEG to primary rewards: Predictive utility and malleability by brain stimulation. *PLOS One*, 0165646.

Prochazkova, E., Sjak-Shie, E., Behrens, F., Lindh, D. & Kret, M. E. (2022). Physiological synchrony is associated with attraction in a blind date setting. *Nature Human Behavior*, 6, 269-278.

Safron, A., Sylva, D., Klimaj, V., Rosenthal, A. M., Li, M., Walter, M. & Bailey, J. M. (2017). Neural Correlates of Sexual Orientation in Heterosexual, Bisexual, and Homosexual Men. *Scientific Reports,* 7, 41314.

Shifren, J. L., Monz, B. U., Russo, P. A., Segreti, A. & Johannes, C. B. (2008). Sexual problems and distress in United States women: prevalence and correlates. *Obstetrics & Gynecology,* 112(5), 970-978.

Walter, M., Bermpohl, F., Mouras, H., Schiltz, K., Tempelmann, C., Rotte, M., Heinze, H. J., Bogerts, B. & Northoff, G. (2008). Distinguishing specific sexual and general emotional effects in fMRI-subcortical and cortical arousal during erotic picture viewing. *Neuroimage,* 40(4), 1482-1494.

Wedekind, C. Seebeck, T., Bettens, F. & Paepke, A. J. (1995) MHC-Dependent Mate Preference in Humans. *Proceedings of the Royal Society of London B,* 260, 245-249.

Winternitz, J., Abbate, J. L., Huchard, E., Havlíček, J. & Garamszegi, L. Z. (2017). Patterns of MHC-dependent mate selection in humans and nonhuman primates: a meta-analysis. *Molecular Ecology,* 26(2), 668-688.

Wise, N. J., Frangos, E. & Komisaruk, B. R. (2017). Brain Activity Unique to Orgasm in Women: An fMRI Analysis. *The Journal of Sexual Medicine,* 14(11), 1380-1391.

19 약물과 알코올: 우리는 왜 그것을 원할까

El Marroun, H., Klapwijk, E. T., Koevoets, M., Brouwer, R. M., Peters, S., Van't Ent, D., Boomsma, D. I., Muetzel, R. L., Crone, E. A., Hulshoff Pol, H. E. & Franken, I. H. A. (2021). Alcohol use and brain morphology in adolescence: A longitudinal study in three different cohorts. *European Journal of Neuroscience,* 54(6), 6012-6026.

Gladwin, T. E., Figner, B., Crone, E. A. & Wiers, R. W. (2011). Addiction, adolescence, and the integration of control and motivation. *Developmental Cognitive Neuroscience,* 1(4), 364-376.

Hyman, S. E., Malenka, R. C. & Nestler, E. J. (2006). Neural mechanisms of addiction: the role of reward-related learning and memory. *Annual Review Neurosciences,* 29, 565-598.

Koob, G. F. & Volkow, N. D. (2016). Neurobiology of addiction: a neurocircuitry analysis. *Lancet Psychiatry,* 3(8), 760-773.

Logue, S., Chein, J., Gould, T., Holliday, E. & Steinberg, L. (2014). Adolescent mice, unlike adults, consume more alcohol in the presence of peers than alone. *Developmental Science,* 17(1), 79-85.

Lydon-Staley, D. M. & Geier, C. F. (2018). Age-Varying Associations Between Cigarette Smoking, Sensation Seeking, and Impulse Control Through Adolescence and Young Adulthood. *Journal of Research of Adolescence,* 28(2), 354-367.

Lydon-Staley, D. M., Wilson, S. J., Child, A. & Geier, C. F. (2014). Adolescent brain maturation and smoking: What we know and where we're headed. *Neuroscience & Biobehavioral Reviews,* 45, 323-342.

Robinson, T. E. & Berridge, K. C. (2025). The incentive-sensitization theory on addiction 30 years on. *Annual Review in Psychology,* 76(1), 29-58.

Wiers, R. W., Eberl, C., Rinck, M., Becker, E. S. & Lindenmeyer, J. (2011). Retraining automatic action tendencies changes alcoholic patients' approach bias for alcohol and improves treatment outcome. *Psychological Science,* 22(4), 490-497.

Wiers, R. W. (2023). *Akrasia: Over vrije wil, verslaving en verandering.* Amsterdam University Press.

더 읽을거리: https://www.trimbos.nl/kennis/cijfers/alcohol/.

20 노인의 뇌: 나는 괜찮습니다

Aleman, M. (2010). *Het seniorenbrein: De ontwikkeling van onze hersenen na ons vijftigste.* Atlas Contact.

Berner, J. S., Comijs, H. C., Elmstahl, S., Welmer, A. K., Berglund, J. S., Anderberg, P., Deeg, D. J. H. (2019). Maintaining cognitive function with internet use: a two-country, six-year longitudinal study. *International Psychogeriatrics,* 31, 7, 929-936.

Bethlehem, R. A. I., et al. (2022). Brain charts for the human lifespan. *Nature,* 604(7906), 525-533.

Charles, S. T. & Carstensen, L. L. (2010). Social and emotional aging. *Annual Review in Psychology,* 61, 383-409.

Clarys, D., Bugaiska, A., Tapia, G. & Baudouin, A. (2009). Ageing, remembering, and executive function. *Memory,* 17(2), 158-168.

Davis, S. W., Dennis, N. A., Daselaar, S. M., Fleck, M. S. & Cabeza, R. (2008). Que PASA? The posterior-anterior shift in aging. *Cerebral Cortex,* 18(5), 1201-1209.

Grossmann, I., Na, J., Varnum, M. E., Park, D. C., Kitayama, S. & Nisbett, R. E. (2010). Reasoning about social conflicts improves into old age. *Proceedings of the National Academy of Sciences U S A.,* 107(16), 7246-7250.

Langer, E. J. (2009). Counterclockwise: Mindful health and the power of possibility. Ballantine Books. (엘렌 랭어 지음, 변용란 옮김, 《늙는다는 착각》, 유노북스, 2022.)

Nashiro, K., Sakaki, M. & Mather, M. (2012). Age differences in brain activity during emotion processing: reflections of age-related decline or increased emotion regulation? *Gerontology,* 58(2): 156-163.

van Loon, A. M., Depla, M. F. I. A., Hertogh, C. M. P. M., Huisman, M., & Kok, A. A. L. (2022). The disability paradox? Trajectories of well-being in older adults with functional decline. *Journal of Aging and Health,* 35(1), 125-137.

Vinke, E. J., de Groot, M., Venkatraghavan, V., Klein, S., Niessen, W. J., Ikram, M. A. & Vernooij, M. W. (2018). Trajectories of imaging markers in brain aging: the Rotterdam Study. *Neurobiology of Aging,* 71, 32-40.

21 반사회적 공격 행동: 나쁜 습관에서 범죄까지

Burt, S. A., Slawinski, B. L. & Klump, K. L. (2018). Are there sex differences in the etiology of youth antisocial behavior? *Journal of Abnormal Psychology,* 127(1), 66-78.

Cohn, M. D., Veltman, D. J., Pape, L. E., van Lith, K., Vermeiren, R. R. J. M., van den Brink W., et al. (2015). Incentive processing in persistent disruptive behavior and psychopathic traits: A functional magnetic resonance imaging study in adolescents. *Biological Psychiatry,* 78, 615-624.

George, M. J. & Odgers, C. L. (2015). Seven Fears and the Science of How Mobile Technologies May Be Influencing Adolescents in the Digital Age. *Perspectives on Psychological Sciences,* 10(6), 832-851.

Moffitt, T. E. (2018). Male antisocial behaviour in adolescence and beyond. *Nature Human Behavior,* 2, 177.

Moore, A. A., Silberg, J. L., Roberson-Nay, R. & Mezuk, B. (2017). Life course persistent and adolescence limited conduct disorder in a nationally representative US sample: prevalence, predictors, and outcomes. *Social psychiatry and psychiatric epidemiology,* 52, 435-443.

Spaans, J. P., Will, G. J., van Hoorn, J. & Güroğlu, B. (2019). Turning a Blind Eye? Punishment of Friends and Unfamiliar Peers After Observed Exclusion in Adolescence. *Journal of Research on Adolescence,* 29(2), 508-522.

van de Groep, I. H., Bos, M. G. N., Jansen, L. M. C., Popma, A. & Crone, E. A. (2022). Through the looking glass: The neural basis of self-concept in young adults with antisocial trajectories. *Social, Cognitive and Affective Neuroscience,* 18, nsad016.

van de Groep, I. H., Bos, M. G. N., Jansen, L. M. C., Kocevska, D., Bexkens, A., Cohn, M., et al. (2022). Resisting aggression in social contexts: The influence of life-course persistent antisocial behavior on behavioral and neural responses to social feedback. *NeuroImage Clinocal,* 34, 102973.

van de Groep, I. H., Bos, M. G. N., Popma, A., Crone, E. A. & Jansen, L. M.

C. (2023). A neurocognitive model of early onset persistent and desistant antisocial behavior in early adulthood. *Frontiers in Human Neuroscience,* 17, 1100277.

Waaler, P. M., Bergseth, J., Vaskinn, L., Espenes, K., Holtan, T., Kjøbli, J. & Bjørnebekk, G. (2024). Identification of treatment elements for adolescents with callous unemotional traits: a systematic narrative review. *Child and Adolescent Psychiatry Mental Health,* 18(1), 110.

더 읽을거리: https://www.ncj.nl/wp-content/uploads/media-import/docs/0c3ef2a9-ae13-406e-839b-239f3c8db71a.pdf%22%20/h.

22 폐경기: 여성의 뇌에 찾아오는 거친 시기

Asperholm, M., Nagar, S., Dekhtyar, S. & Herlitz, A. (2019). The magnitude of sex differences in verbal episodic memory increases with social progress: Data from 54 countries across 40 years. *PLoS One,* 14(4), e0214945.

Berent-Spillson, A., Marsh, C., Persad, C., Randolph, J., Zubieta, J. K. & Smith, Y. (2017). Metabolic and hormone influences on emotion processing during menopause. *Psychoneuroendocrinology,* 76, 218-225.

Greendale, G. A., Karlamangla, A. S. & Maki, P. M. (2020). The Menopause Transition and Cognition. *JAMA,* 323(15), 1495-1496.

Mosconi, L. (2024). *The menopause brain.* The Penguin Random House LLV: Avery. (리사 모스코니 지음, 김경철·김예성 옮김, 《브레인 리스타트: 여성 호르몬이 바꾸는 뇌 건강의 비밀》, 세종서적, 2025.)

Mosconi, L., Berti, V., Dyke, J., Schelbaum, E., Jett, S., Loughlin, L., Jang, G., Rahman, A., Hristov, H., Pahlajani, S., Andrews, R., Matthews, D., Etingin, O., Ganzer, C., de Leon, M., Isaacson, R. & Brinton, R. D. (2021). Menopause impacts human brain structure, connectivity, energy metabolism, and amyloid-beta deposition. *Scientific Reports,* 11(1), 10587.

O'Brien, E., Konrath, S. H., Grühn, D. & Hagen, A. L. (2013). Empathic concern and perspective taking: linear and quadratic effects of age across the adult life span. *Journal of Gerontology: Series B Psychologocal Sciences and Social Sciences,* 68(2), 168-175.

Rilling, J. K., Gonzalez, A. & Lee, M. (2021). The neural correlates of grandmaternal caregiving. *Proceedings of the Royal Society B: Biological Sciences,* 288(1963), 20211997.

더 읽을거리: Caroline Tensen (en Eva Munnik) (2023). *Het Verboden Woord.* Unieboek I Het Spectrum.

23 수면: 그리고 꿈의 기능

Cabrera, Y., Koymans, K. J., Poe, G. R., Kessels, H. W., Van Someren, E. J. W. & Wassing, R. (2024). Overnight neuronal plasticity and adaptation to emotional distress. *Nature Reviews Neuroscience,* 25(4), 253-271.

Horikawa, T., Tamaki, M., Miyawaki, Y. & Kamitani, Y. (2013). Neural decoding of visual imagery during sleep. *Science,* 340(6132), 639-642.

Riemann, D., Benz, F., Dressle, R. J., Espie, C. A., Johann, A. F., Blanken, T. F., Leerssen, J., Wassing, R., Henry, A. L., Kyle, S. D., Spiegelhalder, K. & Van Someren, E. J. W. (2022). Insomnia disorder: State of the science and challenges for the future. *Journal of Sleep Research,* 31(4), e13604.

Wagner, U., Gais, S., Haider, H., Verleger, R. & Born, J. (2004). Sleep inspires insight. *Nature,* 427(6972), 352-355.

Walker, M. (2018). *Why we sleep.* Penguin Books.

24 행복: 과연 무엇일까

Alaerts, K., Taillieu, A., Daniels, N., Soriano, J. R. & Prinsen, J. (2021). Oxytocin enhances neural approach towards social and non-social stimuli of high personal relevance. *Scientific Reports,* 11(1), 23589.

Brefczynski-Lewis, J. A., Lutz, A., Schaefer, H. S., Levinson, D. B. & Davidson, R. J. (2007). Neural correlates of attentional expertise in long-term meditation practitioners. *Proceedings of the National Academy of Sciences U S A,* 104(27), 11483-11488.

De Vries, L. P., Pelt, D. H. M. & Bartels, M. (2024). The stability and change of wellbeing across the lifespan: a longitudinal twin-sibling study. *Psychological Medicine,* 54(10), 2572-2584.

Haim-Litevsky, D., Komemi, R. & Lipskaya-Velikovsky, L. (2023). Sense of Belonging, Meaningful Daily Life Participation, and Well-Being: Integrated Investigation. *International Journal of Environmental Research and Public Health,* 20(5), 4121.

Kakar, E., Billar, R. J., van Rosmalen, J, et al. (2021). Music intervention to relieve anxiety and pain in adults undergoing cardiac surgery: a systematic review and meta-analysis. *Open Heart,* 8, e001474.

Kelmendi, B., Kaye, A. P., Pittenger, C. & Kwan, A. C. (2022). Psychedelics. *Current Biology,* 32(2), R63-R67.

Lyon, A. (2024). *Psychedelic experience: revealing the mind.* Oxford University press.

Meeks, T. W. & Jeste, D. V. (2009). Neurobiology of wisdom: a literature overview. *Archives of General Psychiatry,* 66(4), 355-365.

Miller, L., Balodis, I. M., McClintock, C. H., Xu, J., Lacadie, C. M., Sinha, R. & Potenza, M. N. (2019). Neural Correlates of Personalized Spiritual Experiences. *Cerebral Cortex,* 29(6), 2331-2338.

Trost, W., Ethofer, T., Zentner, M. & Vuilleumier, P. (2012). Mapping aesthetic musical emotions in the brain. *Cerebral Cortex,* 22(12), 2769-2783.

Urgesi, C., Aglioti, S. M., Skrap, M. & Fabbro, F. (2010). The spiritual brain: selective cortical lesions modulate human self-transcendence. *Neuron,* 65(3),

309-319.

Watson, J. (2006). Walking pilgrimage as caritas action in the world. *Journal of Holistic Nursing,* 24(4), 289-296.

Wilkins, R. W., Hodges, D. A., Laurienti, P. J., Steen, M. & Burdette, J. H. (2014). Network science and the effects of music preference on functional brain connectivity: from Beethoven to Eminem. *Scientific Reports,* 4, 6130.

더 읽을거리: Muziek en de Top2000, 2024 Eva Munnik/Libelle.